鄂尔多斯盆地东南部上古生界
沉积储层与天然气富集规律

Sedimentary Reservoir and Natural Gas Enrichment Law on Upper
Palaeozoic in Southeastern of Ordos Basin

王香增　王念喜　于兴河　高胜利　著

科学出版社
北　京

内 容 简 介

本书以储层沉积学、石油地质学、测井地质学、层序地层学等油气地质理论为指导，针对鄂尔多斯盆地"南油北气"分布格局的传统认识，综合运用露头、测井、岩心及大量分析化验等资料，对盆地东南部上古生界主力产层的沉积 - 储层 - 成藏进行了全面系统介绍，阐明了海陆变迁背景下层序格架内多物源供给储集砂体的宏观展布规律与微观储集特征，理清了控制储层成岩与孔隙演化的主控因素，明晰了上古生界天然气的成藏特征与富集规律。明确提出"盆地东南部发育的海陆交互相障壁砂坝与三角洲前缘低位前积楔为有利储集相带，频繁水进水退是形成优质储层主因"的新观点；证实天然气富集是构造 - 沉积 - 成岩多因素耦合作用的结果，创新性地建立了"成熟烃源灶迁移"的成藏模式；有力地指导了盆地东南部上古生界天然气勘探实践，在传统认识的"贫气区"发现了延安大气田，实现了天然气地质理论认识的重大突破。研究成果与认识对鄂尔多斯盆地及其他类似气藏的勘探与研究有着重要的指导意义。

本书可供从事沉积学研究的科技人员、石油院校相关专业的师生参考。

图书在版编目（CIP）数据

鄂尔多斯盆地东南部上古生界沉积储层与天然气富集规律 = Sedimentary Reservoir and Natural Gas Enrichment Law on Upper Palaeozoic in Southeastern of Ordos Basin / 王香增等著. —北京：科学出版社，2017.6

ISBN 978-7-03-052018-0

Ⅰ. ①鄂…　Ⅱ. ①王…　Ⅲ. ①鄂尔多斯盆地 - 晚古生代 - 沉积 - 储集层 - 研究　②鄂尔多斯盆地 - 晚古生代 - 天然气 - 油气聚集 - 研究　Ⅳ. ①P618.130.2

中国版本图书馆 CIP 数据核字（2017）第 047132 号

责任编辑：刘翠娜 / 责任校对：郭瑞芝
责任印制：张　倩 / 封面设计：无极书装

科 学 出 版 社 出版
北京东黄城根北街 16 号
邮政编码：100717
http://ww.sciencep.com

中国科学院印刷厂 印刷
科学出版社发行　各地新华书店经销

*

2017 年 6 月第 一 版　开本：880×1230　1/16
2017 年 6 月第一次印刷　印张：16
字数：520 000

定价：268.00 元
（如有印装质量问题，我社负责调换）

前　　言

鄂尔多斯盆地是我国内陆大型沉积盆地及重要的能源基地，拥有丰富的石油、天然气、煤炭和铀矿等资源，不仅是我国能源矿种最全的大型沉积盆地，而且是我国最早发现油气的沉积盆地之一。1905 年我国陆上第一口油井——"延一井"在陕西省延长县境内完成钻探，产原油 0.2~1.25t/d，结束了中国陆上不产石油的历史。1985 年，合参井于石盒子组底部获产气 $2.01 \times 10^4 \text{m}^3/\text{d}$，拉开了盆地上古生界天然气的勘探序幕。特别是"九五"以来，中石油和中石化陆续在盆地北部（北纬 38 度以北）上古生界发现了苏里格、榆林、大牛地、乌审旗等多个探明储量超 $1000 \times 10^8 \text{m}^3$ 的大型气田，使其成为我国天然气增储上产的重点领域；而盆地南部天然气勘探进展缓慢，与北部如火如荼的勘探形势形成了鲜明的对比，其重点产层仍然是以产油为主的三叠系延长组，从而形成了"南油北气"分布格局的认识，进一步制约了盆地东南部的天然气勘探进程，严重制约了该区天然气资源的有效利用。自"西气东输"战略确定以来，面对盆地东南部天然气勘探程度低、地质理论和技术体系缺乏的现状，延长石油集团积极地开展了沉积 - 储层 - 成藏地质理论研究，并在盆地东南部上古生界多个层段取得了天然气勘探的重大突破；打破了长期以来盆地油气分布的格局。截止到 2015 年年底，盆地东南部上古生界探明天然气地质储量超过 $5000 \times 10^8 \text{m}^3$，在传统认识的"贫气区"发现了延安大气田，实现了天然气地质理论认识和工艺技术的重大突破，证明鄂尔多斯盆地东南部上古生界具有广阔的天然气勘探开发前景。本书便是这一阶段研究的认识与总结。

本书基于露头、岩心、测井等各类资料，厘定了层序地层划分与对比方案，构建了盆地东南部上古生界主力产层（本溪组—下石盒子组）高精度层序地层格架；并根据不同时期的沉积特点，建立了障壁砂坝、曲流河三角洲、辫状河三角洲等三大沉积体系八种垂向沉积序列，理清了上古生界海陆变迁与潮坪 - 碳酸盐台地 - 三角洲的空间响应关系；明确提出"盆地东南部发育的海陆交互相障壁砂坝与三角洲前缘低位前积楔为有利储集相带，频繁水进水退是形成优质储层主因"的新观点。依据岩石薄片、扫描电镜、阴极发光等多种分析化验资料，对上古生界致密砂岩储层的孔隙结构、成岩作用及其演化特征进行了研究与探讨；运用灰色关联与层次分析法，采用孔隙度、渗透率、有效砂厚等多种参数，对重点含气层段的储层进行了定量评价。结合多种资料，以气藏精细解剖为基础，总结了上古生界富气规律，证实天然气富集是构造 - 沉积 - 成岩多因素耦合作用的结果，广覆式烃源岩、稳定构造背景、多期砂体叠置、溶蚀作用改造及裂缝的形成，是天然气富集的关键因素。通过流体包裹体、盆地埋藏史、沉积充填史等的研究，明确了盆地东南部上古生界成藏特征，创新性地建立了成熟烃源灶迁移控制成藏模式。总之，本书系统阐述了鄂尔多斯盆地东南部上古生界沉积、储层、成藏等方面的研究成果，对鄂尔多斯盆地及其他类似气藏的勘探与研究有重要的指导意义。

本书由陕西延长石油（集团）有限责任公司和中国地质大学（北京）共同编纂，历时 2 年，投入了大量的人力物力，完成了大量实际工作。本书共 8 章，王香增、王念喜、于兴河、高胜利提出了编纂的技术思路与基本要求，制定编著大纲、分工起草框架，并最终负责全书的统稿与审定。协助本书编写工作的有：延长石油（集团）研究院的乔向阳（第八章第四节）、韩小琴（第二章第二节）、周进松（第六章第二节）、曹红霞（第三章第四节）、漆万珍（第六章第一节）、罗腾跃（第七章第三节）、王若谷（第四章第五节）、杜永慧（第三章第六节），于兴河教授的 4 名博士生刘蓓蓓（第八章第三节）、单新（第二章第六节）、胡鹏（第五章第三节）、高阳，6 名硕士生苗亚男（第五章第二节）、蒋瑞刚（第五章第四节）、苏东旭、王娇（第七章第二节）、李亚龙（第七章第三节）、史新（第七章第二节），此外还有多位科研人员自愿参与其中，由于篇幅所限，不能一一列出。本书编写过程中，得到了陕西延长石油（集团）

有限责任公司领导的大力支持与帮助。延安大气田的发现、探明及开发，也是多年奋战在鄂尔多斯盆地东南部油气勘探一线的各位同仁的心血与智慧，在此笔者一并表示感谢。

特别值得一提的是参加本书编写的全体人员的家属，在本书漫长而繁忙的编写和修改过程中，表现出极大的耐心、热情及全身心的支持，在此由衷地表示感谢！

由于笔者掌握资料有限，遗漏和不足在所难免，敬请各位同行批评指正。

目　录

第一章 鄂尔多斯盆地东南部上古生界基本地质特征

鄂尔多斯盆地是我国四种能源合聚的特大型沉积盆地之一，拥有丰富的石油、天然气、煤炭及铀矿资源，其油气总资源量仅次于渤海湾与松辽盆地，天然气资源量可达 $15.16 \times 10^{12} m^3$（国土资源部油气资源战略研究中心，2010），是我国重要的能源基地。鄂尔多斯盆地关于油气的记载，可追溯到公元前。西汉末年，史书记载就有"高奴出脂水"之说；东汉班固《汉书·地理志》："高奴有洧水可燃"。1907 年在延长县我国第一口石油发现井的上三叠统延长组油层中获得原油 0.2~1.25t/d。新中国成立之后，鄂尔多斯盆地大范围石油勘探开始于 1954 年，同时燃料工业部石油管理总局成立陕北地质大队进入盆地。1985 年对盆地上古生界开展普查勘探，当年于鄂托克前旗大庙乡白土井钻探的合参井在石盒子组底部获天然气流 $2.01 \times 10^4 m^3/d$；1986 年石油部于天池构造天 1 井获天然气产量 $13.6 \times 10^4 m^3/d$，实现下古生界首次重大突破，自此正式拉开了鄂尔多斯盆地古生界油气勘探的序幕。

"八五"、"九五"期间加大天然气勘探技术攻关，于 1996 年在榆林的陕 141 井获高产气流，产天然气 $76 \times 10^4 m^3/d$。随后中国石油天然气集团公司（以下简称中石油）和中国石油化工集团公司（以下简称中石化）分别陆续在盆地北部上古生界发现了榆林、苏里格、乌审旗、大牛地等多个探明储量超 $1000 \times 10^8 m^3$ 的大型气田，截至 2012 年，仅苏里格气田探明、基本探明天然气储量就达到 $2.85 \times 10^{12} m^3$（杨华等，2012），盆地北部（北纬 38 度以北）成为国内天然气储量及产量增长的重点区域。截至 20 世纪末，与北部相比，盆地南部勘探对象不明，勘探程度低，地质结构认识不清，相应地质理论和勘探开发技术缺乏，天然气勘探进展缓慢，因而形成了"南油北气"的固有认识，严重制约了该区天然气勘探开发进程（杨伟利等，2009）。自"十一五"以来，延长石油集团总结前人认识，强化地质研究，转变勘探观念，在明确基本地质结构认识的基础上，大胆探索并实施钻探，于该区上古生界多个层段取得重大突破，表明鄂尔多斯盆地东南部上古生界具有广阔的天然气勘探前景（王香增，2014；周进松等，2014）。

第一节 区域大地构造演化与盆地构造单元

华北地台系指阴山以南、秦岭—大别山以北、郯庐断裂以西、吕梁山以东的广大地区（徐辉，1987）。鄂尔多斯盆地属于华北地台的西部，西邻阿拉善地块，北起阴山、大青山，南抵秦岭，西至贺兰山、六盘山，东达吕梁山、太行山，横跨山西、陕西、甘肃、宁夏和内蒙古等省（自治区），位于北纬 $34° 00' \sim 41° 20'$、东经 $105° 30' \sim 110° 30'$，总面积约 $37 \times 10^4 km^2$。除周边河套盆地、六盘山盆地、渭河盆地、银川盆地等外围盆地外，盆地面积 $25 \times 10^4 km^2$，是我国第二大沉积盆地。盆地具有地域面积大、资源分布广、能源种类齐全、储量规模大等特点（杨华等，2012），而鄂尔多斯盆地东南部正是此盆地的陕西省区域。

一、区域地质背景

（一）区域大地构造特征

鄂尔多斯盆地位于华北克拉通中西部，隶属于华北克拉通的次一级构造单元，具有太古界及古元古界变质结晶基底，其上覆以中新元古界、古生界、中新生界沉积盖层（陕西地质矿产局，1989），是一个整体稳定沉降、拗陷迁移、扭动明显的多旋回克拉通盆地。盆地轮廓近矩形，总体构造面貌为南北走向、呈东缓西陡的不对称箕状向斜（黄方等，2015）。

（二）鄂尔多斯盆地特征

1. 地质概况

鄂尔多斯盆地隶属于华北地台的一部分，自中新元古代起开始形成克拉通拗陷（刘昊伟，2007；贺晓，2009）。盆地基底为太古代、古元古代变质岩结晶基底，岩类众多，其沉积盖层时代较全，除缺失志留系—泥盆系外，自寒武系至古近系均有沉积，具有典型的双层结构（杨俊杰，2001）。鄂尔多斯盆地整体为一个古生代地台与台缘拗陷及中新生代台内拗陷叠合的多构造体系、多旋回演化、多沉积类型的大型克拉通沉积盆地。

2. 地理地貌概况

从地貌特征来看，鄂尔多斯盆地周边分布着一系列海拔2000m左右的山脉。盆地内部海拔为800～1400m；以长城为界，北部为干旱沙漠、草原区，著名的有毛乌素沙漠和库布齐沙漠等；向南为半干旱的黄土高原区，黄土广布，地形复杂，给地球物理勘探造成了巨大的困难。盆地外围邻近三大冲积平原，西接银川平原，南邻渭河平原，向北为河套平原，地形平坦，交通便利（于香妮，2004）（图1-1）。

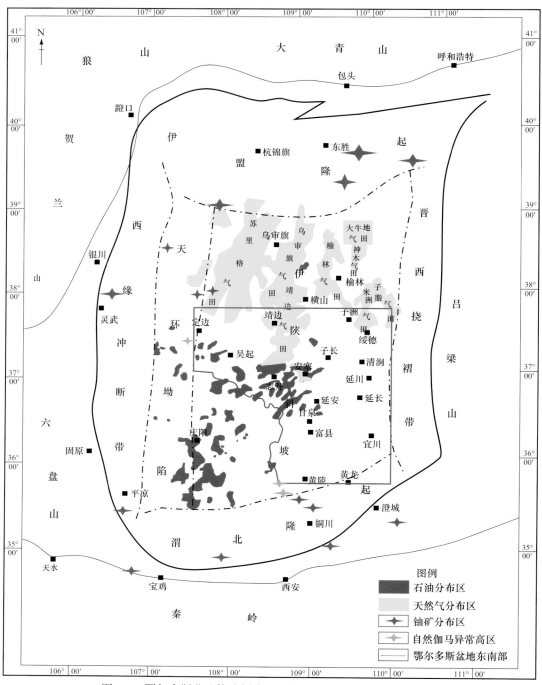

图1-1　鄂尔多斯盆地构造划分及研究区位置图（柳益群，2009）

盆地东南部北至绥德、西抵志丹、南达洛川、东部以黄河为界，整体位于鄂尔多斯盆地伊陕斜坡东南部（图1-1），面积为$6.2 \times 10^4 km^2$。属温带半干旱大陆性季风气候，春季多风，夏季干旱，秋季阴雨，冬季严寒且风沙频繁。鄂尔多斯盆地东南部地处黄土塬区东部，地表黄土塬长期受风雨侵蚀、冲刷、切割，形成了独特的塬、梁、峁、坡、沟交错出现的地貌，地表沟壑纵横、起伏剧烈。

二、区域大地构造演化

华北板块经吕梁运动固结后，从中元古代开始在鄂尔多斯周缘形成裂谷、拗拉槽及裂陷槽，主要有贺兰拗拉槽、豫晋拗拉槽及渣尔泰裂陷槽，随着沉积盖层发育（刘和甫等，2000），鄂尔多斯盆地克拉通旋回与周缘造山旋回同步进行（图1-2）：

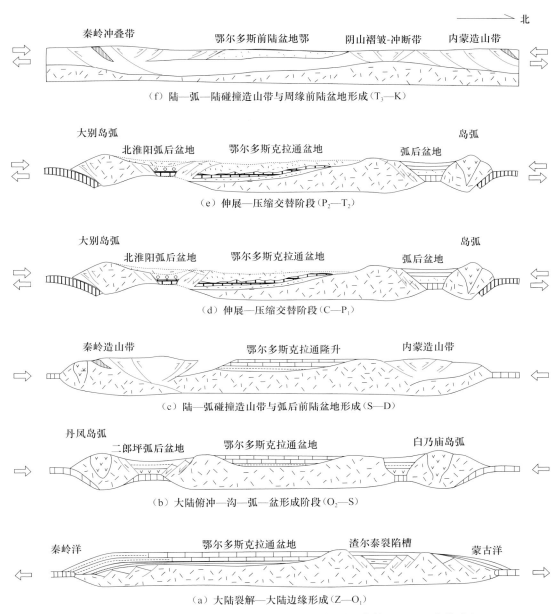

图1-2　鄂尔多斯盆地及南北缘造山带演化（据刘和甫等，2000，有修改）

鄂尔多斯盆地为华北板块内克拉通盆地与前陆盆地叠合的盆地，周缘被造山带和地堑系所环绕（孙肇才和谢秋元，1980），南缘为秦岭造山带与渭河地堑，北缘的阴山褶皱冲断带与河套地堑，西缘为贺兰褶皱冲断带与银川地堑及东缘的太行山与汾河地堑共同构成稳定地块与活动构造所环绕的格架。

（一）中—新元古代（$Pt_{2\sim3}$）

中元古代早期，原始古中国大陆发生裂解，为秦祁贺三叉裂谷（拗拉谷）系发育阶段（$Pt_{2\sim3}$）。在鄂尔多斯地区经过古元古代进一步固结形成的刚性地块上，从中、新元古代起开始发育克拉通拗陷（刘昊伟，

2007）。受吕梁运动的影响，中元古代开始以宁夏中宁—同心一带为中心的三叉裂谷系，西南支为祁连裂谷，东南支为秦岭裂谷，东北支为贺兰裂谷，又称"秦祁贺三叉裂谷系"。随后秦岭裂谷及祁连裂谷进一步发育形成秦祁洋盆，贺兰裂谷夭折形成拗拉槽。

（二）震旦纪—古生代（Z—Pz）

1. 震旦纪—早奥陶世（Z—O₁）

鄂尔多斯早古生代克拉通盆地及贺兰拗拉槽发育阶段（Z—O$_1$）。从新元古代开始，中朝陆块从原中国陆块中分立出来而开始其自身演化。加里东运动时期，形成贺兰拗拉槽。其向北北东方向收敛，向西南与祁连海槽相通。贺兰拗拉槽形成初期，是华北西部陆缘拗陷的一部分，厚度大于华北陆块内克拉通拗陷同时期沉积厚度。华北克拉通裂解与沉降，鄂尔多斯地块发展形成早古生代克拉通内盆地，以碳酸盐台地沉积层序发育为主要特征。其南部为秦岭洋，北部发育渣尔泰裂陷槽和蒙古洋。

2. 中奥陶世—志留纪（O₂—S）

大洋俯冲—鄂尔多斯早古生代克拉通盆地隆升及沟弧盆系形成阶段（O$_2$—S$_3$）。海西运动时期，鄂尔多斯盆地南缘出现秦岭洋向北俯冲，华北板块南缘被动大陆边缘随之转化为活动大陆边缘，相应出现岛弧火山沉积岩系（丹凤群）与弧后盆地火山碎屑碳酸盐岩系（二郎坪群）。同样在鄂尔多斯北缘蒙古洋向南俯冲，在华北板块北缘形成活动大陆边缘，出现白乃庙岛弧带和弧后盆地沉积复理石（徐尼乌苏组）。

3. 志留纪—泥盆纪（S—D）

华北陆块边缘处于活动大陆边缘环境，大陆碰撞—鄂尔多斯克拉通上升及南缘弧后前陆盆地形成阶段（S—D）。早志留世开始残留洋盆消减，受海西运动的影响，大洋俯冲转化为陆弧碰撞，南部为秦岭造山带，北部为内蒙造山带，并形成志留—泥盆纪弧后前陆盆地。碰撞的效应不仅使包括鄂尔多斯台地和贺兰拗拉槽在内的华北陆块整体隆升、陆表海消失，同时还在华北陆块南北缘形成了加里东褶皱带，并与陆块拼接，使陆块向两侧增生改变了早古生代的构造和古地理格局，并深刻影响了晚古生代地理和构造的演化。

4. 石炭纪—二叠纪（C—P）

晚古生代，华北陆块北缘地带总体处于挤压构造状态，华北晚古生代克拉通盆地海进及转化为内陆盆地阶段（C—P）。石炭纪开始秦祁造山带逐渐被夷平，华北克拉通与柴达木地块拼合，广泛发育浅海陆架沉积，早期以碎屑型滨岸-潮坪相为主，后期随着障壁的消失，出现碳酸盐岩台地。早石炭世仅在秦祁残留海槽及贺兰再生拗拉槽内发育，海水从祁连向贺兰地区推进，晚石炭世开始向鄂尔多斯克拉通盆地超覆。二叠纪早期海进达到高峰，晚期开始海水向西南撤退，鄂尔多斯西缘及河西走廊地区已变为稳定的克拉通内陆相沉积，鄂尔多斯盆地转化为内陆盆地。

总体来说，鄂尔多斯盆地在晚加里东运动后期，由于秦祁海槽关闭，上升为陆地，并与华北地块连成一片，使区内经历了长达1.3亿～1.5亿年之久的风化剥蚀，至海西旋回中期，秦岭、祁连海槽和中亚-蒙古海槽再度拉开，包括研究区在内的整个鄂尔多斯盆地发生区域沉降，进入了海相沉积阶段。由于海西运动的影响，盆地西缘自早石炭世开始接受沉积，而东缘直至晚石炭世早期才开始接受沉积，并在早二叠世，东部海水从东—东南方侵入并越过中央古隆起与西部海域联合，形成统一陆表海。在历经本溪期、太原期沉积之后，到海西旋回末期，秦岭、祁连海槽再次对挤、挟击，海水被迫逐渐退出了鄂尔多斯盆地。

（三）中生代（Mz）

陆-弧-陆碰撞造山作用与周缘前陆盆地形成阶段（T$_3$—K），印支运动开始秦岭造山活动，伴随前陆盆地沉降，形成前陆盆地与克拉通盆地的叠合，但南缘前陆盆地为新生代渭河地堑所分割，仅在其西部六盘山一带形成发育在冲断层之上的背驮式前陆盆地。同时在鄂尔多斯西缘贺兰拗拉槽强烈反转形成贺兰山，并在其东侧形成侏罗纪—白垩纪沉降中心，鄂尔多斯北缘大青山地区出现侏罗纪前陆盆地，晚侏罗世开始形成薄皮褶皱冲断带。

（四）新生代（R—Q）

造山带伸展与裂陷盆地形成（R—Q），新生代造山带发生伸展作用，根据银川地堑钻井资料揭示，在新近纪和古近纪沉积之下为奥陶系灰岩，说明银川地堑是在褶皱冲断隆起带上伸展塌陷而成。同样在鄂尔多斯南缘秦岭—大别山造山带则由印支—燕山期叠瓦冲断造山作用转化为后期伸展造山作用，喜山期形成南缘渭河地堑系及东缘汾河地堑系。北缘阴山褶皱冲断带前缘裂陷，形成河套地堑系。

三、鄂尔多斯盆地构造单元划分

根据现今构造形态、盆地演化史、构造发展史和构造特征，将鄂尔多斯盆地划分为伊盟隆起、渭北隆起、晋西挠褶带、伊陕斜坡、天环拗陷、西缘冲断带共六个二级构造单元（图 1-1）。

1. 伊盟隆起

伊盟隆起位于鄂尔多斯盆地的最北部，包括伊金霍洛以南地区，面积 $4.3 \times 10^4 km^2$（王明健等，2011）。自古生代以来一直处于相对隆起状态，隆起顶部是东西向的乌兰格尔凸起，各时代地层均向隆起方向变薄或尖灭缺失，与新生代河套断陷盆地相邻。新生代河套盆地断陷下沉，把阴山与伊盟隆起分开，形成现今伊盟隆起的构造面貌。隆起区内可见一些短轴背斜及鼻状构造，并发育近东西向的正断层及北东向、北西向的挠曲。局部构造、断层与挠曲走向平行，具伴生关系。

2. 渭北隆起

渭北隆起是指老龙山断裂以北、建庄—马栏以南，陇县至铜川、韩城的弧形地区，面积约 $2.2 \times 10^4 km^2$（任战利等，2014）。中新元古代到早古生代为一向南倾斜的斜坡，至中石炭世东西两侧相对下沉，至中生代形成隆起，为盆地的南部边缘；西侧沉积了羊虎沟组，东侧沉积了本溪组。新生代鄂尔多斯盆地边部解体，渭河地区断陷下沉，渭北地区进一步翘倾抬升，形成现今构造面貌。隆起区内断层发育，逆断层居多，局部构造成排成带，地面构造多为长轴背斜。

3. 晋西挠褶带

古、中生代分别为大华北和鄂尔多斯盆地的组成部分，长期接受沉积。挠褶带东隔离石断裂与吕梁断隆相接，西越黄河与伊陕斜坡为邻，北抵偏关，南达吉县，南北长 450km，东西宽 50km，面积 $2.3 \times 10^4 km^2$。中新元古代—古生代相对隆起，仅在中晚寒武世、早奥陶世、中晚石炭世及早二叠世沉积 100～200m 地层，中生代晚侏罗世抬升，为陕北区域西倾大单斜的组成部分，后期强烈剥蚀使之成为现今鄂尔多斯盆地的东部边缘，因此该地区的沉积盖层较薄。受吕梁山隆升和基底断裂活动的影响，形成南北走向的晋西挠褶带，断层走向和背斜走向变化较大。

4. 伊陕斜坡

在晚侏罗世初显雏形，主要形成于早白垩世之后，整体为一向西倾斜的平缓单斜，平均坡降 10m/km，倾角不到 1°。该斜坡占据着盆地中部的广大范围，以发育鼻状构造为主。

5. 天环拗陷

天环拗陷东接伊陕斜坡，西邻冲断构造带，北达内蒙古千里山东麓，南抵渭北构造带北侧，面积约 $3.2 \times 10^4 km^2$（赵彦德等，2011）。天环拗陷可视为西缘掩冲构造带推覆、东迁过程中隆升与拗陷的对立统一体，不同时期天环拗陷的轴部位置也具有一定的迁移性。在古生代表现为西倾斜坡，晚三叠世才开始拗陷，侏罗纪和白垩纪拗陷持续发展，拗陷结构进一步加强，沉降中心向东偏移，沉降带具西翼陡东翼缓的不对称向斜构造。地面发育不对称短轴背斜，方向性明显，南部为北西向，北部为北北东向。高角度正断层发育，倾角 60°～85°，断距 5～10m。

6. 西缘冲断带

西缘冲断带系指银川地堑，六盘山以东，天环拗陷以西，北起桌子山，南达平凉的狭长地带，范围 $2.5 \times 10^4 km^2$。早、晚古生代处于现今盆地之西贺兰海的东部，中段和南段为鄂尔多斯地台边缘拗陷，晚古生代为前缘拗陷。三叠纪中晚期及中侏罗世属陆相鄂尔多斯盆地西部，晚侏罗世挤压冲断活动强烈，形成南北构造特征不同、分区明显的构造变形带，断裂与局部构造发育，成排成带分布。早白垩世以来分化解体，新生代晚期，挤压冲断并抬升明显。总体呈南北向延伸，具有东西分带、南北分块的特征。主断层延伸长、断距大、断面上陡下缓，兼有挤压扭动性质。

第二节　地层划分由来与分布

鄂尔多斯盆地上古生界自下而上发育了石炭系—二叠系的本溪组、太原组、山西组、下石盒子组、上石盒子组和石千峰组等 6 套地层，总沉积厚度在 900m 左右，其中本溪组、山西组和下石盒子组为鄂尔多斯盆地东南部主要的含气层段。

一、地层划分的阶段性

早在 19 世纪 70～80 年代华北地区晚古生代含煤地层就备受关注，众多学者对其进行了大量的调查研究，并开始就煤系地层建立了一些标准的地层剖面，如太原西山石炭系—二叠系剖面，至今已有百余年历史。这些地质学家的研究成果和专著（图 1-3）至今仍有重要参考价值。

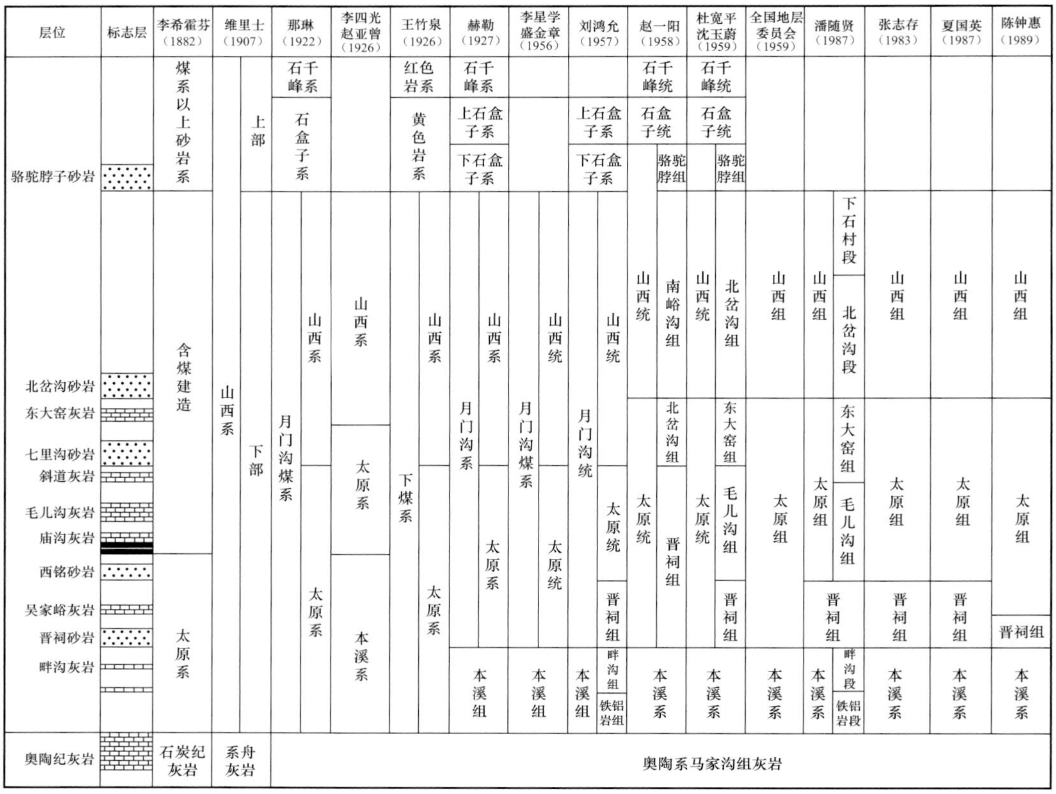

层位	标志层	李希霍芬(1882)	维里士(1907)	那琳(1922)	李四光赵亚曾(1926)	王竹泉(1926)	赫勒(1927)	李星学盛金章(1956)	刘鸿允(1957)	赵一阳(1958)	杜宽平沈玉蔚(1959)	全国地层委员会(1959)	潘随贤(1987)	张志存(1983)	夏国英(1987)	陈钟惠(1989)
		煤系以上砂岩系	上部	石千峰系	红色岩系	石千峰系			石千峰系	石千峰统	石千峰统					
				石盒子系	黄色岩系	上石盒子系			上石盒子系	石盒子统	石盒子统					
骆驼脖子砂岩	∷∷					下石盒子系			下石盒子系	骆驼脖子组	骆驼脖子组					
		含煤建造	山西系（下部）	山西系	山西系	山西系	山西系	山西系	山西统	山西统	山西统	北岔沟组	山西组	山西组（下石村段/北岔沟段）	山西组	山西组	山西组
北岔沟砂岩	∷∷										南峪沟组						
东大窑灰岩				月门沟煤系	太原系	月门沟系	月门沟系	月门沟系	月门沟统	太原统	北岔沟组	东大窑组	太原组	东大窑组	太原组	太原组	太原组
七里沟砂岩	∷∷											毛儿沟组		毛儿沟组			
斜道灰岩								太原系	太原统	太原统	晋祠组	晋祠组					
毛儿沟灰岩					本溪系												
庙沟灰岩	▬▬					下煤系		太原统									
西铭砂岩	∷∷	太原系		太原系													
吴家峪灰岩										晋祠组	晋祠组	晋祠组	晋祠组	晋祠组	晋祠组	晋祠组	
晋祠砂岩	∷∷						山西系			畔沟组 铁铝岩段				畔沟段 铁铝岩段			晋祠组
畔沟灰岩								本溪组	本溪组	本溪组	本溪组	本溪系	本溪系	本溪系	本溪系	本溪系	本溪系
奥陶纪灰岩	▦	石炭纪灰岩	系舟灰岩	奥陶系马家沟组灰岩													

图 1-3 鄂尔多斯盆地上古生界地层划分沿革表

（一）19 世纪末

李希霍芬（Richthofen）在 1882 年写的《中国》一书中，根据岩性的不同将太原附近的晚古生代自下而上划分为"石炭纪灰岩"（现在的奥陶纪灰岩）"太原系""含煤建造"及"煤系以上的砂岩系"四个层序，其中的"太原系"大体相当于现在的本溪组，其上界略高（叶黎明，2006）。

（二）20 世纪初叶

1. 美国学者

Willis（1907）通过对化石的研究，认为"石炭纪灰岩"的地质年代应属奥陶纪，并另起名为"系舟灰岩"。将"太原系""含煤建造"及"煤系以上的砂岩系"等地层统称为"山西系"或"山西煤系"，"山西系"的上分界线位于骆驼脖子砂岩的底部，并依据腕足类化石认定"山西系"下部含薄层石灰岩层位应属于晚石炭世。

2. 瑞典学者

那琳（Norin）在前人的研究基础上，对太原西山上古生界进行了详细、系统的研究，并确定了主要标志层，于 1922 年发表了他在太原附近工作多年的地质报告《山西太原地层详考》，对之后的研究具有重要的意义。他沿用了"太原系""山西系"这两个地层名称，但重新厘定了其界线，又将二者合称为"月门沟煤系"，其上为"石盒子系"（张泓，1997）。之后，李四光和赵亚增在分别详细研究了太原附近及华北其他一些地区的蜓化石和腕足类化石后，都得出了那琳的"太原系"还可以分为上、下两部分的结论，并将其下部命名为"本溪系"，代表华北中石炭世沉积，上部仍袭用"太原系"一名，时代属晚石炭世，而"本溪系"和"太原系"的分界划在庙沟灰岩下的煤层底部。

3. 德国学者与我国学者

赫勒（Halle，1927）研究了太原西山的植物化石后认为，"月门沟煤系"可划分为上、下两部分，上部相当于那琳的"山西系"，下部则相当于李四光和赵亚曾的"太原系"。上、下两部分均属于石炭纪—二叠纪。赫勒在论证月门沟煤系下部只包括太原系时，指出其与本溪系的分界应为晋祠砂岩底部。同一时期，王竹泉（1925）、霍士诚（1937）等也在该地区做了许多工作，提出了自己的划分意见。

（三）20 世纪中叶

1. 新中国成立后

随着地质工作的大规模展开，对太原西山晚古生代含煤地层的研究也进一步深化。李星学和盛金章（1956）在"太原西山的月门沟煤系并论太原统与山西统的上、下界问题"一文中认为，赫勒把太原统与本溪统的界限放在晋祠砂岩底是合乎实际的，至于太原统与山西统的分界则应定为"北岔沟砂岩（实际上是现在的七里沟砂岩）"底界更为恰当（那琳原意是划在斜道灰岩与"北岔沟砂岩"之间，在"北岔沟砂岩"底部煤层之下约 0.5m 处）。

2. 地层学家

刘鸿允等（1959）将月门沟煤系称月门沟统，并划分为晋祠组、太原组和山西组，下部的本溪组根据岩性特征分铁铝岩段和畔沟段。晋祠组由晋祠砂岩底至西铭砂岩（或屯兰砂岩）的底界，太原组是由西铭砂岩（或屯兰砂岩）底界至"北岔沟砂岩"底界，山西组则是由"北岔沟砂岩"底界至骆驼脖砂岩底界的一套地层。

杜宽平（1958）和张嘉琦（1959）一致认为那琳在地层对比过程中产生了错误，将上、下北岔沟砂岩视为同一层。山西组应以上北岔沟砂岩之底作为底界，赵一阳（1958）在"太原西山石炭纪及二叠纪地层的初步商榷"一文中也从古生物学或沉积岩石学观点证实了这种划分方法是合理的。

1959 年全国地层会议"山西现场会"按当时多数人的意见拟定了山西组的上、下限，即山西组在太原西山是指东大窑灰岩顶部或北岔沟砂岩至骆驼脖子砂岩底的这一段地层，纠正了那琳在东大窑剖面上所定的"北岔沟砂岩"与北岔沟标准地点对比上的错误。

3. 古生物学家

进入 80 年代，又有许多人在太原西山开展了研究工作，如张志存（1983；1984）、王志浩和李润兰（1984）、万世禄和丁惠（1984）、王柏林等（1984），其成果主要为𥮊和牙形化石组合与分带的发现、太原组和山西组的时代归属、太原西山剖面与华北其他地区的地层对比等。

4. 煤炭学家

煤炭科学研究院地质勘探分院和山西省煤田地质勘探公司于 80 年代后期对太原西山含煤地层划分为晚石炭世的本溪组、晋祠组和早二叠世的太原组、山西组（潘随贤和程像洲，1987）。本溪组沿用刘鸿允等（1957）的意见，划分为下部的铁铝岩段和上部的畔沟段。晋祠组下界为晋祠砂岩底，上界至西铭砂岩之底。太原组为西铭砂岩之底至东大窑灰岩之顶的一段地层，其下部称毛儿沟段，上部称东大窑段。毛儿沟段的上界为毛儿沟灰岩之上的马兰砂岩之底（刘金华和周修高，1990）。东大窑段的下界为毛儿沟灰岩顶的马兰砂岩，其上为东大窑灰岩及其上的海相泥岩至山西组北岔沟砂岩以下的一段地层。山西组包括北岔沟段及下石村段，两者以山西组中部海相泥岩顶板为界。之后，陈钟慧等（1989）也对太原西山晚古生代含煤地层进行了研究，其划分意见基本与刘鸿允等（1957）和潘随贤、徐惠龙、刘渝等一致，所不同的是把晋祠组的顶界由西铭砂岩底下移到吴家峪灰岩顶。

5. 石油地质学家

经过众多学者多年的研究，目前针对华北板块晚古生代地层组的划分已基本一致。骆驼脖子砂岩底是石盒子组与山西组的分界线，山西组的底界为北岔沟砂岩底，而太原组是西铭砂岩或庙沟灰岩底到北岔沟砂岩底的一套地层，晋祠砂岩底界是晋祠组与本溪组的界线。

二、主要标志层

受加里东运动影响，鄂尔多斯盆地东南部于中奥陶世抬升，遭受长期风化剥蚀，缺失中上奥陶统、志留系、泥盆系和下石炭统，造成本溪组与下伏奥陶系马家沟组呈平行不整合接触，为一区域性剥蚀面。界

统	组	段	柱状剖面	地层及煤层名称	岩性简介
下二叠统	太原组	庙沟段		8上煤	
				桥头砂岩	浅灰色石英砂岩
				庙沟灰岩	灰黑色泥晶灰岩
上石炭统	本溪组	晋祠段		8号煤层	深灰色粗粒石英杂砂岩
				屯兰砂岩	
				9号煤层	
				吴家峪灰岩	灰白色中-粗粒石英砂岩顶为富含鲕粒结构粉砂岩
				晋祠砂岩	
		畔沟段		畔沟灰岩	灰黑色、黑色泥岩和石英砂岩为主，夹可采煤层及灰岩
		湖田段		铁铝岩层	棕褐色铁矿或杂色铝质岩
下奥陶统	马家沟组				灰色、浅灰色白云岩、灰质岩溶角砾岩

图 1-4　本溪组地层主要标志层示意图（王宝清等，2006）

面之上发育残积成因的湖田段铁铝岩层（图 1-4），厚度为 2～15m，其上覆为砂泥岩沉积，下伏马家沟组岩性以灰岩、白云岩为主。

1. 畔沟灰岩

畔沟灰岩位于本溪组的下部，由 Norin 等（1924）定名，源于太原西山畔沟，在铁铝岩层之上的砂页岩和炭质页岩或薄煤层中，为一层或数层的层状或透镜状灰岩，厚度为 0.5～2m，在山西中部地区较厚，向南、北变薄。灰岩内蜓类化石丰富（图 1-5、图 1-6）。

2. 晋祠砂岩

晋祠砂岩底界是区别本溪组内部本 1 段和本 2 段的标志层，由灰白、灰绿及灰褐色石英砂岩组成，并夹有薄层凝灰质（砂岩）火山物质，代表着沉积体系转换界面；局部地区如河曲梁家碛剖面存在下蚀作用，切割下伏张家沟灰岩，在区内容易识别，具有等时意义。在鄂尔多斯盆地全区发育，在盆地内厚度为 5～10m，最厚可达 15～20m，向南逐渐减薄。在油气田勘探应用中，连同其上覆吴家峪灰岩和准旗 8、9 号煤或下煤组，被定名为晋祠段，为一个十分重要的地层单元（图 1-6）。

3. 吴家峪灰岩

由山西区测队 1975 年定名，见于晋祠段中部，为一层深灰色具透镜状、脉状层理的泥晶碎屑灰岩，含丰富的蜓类等海相动物化石。在保德、柳林一带较发育，也称扒楼沟灰岩，一般 1～2 层，局部达 4 层；厚度 1～2m，有时可达 5m。由柳林—乡宁一线向西、向南逐渐变薄或相变为钙质泥岩，富含腕足类化石。由于吴家峪灰岩是介于晋祠砂岩和下煤组之间的岩层，当其变薄或尖灭时，亦可由晋祠砂岩和下煤组推断出所在位置，是一个重要的岩性对比标志层（图 1-7、图 1-8）。

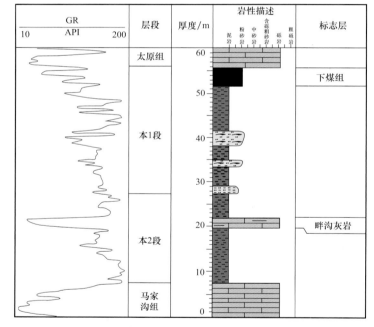

图 1-5　远离海岸线的本溪组主要标志层（一）

4. 下煤组

位于庙沟—毛儿沟灰岩之下的下煤组分布范围较广，它由 8 号、9 号煤层组成，局部地区 8 号、9 号煤合并为单一煤层，呈煤系出现，分布普遍，厚度大，结构简单，是重要的对比标志层。该煤组碳化程度高，节理发育，具玻璃光泽，性脆，密度小，易染手，因含硫（H₂S）较高，常有异味，俗称臭煤，属于海相成因煤。晋祠砂岩、吴家峪灰岩和下煤组组成的一套完整沉积被归并为晋祠段。研究区下煤组分布稳定，是石炭系本溪组与二叠系太原组的分界标志（以下煤组顶部为界）（图 1-9）。

5. 东大窑灰岩

位于太原组顶部，厚 5～13m，分布稳定，区域延伸，为深灰色含生物碎屑微晶灰岩，在灰岩顶部与

图1-6　本溪组—马家沟组界线露头特征

钙质菱铁矿层共生。在东大窑灰岩之上，往往发育一层厚1～2m的泥岩或煤层，这一层泥岩和煤层们于东大窑灰岩与北岔沟砂岩之间易将太原组和山西组分开。

6. 北岔沟砂岩（K3砂岩）

北岔沟砂岩是山西组底部的标志层，岩性主要为灰色、灰白色含砾粗砂岩、石英砂岩、岩屑石英砂岩，为中煤层的底板。在测井曲线上，北岔沟砂岩具有低自然伽马、低自然电位、低电阻、低声波时差、低补偿中子等特征，自然伽马和自然电位呈箱状和钟状。北岔沟砂岩厚度大，在研究区东部分布稳定，对下伏地层具有明显的冲刷作用（图1-10、图1-11），西部地区不发育。

7. 中煤组

中煤组是鄂尔多斯盆地重要的工业可采煤层，由河东煤田的4号和5号煤层组成，中煤组之上，有时常见一层钙质砂岩或钙质页岩，是山西组山2段与山1段分界线。煤组厚3～12m，常夹炭质泥岩；

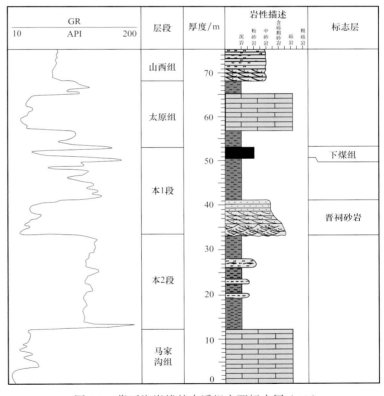

图1-7　靠近海岸线的本溪组主要标志层（二）

该煤组在东部地区分布稳定，往往呈多套薄煤层，在中子、密度及声波测井曲线上呈尖刀状或指状，总体呈"三高、三低"的特征，即高声波时差、高中子、高电阻率和低密度、低自然电位、低自然伽马。

8. 铁磨沟砂岩

铁磨沟砂岩是山1段和山2段的分界砂体，主要为浅灰色—灰色中细砂岩，砂岩底部常发育薄煤层或钙质页岩（图1-12～图1-14）。该套砂岩发育不稳定，可作为局部标志层。

骆驼脖子砂岩是下石盒子组底部标志层，对下伏山西组形成明显冲刷，为一套灰白色、浅黄色、褐

图 1-8　晋祠砂岩露头特征

色砂砾岩，结构成熟度和成分成熟度均差，有多个砂砾岩 - 砂岩 - 泥（页）岩沉积旋回，局部地区夹煤线。浅色岩系发育，砂岩厚度大且大面积分布，在野外极易识别。在测井上，该套砂岩测井曲线特征明显，表现出低自然伽马、低自然电位、低密度、平缓低幅度的声波时差和深感应，易于识别。

三、石炭系—二叠系划分方案

延长地区上古生界划分方案与盆地划分方案基本一致。上古生界自下而上分别为石炭系本溪组、二叠系太原组、山西组、石盒子组及石千峰组（表 1-1）。其中本溪组分为本 1 段、本 2 段；山

西组分为山 1 段、山 2 段，细分为山$_1^1$、山$_1^2$、山$_1^3$、山$_2^1$、山$_2^2$ 和山$_2^3$；石盒子组分为上石盒子组（盒 1 段、盒 2 段、盒 3 段、盒 4 段）和下石盒子组（盒 5 段、盒 6 段、盒 7 段、盒 8 段）。延长、苏里格、大牛地等地区上古生界划分方案有着良好的可对比性。三者在上古生界划分方案具有基本一致性，主要体现在：自下而上，均发育石炭—二叠系本溪组、太原组、山西组、下石盒子组、上石盒子组和石千峰组等 6 套地层。但是，三者在上古生界划分方案上的差异性也较为明显，主要表现在以下几点。

（一）本溪组

大牛地气田本溪期主要为铝土岩沉积，厚度仅 0～21m，砂岩不发育，未进一步细分；苏里格气田自下而上，进一步

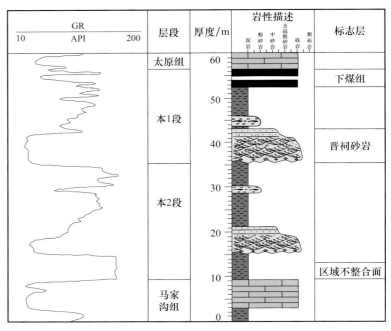

图 1-9　海岸线附近的本溪组主要标志层（三）

细分为本 3 段、本 2 段、本 1 段；延长地区自下而上，将本溪组划分为为本 2 段、本 1 段。

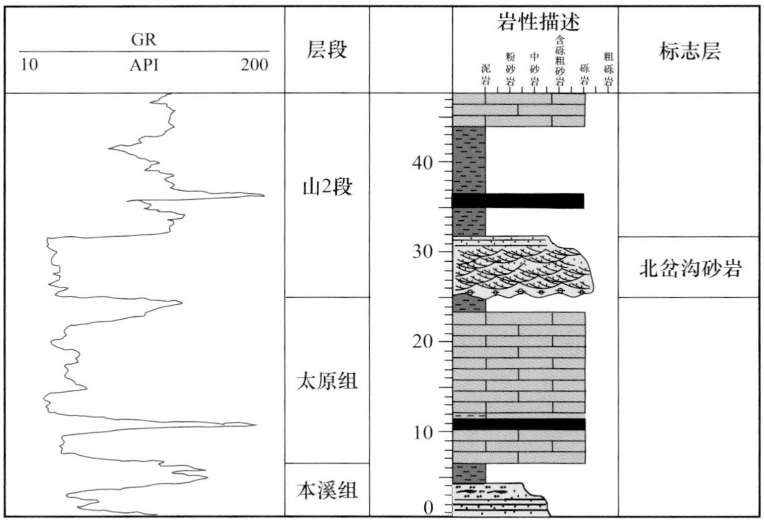

（二）太原组及其归属

石炭系与二叠系的分界长期以来是我国悬而未决的重大地质界线之一，在 20 世纪 80 年代以前，我国南方以 *Pseudoschwagerina* 带结束作为石炭系的顶界，北方把产有类 *Pseudoschwagerina texana*，*Quasifusulina longissima*，*Rugosofusulina complicata* 和植物化石 *Neuropterispseudoovata*，*Lepidodendron posthumi* 的太原组视为晚石炭世晚期沉积，这一划分方案长期以来为我国地层

图 1-10　山西组—太原组标志层

研究者所沿用。但是，这一界线却有别于欧美的石炭系—二叠系分界，一般来说，美国、俄罗斯和日本等国普遍将 *Pseudoschwagerina* 带置于早二叠世。因此，上述我国的石炭系—二叠系界线已成为国际年代地层分类对比中差别最大的一条系间界线，从而造成了中国与国际地层对比的困难。自 20 世纪 80 年代以来，国际上倡导的界线层型剖面的单一岩性沉积和生物连续序列及遴选层型剖面的理论逐渐被我国地层学者所接受，这条以构造运动、沉积间断、岩性和生物演替的显著"断层"为划分原则而建立的系间界线受到了"冲击"，逐渐成为研究界线地层的热点之一（廖卓庭，1999）。中国

图 1-11　山西组—太原组露头特征

学者受国际准则影响对我国传统的石炭系—二叠系界线进行了修订，大多数意见是将此界线下移至广义的 *Pseudoschwagerina* 带之底，基本上实现与国际接轨。

表 1-1　鄂尔多斯盆地不同地区（气田）上古生界地层划分对比表

盆地东南部			苏里格气田			大牛地气田		
统	组	段	统	组	段	统	组	段
上二叠统	石千峰组	千 1 段	上二叠统	石千峰组	千 1 段	上二叠统	石千峰组	
		千 2 段			千 2 段			
		千 3 段			千 3 段			
		千 4 段			千 4 段			
		千 5 段			千 5 段			
中二叠统	上石盒子组	盒 1 段	中二叠统	上石盒子组	盒 1 段		上石盒子组	
		盒 2 段			盒 2 段			
		盒 3 段			盒 3 段			
		盒 4 段			盒 4 段			
	下石盒子组	盒 5 段		下石盒子组	盒 5 段	下二叠统	下石盒子组	盒 3 段
		盒 6 段			盒 6 段			
		盒 7 段			盒 7 段			盒 2 段
		盒 8 段			盒 8 段			盒 1 段
下二叠统	山西组	山 1 段	下二叠统	山西组	山 1 段		山西组	山 2 段
		山 2 段			山 2 段			山 1 段
	太原组			太原组	太 1 段	上石炭统	太原组	太 2 段
					太 2 段			太 1 段
上石炭统	本溪组	本 1 段	上石炭统	本溪组	本 1 段	中石炭统	本溪组	
					本 2 段			
		本 2 段			本 3 段			

大牛地气田将其划分到石炭系上统，采用时代地层单元自下而上进一步细分为太 1 段、太 2 段。苏里格气田将其划分到二叠系下统，并根据岩性地层单元自下而上进一步细分为太 2 段、太 1 段。延长地区沿用苏里格气田的划分方案，也将其划分到二叠系下统，由于以灰岩沉积为主，未细分。

（三）山西组—石千峰组

大牛地气田山西组自下而上进一步细分为山 1 段、山 2 段；苏里格气田自下而上进一步细分为山 2 段、

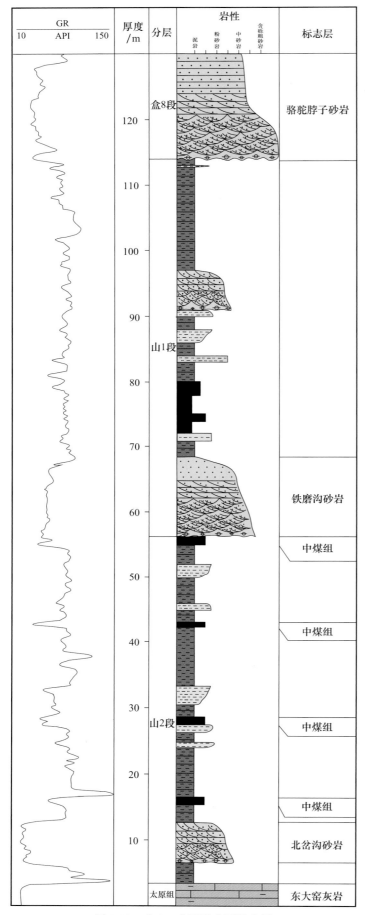

图 1-12 盒 8—山西组主要标志层

山 1 段；延长地区沿用苏里格的划分方案，自下而上进一步细分为山 2 段、山 1 段。

大牛地气田下石盒子组自下而上进一步细分为盒 1 段、盒 2 段、盒 3 段；苏里格气田自下而上分为盒 8 段、盒 7 段、盒 6 段、盒 5 段，并进一步将盒 8 段细分为上、下两个气层；延长地区自下而上进一步细分为盒 8 段、盒 7 段、盒 6 段、盒 5 段，其中盒 8 段和盒 7 段对应于大牛地气田的盒 1 段和盒 2 段，盒 6 段和盒 5 段则相当于大牛地气田的盒 3 段。

大牛地气田上石盒子组未进一步细分，并认为其属于上二叠统；苏里格气田自下而上进一步细分为盒 4 段、盒 3 段、盒 2 段、盒 1 段；延长地区沿用苏里格的划分方案，自下而上进一步细分为盒 4 段、盒 3 段、盒 2 段、盒 1 段，将上石盒子组与下石盒子组划分到中二叠统。

大牛地气田未细分石千峰组；延长地区和苏里格气田自下而上进一步细分为千 5 段、千 4 段、千 3 段、千 2 段、千 1 段。由此可见，延长地区上古生界划分方案与苏里格气田的划分方案有着较好的一致性，有利于今后评价研究工作的深入开展。

四、鄂尔多斯盆地东南部地层发育特征

鄂尔多斯盆地东南部上古生界具有明显的特征差异，从下石盒子组盒 8 段开始，从黑色泥岩开始向红色泥岩过渡，并且由含煤岩系向非含煤岩系转变。古气候由亚热带温湿气候（本溪—山西期）→半温湿气候（下石盒子期）→半干热气候（上石盒子期）→干热气候（石千峰期）呈现出规律性演化。从砂岩类型来看，石千峰和上石盒子组多为红色长石砂岩系列，下石盒子组和山 1 段多为杂色、灰色岩屑砂岩系列，山 2 段、太原组和本溪组多呈浅灰、灰白色石英砂岩系列（图 1-15）。

（一）上石炭统本溪组

本溪组是鄂尔多斯盆地晚古生代初期沉积，其沉积基础为加里东期的奥陶系侵蚀风化地貌，主要以填平补齐形式沉积，沉积物包括风化产物的铝土岩、滨浅海相碎屑岩、潮坪相灰岩、滨海沼泽相煤岩及炭质泥岩等。研究区地层厚度主要受古地貌控制，总体具有东北部厚、西南部薄的展布特征，钻井揭示东部地区

本溪组地层较厚，为 40~70m，最厚可达 97m，南部地区厚 10~40m，西部地区较薄，为 10~30m。

（二）下二叠统太原组

太原组与下伏本溪组为整合接触关系。研究区主要发育灰黑色泥晶生物灰岩、灰黑-黑色泥岩、砂质泥岩、薄煤层，局部发育灰白色石英砂岩。地层总体具有东北部厚、西南部薄的展布特征，东北部厚 20~40m，西部厚 6~14m，南部厚 6~26m，局部缺失。

（三）下二叠统山西组

研究区山西组为三角洲-湖泊沉积环境，岩性主要为深灰-灰黑色泥岩、粉砂岩及中细砂岩、煤层；煤层主要发育于山 2 段，山西组厚度为 80~130m，其中山 1 段、山 2 段厚度相差不大，总

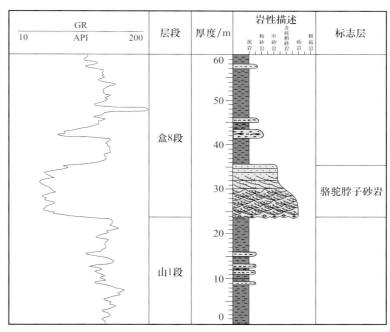

图 1-13　山西组—下石盒子组标志层电性（延 104 井）

体具有东厚西薄、北厚南薄的展布特征，但与下伏地层相比，东西向厚度差异悬殊明显变小。

（四）中二叠统石盒子组

石盒子组总体为三角洲-湖泊沉积环境，自下往上可细分为盒 8 段—盒 1 段，共 8 段，其中盒 8 段至盒 5 段为下石盒子组，盒 4 段至盒 1 段为上石盒子组。下石盒子组主要为灰白色、浅灰色细砾岩、含砾粗砂岩及中砂岩、灰色-深灰色泥岩组合，粒度较粗，其中盒 8 段砂体最为发育，自然伽马曲线以高幅箱型为特征，表现为"砂包泥"，为辫状河三角洲沉积。研究区主要含气层段为盒 8 段，其地层

图 1-14　山西组—下石盒子组露头特征

厚度为 30~60m，总体具有东厚西薄、北厚南薄的展布特征，西部厚 40~50m，东部厚 40~60m，南部厚 35~50m。上石盒子组岩性以紫红色泥岩与砂质泥岩互层，夹薄层紫红色砂岩及粉砂岩为主，呈"泥包砂"的特征。

（五）上二叠统石千峰组

岩性以棕红、紫红及紫灰色厚层砂质泥岩与泥质砂岩的不等厚互层为特点，上部或中上部岩性以砂质泥岩为主，下部或中下部以泥质砂岩为主夹少量泥质岩，底部常为块状含砾粗砂岩并与下伏上石盒子组泥岩段顶面形成良好的分界标志。

第三节　盆地天然气勘探开发历程

鄂尔多斯盆地的天然气勘探工作始于 20 世纪 50 年代，在长达 60 年的勘探实践中，不断探索和总结了油气勘探的新理论和新方法，加强了对盆地天然气气藏形成富集规律的科研攻关，提高了对气藏特征的认识，推广并完善了一系列先进实用的勘探配套技术，使天然气勘探不断取得重大突破，大牛地气田、

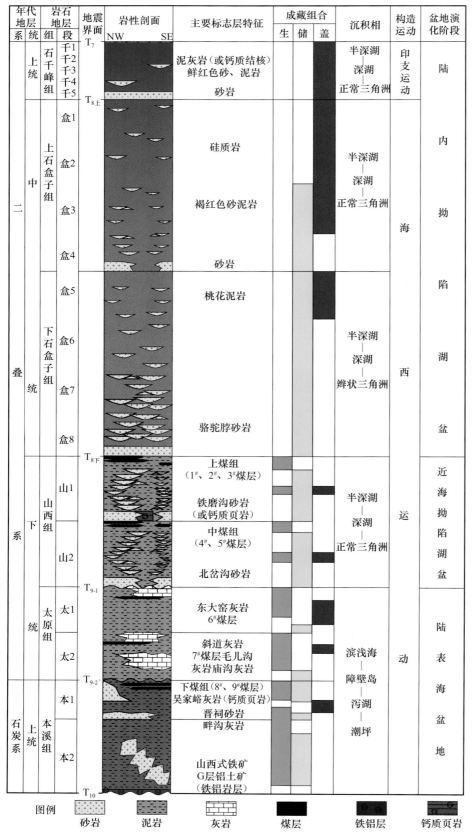

图 1-15　鄂尔多斯盆地东南部上古生界综合柱状图

苏里格气田和延安气田等大型气田的发现及勘探是科技创新在勘探实践中的重要成果体现。依据其勘探开发历程可划分为 4 个阶段——探索阶段、起步阶段、初步发展阶段和快速发展阶段。

一、探索阶段

20 世纪 70~80 年代初，在前期盆地区域地质普查的基础上，围绕盆地边部的西缘断褶带、伊盟隆起上的局部凸起进行钻探，发现了刘家庄、胜利井等一批含气构造圈闭；至 80 年代中期，随着煤层气理论的发展，勘探思路发生根本变化，尤其是中东部麒参 1 井获工业气流以来，天然气勘探开始从盆地边部向中东部转移。

二、起步阶段

80 年代末期，随着陕参 1 井、榆 3 井在奥陶系顶部风化壳气藏勘探取得重大突破，天然气勘探重点转向盆地中部的靖边地区，并由寻找构造气藏变为寻找地层、岩性气藏，进而探明了镇川堡气田，从此拉开了鄂尔多斯盆地大气田的勘探序幕，发现并探明了靖边下古生界大气田。

三、初步发展阶段

随着勘探工作的不断深入，天然气勘探理论逐步得到完善，对盆地的地质认识也在不断加深。至 90 年代中期，在对下古生界碳酸盐岩风化壳气藏的勘探过程中，由于在上古生界中普遍见到含气显示，及时开展了上古生界碎屑岩地质综合研究和评价勘探。基于"上古生界气藏主要受控于山西组、石盒子组河流三角洲相砂体展布"的认识，全面开展了上古生界不同层系砂岩展布形态及含气性评价研究。随后，针对评价出的有利含气带，部署了陕 173、陕 99 等一批以上古生界为主要目的层的探井，获得了成功。

90年代中后期，天然气勘探重点逐步向上古生界转移。1996年，位于榆林地区的陕141井在二叠系山西组山2段钻获76.78×10⁴m³/d的高产气流；根据地震横向预测，结合地质综合分析证实，榆林地区山西组山2段发育三角洲平原分流河道复合叠置的含气砂体带，具备形成大型砂岩岩性圈闭的有利地质条件。针对这一认识，勘探沿主砂带南北整体开展，重点围绕地震预测的有利含气砂体实施钻探，落实了榆林气田山2气藏的含气范围，新增探明天然气地质储量1132.8×10⁸m³、含气面积972.1km²。

四、快速发展阶段

榆林气田的勘探发现，展示了鄂尔多斯盆地上古生界天然气勘探的巨大潜力。为进一步落实盆地上古生界天然气勘探前景，指出勘探有利方向，系统开展了盆地上古生界成藏有利条件分析（付金华等，2005），从大的沉积格局、区域构造背景及气藏富集规律入手，研究了大气田勘探方向，认为盆地北部山西组、石盒子组发育的多条大型河流－三角洲复合砂体带是勘探重点目标。为此，在评价勘探山2段主砂带的同时，积极向西甩开，集中勘探苏里格和乌审旗两个盒8段有利砂带；由于乌审旗地区盒8段砂体横向变化复杂，勘探部署逐步转向鄂尔多斯盆地北部的苏里格地区。

（一）20世纪末的基础研究

国家"六五"与"七五"均投入了大量的人力物力对鄂尔多斯盆地的天然气形成与分布进行过一些基础性研究。

（二）21世纪初北部大气田的发现

2000年年初，苏6井在上古生界石盒子组盒8段钻遇砂层厚度48m，主要为一套含砾中－粗粒石英砂岩，试气获120.167×10⁴m³/d的高产气流；苏5井在盒8段也见到厚26m的中粗粒石英砂岩，试气获28.47×10⁴m³/d的高产气流。桃5井、苏6井、苏5井等的钻探成功，揭示了该区盒8段含气砂体分布稳定、含气性好的特征，初步显示出大气田轮廓。通过2001年、2002年的进一步集中评价，高效、快速探明了中国最大规模的天然气田——苏里格气田，新增探明天然气地质储量5336.52×10⁸m³。

大牛地气田2002年部署的大15井和大16井分别在盒2+3段（大牛地气田地层划分方案）气层试获高产气流，大15井盒3段气层无阻流量达到21×10⁴m³/d，大16井盒2段气层达到16×10⁴m³/d（郝蜀民等，2007）。大15井和大16井取得突破后，中国石化连续加大勘探力度，在2004年年底天然气探明地质储量已超过2500×10⁸m³，提前一年完成了"十五"储量目标。"十五"末探明储量接近3000×10⁸m³，并建成了年产10×10⁸m³的天然气生产能力。

鄂尔多斯盆地西部地区苏里格气田外围具有与气田中部类似的成藏地质条件，利于形成大型岩性气藏。为了进一步实现"发展大油田，建设大气田"的宏伟目标，2006年6月，中国石油长庆油田公司组织开展了鄂尔多斯盆地西部地区天然气勘探的总体规划方案的编制，对鄂尔多斯盆地西部地区的地质背景、成藏条件、关键技术及苏里格气田勘探开发的成功经验进行了科学分析和系统总结，从储量落实程度、保障措施等方面进行了研究和周密部署，制定了"十一五"末新增基本探明天然气地质储量20000×10⁸m³的工作目标，并加快了鄂尔多斯盆地西部地区重点区块的勘探。这一阶段不断有大型气田发现，苏里格、大牛地、乌审旗、神木和米脂五个大型气田累积地质储量达3.17×10¹²m³。

（三）南部气田的发现与投产

受鄂尔多斯盆地北部上古生界勘探开发快速发展、天然气产量逐步增加的影响，延长石油集团积极开展了盆地东南部天然气勘探开发工作。自2003年完钻第一口天然气探井以来，历经十余年积极探索与实践，取得了重大突破。延长石油集团采取"以勘探为重点、开发提前介入"的发展战略，在鄂尔多斯盆地东南部建立天然气先导试验区，并开展2500km二维地震测线的采集和处理工作。2010年，延长石油集团加快了延气2、延128井区的勘探开发步伐，完钻探井134口、试采井50口，并对12口气井进行了试采，获取了第一手生产动态资料。同年，在延气2、延128井区上古生界盒8段、山1段、山2段和本溪组计算天然气探明地质储量超过1060×10⁸m³，延安大气田正式发现。延安气田的勘探开发打破长期以来"南油北气"的格局，将上古生界天然气的勘探开发范围和探明储量大幅度增加，对整个鄂尔多斯盆地天然气勘探开发具有重要的意义。

　　在历经了多年的发展之后，鄂尔多斯盆地上古生界天然气已达到较高的勘探程度，伴随着对气藏形成机制、分布模式认识的逐渐深入，在沉积体系、储层研究、成藏富集规律等方面取得了一批重要成果，揭示出该套地层具有有利的生、储、盖组合，完好的保存条件，气藏主要受砂体的横向展布和储集物性变化的控制，以河道砂体为主体储层，大面积分布的岩性气藏等特点。上述成果的取得，对指导鄂尔多斯盆地古生界岩性气藏的勘探发挥了重要作用。

第二章　层序地层格架的建立

　　层序地层学属沉积地质学范畴，是研究不整合面和其对应的整合面之间所限定成因有联系的一套等时地层单元，是一种划分、对比和分析地层的新方法。层序地层学学派众多，归结起来主要有三大学派，包括 Vail 的经典的被动大陆边缘型层序地层学、Galloway 的以洪泛面为层序边界的成因地层学及 Johnson 与 Embry 的海侵面层序地层学。

　　层序地层学建立了一整套概念体系及技术支撑体系，将露头、钻井、测井和地震资料综合运用。它运用露头、钻井等资料，同时依据岩石学、生物地层学及地球化学等资料，识别出层序界面，并在层序界面的基础上进行层序的划分与对比，并建立等时地层格架。它的出现改变了传统地层对比的观念，避免了穿时的问题。

第一节　层序地层学由来及其基本原理概况

一、层序地层学的由来

　　Vail 等（1977）与其同事根据 Carter 和 Exxon 石油公司的工作经验而编写的《Seismic Stratigraphy Application to Hydrocarbon Exploration》一书是层序地层学发展的一个重要里程碑。在该书中，他们首次提出了真正的沉积层序概念——有成因联系的地层单元，强调了地震反射的终止方式与识别方法（图2-1）。同时他们还提出了地震层序地层学的概念，并从地震剖面中导出海平面变化曲线。

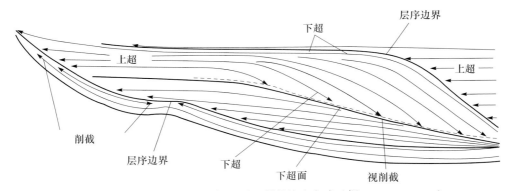

图 2-1　地震地层学的概念与地震反射的终止方式（据 Vail et al.,1977）

（一）层序界面

　　地层终止方式的识别是层序分析的关键。根据地质事件的终止现象划分为协调关系和不协调关系。Vail 根据层序边界在地震剖面上的反射终止现象建立了地层层序的基本识别标志，划分为上超（onlap）、下超（downlap）、顶超（toplap）和削蚀（truncation）四种接触关系。层序界面之上发育的反射终止类型主要为上超和下超，而层序界面下发育的反射终止类型主要为削蚀和顶超。

（二）沉积层序

　　Vail 等（1977）首次提出了真正的沉积层序概念——是由相对整一的、连续的、在成因上有联系的地层组成的，顶底以不整合面或与之相对应的整合面为界的地层单元，强调了地震反射的终止方式与识别方法。同时，他们提出了地震层序地层学的概念，并从地震剖面中导出海平面变化曲线。由此形成了地震地层学，为层序地层学奠定了基础。

二、各种学派的基本介绍

以 Vail 为代表的沉积层序学派认为不整合及其对应的整合面为层序界面，Galloway 的成因层序学把最大海泛面作为层序界面，之间的地层称为成因地层层序。因此，不同学者对于层序界面的理解有所不同。传统意义上为不整合面，也有学者以洪泛面为界；Johnson 的海侵面层序界面学派认为层序以海侵、海退地层单元为一套海侵 - 海退层序（T-R 旋回）。

（一）经典层序地层学

经典的层序地层学起源于被动大陆边缘的海相碎屑岩盆地。近些年来，层序地层学的基本理论和概念体系不但在被动大陆边缘盆地得到了广泛应用，而且在构造活动的沉积盆地也取得了丰厚的研究成果。"沉积层序"强调海平面变化对层序边界和层序演化的控制作用。

1. 层序边界类型

根据沉积盆地边缘地形的差异、相对海平面升降幅度的不同、陆上侵蚀削截或陆上暴露面积的不同及上覆地层超覆特点的差别，形成了不同类型的层序界面，即Ⅰ型层序界面和Ⅱ型层序界面。Ⅰ型层序界面是全球海平面下降速率超过"沉积滨线坡折带"沉降速率时形成的，此时强烈的相对海平面下降导致了陆棚坡折带的暴露（图 2-2）。

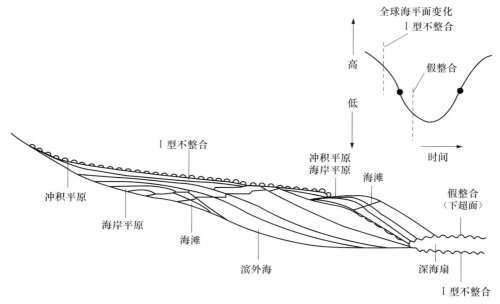

图 2-2　Ⅰ型不整合（据 Posamentier，2003）

Ⅱ型层序界面形成于全球海平面下降速率几乎等于或小于"沉积滨线坡折带"沉降速率期间，相对海平面的下降没有导致陆棚坡折带的暴露（图 2-3）。

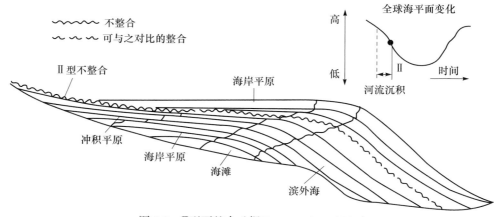

图 2-3　Ⅱ型不整合（据 Posamentier，2003）

2. 体系域

体系域是由一系列具有内在成因联系的、同一时期沉积体系的组合，基于地层叠加样式、发育部位、界面类型及基准面变化阶段不同，可以识别出不同体系域（图 2-4）。本书采用体系域的三分法将其划分为低位体系域 LST（lowstand system tract）、水进体系域 TST（transgressive system tract）及高位体系域 HST（highstand system tract），并将下降体系域（强制水退体系域 FRST）归为低位体系域。

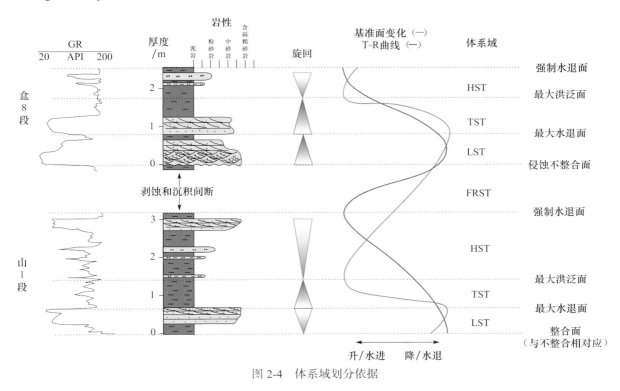

图 2-4　体系域划分依据

1）低位体系域（LST）

低位体系域初始阶段为基准面下降阶段，以强制性水退为主要特征，因此也称为下降体系域，沉积物自下而上常表现为反粒序，但常由于沉积间断或其上低位体系域的剥蚀作用而缺失，其往往在层序内部以发育水下扇为特征。由于研究区处于陆架坡折之上缓坡，因此下降体系域往往缺失。

低位体系域后期阶段为基准面初始上升的海退期，底面为不整合面或与之相对应的整合面，到最大水退面或初始洪泛面结束。此时期沉积物供给速率大于可容纳空间增加速率，整体表现为进积的叠加样式，常表现为反旋回，但对于陆相沉积或以分流河道较发育的三角洲沉积也可呈正旋回，如盒 8 段低位体系域（图 2-5）。

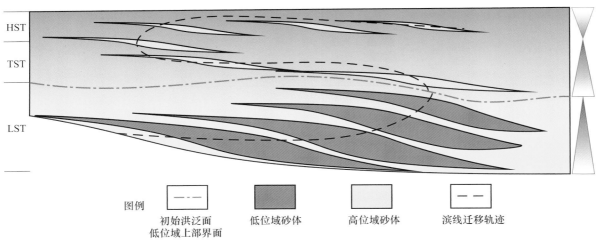

图例　初始洪泛面　低位域砂体　高位域砂体　滨线迁移轨迹
低位域上部界面

图 2-5　体系域内地层叠加样式

2）水进体系域（TST）

位于最大水退面和最大洪泛面之间，处于基准面快速上升阶段，沉积物供给速率小于可容纳空间增加速率，因此地层叠加样式表现为退积，沉积物粒度整体向上呈变细的正旋回（图2-5）。

3）高位体系域（HST）

形成于基准面上升的末期，沉积物供给速率增加，表现为进积叠加样式，以基准面开始下降为结束（图2-5）。

（二）成因层序地层学

"成因地层层序"与"沉积层序"的最根本区别在于层序边界选择上的不同，成因层序地层（Galloway，1989）提出了把最大洪泛面作为沉积盆地海相和大陆部分的层序边界。此处的最大海泛面是经典层序地层学中海侵体系域TST顶部的具有明显特征的界面。Galloway以MFS（maximum floodly surface）为边界的层序定为成因地层学层序（图2-6）。

对一个地区的层序划分而言，选择不整合为界还是以最大海泛面为界，需要根据盆地的层序发展特征和资料精度，从成因角度选择界面。我国地质学界一般采用1～3级层序以不整合为界，准层序组、准层序以湖侵面为界的方法。

（三）T-R层序地层学

Embry和Osadetz（1988）在研究加拿大北极群岛三叠纪海平面变化时，将古老的海进-海退沉积旋回的概念，与层序格架的分析结合起来，建立海进-海退（trangressive-regressive，TR层序）概念模式，以最大海侵面为界将一套层序分为海进和海退的两个体系域（图2-6）。

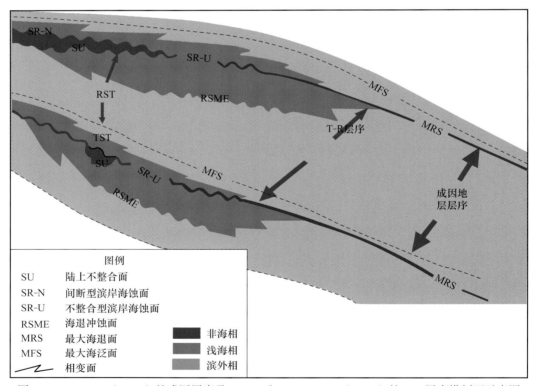

图2-6　Galloway（1989）的成因层序及Embry和Johannessen（1993）的T-R层序横剖面示意图

海侵-海退（T-R）层序（Embry and Johannessen，1993）以复合面为界，包括向盆地边缘的陆上不整合和海洋部分向海方向的最大海退面，这种模式避免了沉积层序和成因层序的一些缺陷。

（四）高分辨率层序地层学

高分辨率（high resolution sequence）概念模式最早由美国学者Cross提出（邓宏文，1995），其主要观点和方法为：①强调基准面变化对层序发育的控制作用；②没有强调层序界面的位置，一般选择基准面由"上升"变为"下降"的转换点为界；③"高分辨率层序"将层序分为长周期、短周期层序，这里主要介绍高分辨率层序地层学中的基准面和可容纳空间。

1. 地层基准面

地层基准面既不是海平面，也不是海平面向陆方向延伸的水平面，它是一个相对于地表波状起伏、连续的、略向盆地方向下倾的抽象面。这个面的位置、运动方向及升降幅度相对于地表的上升和下降不断随时间而变化（邓宏文，2002）。

Cross 将地层基准面看作是一个势能面，该面反映了地球表面与力求其平衡的地表过程间的不平衡程度。对沉积物而言，有两种能量作用在其之上，一种是使沉积物发生搬运，一种是使沉积物趋于稳定。基准面可以使上述两种能量保持平衡。要达到平衡，地表要不断地通过沉积或侵蚀作用改变其形态，向靠近基准面的方向运动。因此这个面描述了迫使地表上下移动到某一个位置的能量，在这个位置上，地形梯度、沉积物供应和可容纳空间是平衡的。地层基准面可以简单地看做是可容纳空间的顶界面。它可能位于地表之上，可能位于地表之下，也可能与地表交叉。

2. 可容纳空间

可容纳空间为允许沉积充填的空间量（Jervey, 1988），是全球海平面升降变化、沉积物供给和构造沉降的函数（图 2-7）。可容纳空间增长速率 / 沉积物供给速率（即 A/S）的变化导致了可容纳空间在不同空间部位的迁移，使储层在空间上的分布与叠置发生变化，也使储层物性随之发生变化。

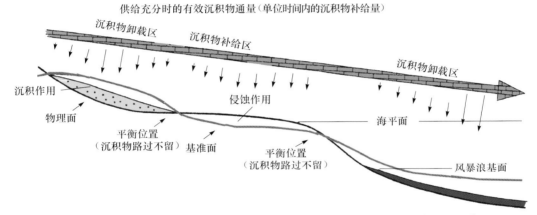

图 2-7　基准面、可容纳空间和反映可容纳空间与沉积物供给之间平衡时的地貌
（据 Cross，1994；邓宏文，2002）

可容纳空间受控于多种因素。海相盆地的可容纳空间一般与盆地构造性质与全球海平面变化相联系，在短时期内也与波浪、水流携带的能量相关。海相盆地可容纳空间变化为相对海平面变化，为构造与全球海平面变化综合作用的结果。

河流相的可容纳空间变化与河流沉积体系中的流量、坡度、沉积物供给、上游流域的物源变化、气候和下游的海平面变化密切相关。河流相的控制因素较多。因此，陆相的可容纳空间与海相的可容纳空间变化并不一致（Blum and Torbjörn，2000）。加积、侵蚀、前积和退积的沉积趋势可以用容纳空间的变化或可容纳空间与沉积物供给之间的关系来解释。正可容纳空间易于形成加积，而负可容纳空间则易形成侵蚀。在正可容纳空间的阶段中，沉积物供给速率大于可容纳空间形成进积。

在河流相沉积的上游，地层叠加样式往往可以用河道聚合程度来反映同沉积期的可容纳空间的变化。在深水沉积环境中，地层叠加样式以河道被限制程度展现，反映了陆架上可容纳空间与沉积物供给之间的变化（Posamentier，2003）。某些深水沉积环境的地层叠加样式与滨线迁移具有成因上的联系，但也存在深海盆地中构造控制下的新地层叠加样式的出现，并与滨线附近的可容纳空间变化无关。深水扇的平面展布样式和垂向叠加样式与陆架的宽度、大陆边缘的地貌及它们对沉积物供给的影响密不可分。

三、层序地层单元级别和划分

（一）不同级次的划分

由于盆地不整合面的规模、范围及其所限定的沉积旋回存在显著差异，层序的划分与地质学的内涵相同，通常要考虑级次问题。许多学者曾提出层序级次的划分方案。Vail 最早提出在被动大陆边缘根据各级海平面的变化周期来定义层序级次，并划分出巨层序、超层序、层序、准层序组和准层序，其中层序及以上级别的层序以不整合面及其对应的整合界面为界（Vail et al.，1977）。这种时间‑级次划分方案以海平面变化为主控因素，并最终受控于板块构造与天体运转。

结合典型陆相含油气盆地的层序发育特征，郑荣才等（2001）提出6级次划分方案（表2-1）。该方案突出了以下几个重点：①强调了不同级次地层基准面旋回周期性变化的不同控制因素，通过界面的成因类型、产状特征和发育规模等对各级次基准面旋回进行划分；②基准面旋回的分级命名，考虑了各级次旋回的时间变化范围和主控因素，规范了级次划分标准；③本划分方案更能满足油气田勘探开发工程的任务需要，增强了实际应用的可操作性；④6级次划分方案与经典的"Vail"层序划分方案有一定的可比性。

表 2-1　基准面旋回的级次划分和基本特征（据郑荣才等，2001）

基准面旋回级次	界面类型	时限范围/Ma	层序定义	主要控制因素		与 Vail 相当的层序地层单元对比
巨旋回	I类	30～大于100（视盆地延时而定）	包括盆地演化各阶段的原形盆地完整的沉积充填序列	构造因素	区域构造运动	不能完全对比	相当Ⅱ级层序
超长期	Ⅱ类	10～50	以盆地演化各阶段为单位的构造充填序列（或构造层序、构架层序）		构造演化阶段的应力场转换		相当Ⅲ级层序组
长期	Ⅲ类	1.6～5.25	一套具较大水深变化幅度的、彼此间具成因联系的地层所组成的区域性湖进—湖退沉积序别		构造幕式性强弱变化		相当Ⅲ级层序
中期	Ⅳ类	0.2～1	一套水深变化幅度不大的、彼此间成因联系密切的地层叠加所组成的湖进—湖退沉积序别	天文因素	偏心率长周期	可基本对比	Ⅳ级层序（准层序组或体系域）
短期	Ⅴ类	0.04～0.16	一套具低幅水深变化的、彼此间成因联系极为密切，或由相似岩性、岩相地层叠加组成的湖进—湖退沉积序列		偏心率短周期		Ⅴ级层序（准层序）
超短期	Ⅵ类	0.02～0.04	一套代表最小成因地层单元的单一岩性或相关岩性的叠加样式		岁差周期		Ⅵ级层序（韵律层）

（二）层序界面与洪泛面的成因类型与具体划分方法

1. 层序界面

层序界面一般有三种识别方法：①根据测井曲线的形态，当测井曲线为钟形时，层序界面一般划分在储集砂体的底部；②当测井曲线形态为漏斗形时，层序界面一般划分在储集砂体的顶部；③当测井曲线为箱状时，层序界面一般定在储集砂体的中部（图 2-8）。

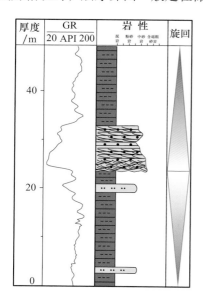
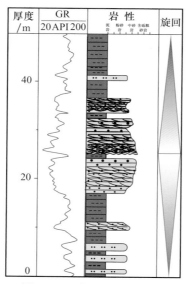
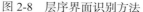
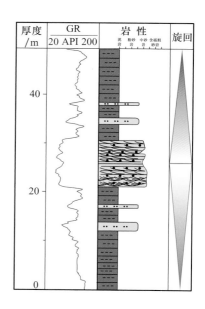

图 2-8　层序界面识别方法

2. 洪泛面

洪泛面的识别一般分为三种情况：①高分辨率的基准面旋回通常划分在泥岩中部，即泥岩最纯、GR最高的点，尤其在井间对比时通常采用此方法；②划分在泥岩底部，将泥岩作为整体——密集段考虑，反映体系域特点，这种做法能够更好地评价泥岩分布规律，但不利于反映一个完整层序；③划分在泥岩顶部，以洪泛面和层序界面的边界来确定层序，但此种方法运用较少，反映海平面的结束期。本书通常采用第一种方法（图 2-9）。

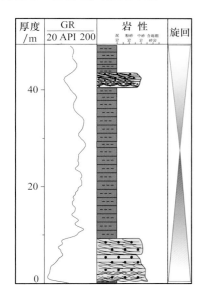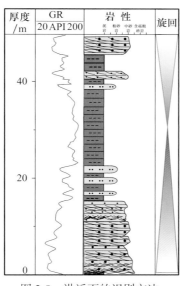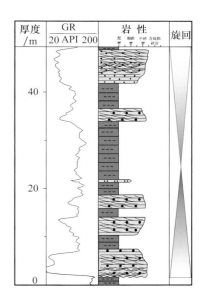

图 2-9　洪泛面的识别方法

四、层序发育演化的控制因素

构造、海平面变化与沉积物供给控制了沉积盆地的宏观形态，构造沉降与海平面变化决定可容纳空间，气候影响沉积物供给量与类型。Exxon 公司强调海平面变化对于层序发育的重要性，然而构造作用是巨大的，尤其是大陆地幔的热对流作用会影响岩石圈之上可容纳空间的增加或减少，从而影响层序的发育。

（一）相对海平面变化

全球性的海平面变化可能存在，但在不同区域或盆地中的海平面变化是构造作用、沉积物供给变化等因素综合作用的结果，事实上是一种相对的海平面变化。虽然全球海平面变化主要控制盆地内部旋回性充填，但区域性的相对海平面变化对层序与沉积的控制作用更值得关注。水体的深度是沉积物表面到海平面的距离，它受全球海平面变化、构造作用和沉积物供给三种因素的联合控制。

鄂尔多斯盆地晚古生代海（湖）平面及水深变化较为频繁，这对层序的发育起到了至关重要的作用。本溪期经历一个完整的海平面升降旋回，盆地总体沉降，海平面升高导致华北海、祁连海东西对进、融合连通，而后又发生大规模海退、沼泽化，形成区域广布的煤层；太原期从庙沟期开始海侵，毛儿沟期海侵范围迅速扩张。通过对鄂尔多斯东南地区的研究，斜道灰岩的厚度最大，分布范围最广，反映斜道灰岩沉积期可能达到最大海侵；东大窑期迅速海退，海水向盆地东南方向退出，反映本溪期 - 太原期 - 山西期沉积格局由东西分异向南北分异的演化；至山西早期，北部物源区显著抬升，河流三角洲大规模向盆地中央进积，进入近海沼泽、三角洲阶段；山西期在近海湖盆背景的基础上发生湖进 - 湖退旋回，山西中晚期湖平面最高，沉积较厚的湖相泥岩，山西末期南北物源区再一次强烈抬升；石盒子早期河流三角洲向湖盆进积，形成重要的储集砂体，中期湖盆扩张，形成上石盒子巨厚的湖相泥岩，而后湖平面迅速下降。

（二）气候因素

地质历史时期中，气候时冷时热，时湿时干，不但反映在古生物发育的类型组合上，也反映在岩相与沉积物岩性上。相对于海相地层，气候因素对陆相层序的控制作用要显著得多。地质历史时期的沉积物记录表明，古气候呈现明显周期性变化，冰期与间冰期的出现可称为气候的一级周期，而每个冰期内部温度、湿度的变化可称为气候的二级周期，以此类推。气候的周期性变化可以影响到盆地汇水的周期性变化，进而影响层序的发育。

（三）构造作用

鄂尔多斯盆地晚古生代本溪期至石盒子期发生了3期较为明显的构造作用，分别对应3个二级层序。

晚石炭本溪组沉积期：华北地台中央古隆起作为重要的屏障横亘南北，将鄂尔多斯盆地分割成祁连海和华北海两个海域；本溪晚期，兴蒙海槽向南俯冲、消减，区域应力场受来自北侧的南北向的挤压应力控制，包括鄂尔多斯地区在内的华北地台区域构造格局由南隆北倾转为北隆南倾，华北海域与西部海域沿北部局部首次连通。

早二叠太原组沉积期：随着盆地沉降，海水自东西两侧分别向中央古隆起和向北扩大，潮坪、潟湖和滨岸沉积逐渐超覆于中央古隆起的奥陶系古侵蚀面之上，使中央古隆起位于水下，东西两侧形成一个统一的海域。

早二叠山西期结束了陆表海盆地沉积充填，受秦岭、兴蒙海槽逐渐关闭的影响，盆地性质由陆表海盆地演化为大型近海湖盆。山西早期，华北地台处于海盆向湖盆转化和区域构造活动的重新分化与组合的过渡时期，区域构造活动较为强烈。盆地北部物源区不断抬升，侵蚀速度加快，河流作用不断向南推进，表现出强烈的进积作用。山西晚期随着区域构造活动的日趋稳定，物源供给减小，盆地进入相对稳定沉降阶段。在盆地北部地区，由于北部物源区抬升相对减弱，河流进积作用也相应减弱，普遍发生分流河道砂体的加积-退积，即河流朔源堆积。

中二叠下石盒子组沉积期古地貌基本继承了山西期的特点。盆地北部广大地区，湖盆扩张早期，华力西运动强烈，主要表现为盆地北部兴蒙海槽的逐渐关闭及伊盟隆起的大幅度抬升，强烈的南北差异升降加剧了北隆南倾的构造格局，致使盆地北部湖盆坡度变陡。上石盒子期相当于陆内拗陷盆地成熟阶段，其古地理格局继承了前一时期的基本面貌，随着基底的不断沉降和陆源碎屑物质的减少，湖泊面积扩大。盆地北部广大地区，由于盆地成熟阶段的区域构造相对稳定，物源区夷平化和盆地充填补齐使得古地貌变得相对平坦。

五、前人层序地层划分方案

目前，根据高分辨率层序地层学理论，研究鄂尔多斯盆地上古生界已为趋势。从研究程度上看，山西组层序研究工作较深入，本溪组、太原组、石盒子组及石千峰组层序研究工作较少。层序级次的划分与层序构成特征的认识均存在较大的分歧。这些理论方法体系归纳起来主要有以下这些方面：①在地震层序地层学中，胡震中（1987）根据地震发射波终止特征，将鄂尔多斯盆地古生界—中生界划分为5个地震层序或2个超层序，把整个上古生界沉积划分为1个地震层序（亚层序），并详细地介绍了各地震层序的特征；②陈孟晋等（2006）采用成因沉积组合分析方法，将本溪组、上石盒子组划分为15个沉积层序（本溪组和晋祠组共3个、太原组3个、山西组3个、下石盒子组4个、上石盒子组2个）；③陈洪德等（2001）基于区域性构造运动的层序界面分析，把本溪组在大部分地区划分为1个准二级层序和2个层序，太原组划分为1个准二级层序和4个层序、山西组也划分为1个准二级层序和4个层序，在这种划分结果中，准二级层序和地层组完全一致，而三级层序和地层组中的岩性段基本一致，层序界面和地层界限有的相同或稍有变化（杨华等，2006）；④朱筱敏等（2002）根据层序体系域边界的特征，在上古生界露头削面上识别出3个层序边界，分别是石千峰组与石盒子组、石盒子组与山西组、山西组与太原组；⑤李文厚等（2003）采用Vail沉积层序的层序地层学模式，将苏里格庙地区上古生界划分为3个二级层序和7个三级层序，其中上石炭统2个，二叠系13个；杨华等（2006）依据Vail的层序地层学理论，将鄂尔多斯盆地上古生界地层划分为1个一级层序、4个二级层序、22个三级层序；⑥基于基准面旋回原理，许多学者进行了高分辨率层序地层分析，陈孟晋、孙粉锦等在盆地首次依据高分辨率层序地层学原理，将盆地北部上古生界划分出5个层序，本溪组、太原组、山西组、上石盒子组和下石盒子组分别各为一个层序，在太原组内又划分出1个准层序、山西组划分出3个短期旋回、下石盒子组划分出2～3个短期旋回。翟爱军等（1999）将本溪组—上石盒子组划分为 3 个中期地层旋回、11 个短期地层旋回。郑荣才、文华国等进行了鄂尔多斯盆地上古生界高分辨率层序地层分析，从本溪组到山西组划分了 2 个超长期旋回、12 个中期旋回，每一中期旋回内划分出若干短期旋回，其中本溪组到太原组为一个超长期旋回、山西组为一个超长期旋回，本溪组内划分 2 个中期旋回，太 1 和太 2 各识别出 2 个中期旋回。山 2 和山 1 各识别出 3 个中期旋回（表 2-2）（杨华等，2006）。

　　鄂尔多斯盆地上古生界层序地层划分方案众多，划分方案差异较大（表 2-2），原因有 3 点：①学者所属层序地层学派不同，划分方法有所区别；②研究范围多为盆地局部，整体地层发育不完全一致；③资料情况不一致。本书涉及区域为鄂尔多斯盆地东南部，上古生界包括石炭系本溪组、二叠系太原组、山西组、下石盒子组、上石盒子组和石千峰组。其中本溪组以厚层状深灰黑色泥岩夹石英砾岩层为特征，偶见煤层，并在本溪组顶部发育一套稳定分布煤层，厚 2～7m。山西组可细分为山 2 段与山 1 段，山 2 段以厚层状灰黑色泥岩、中薄层状煤和中薄层状灰黑色岩屑石英砂岩为特征；山 1 段陆进海退，砂岩厚度增大，泥岩厚度减小，并以煤层不发育为特征；石盒子组可细分为下石盒子组与上石盒子组，整体岩性以中厚层状岩屑石英砂岩夹中层状多色泥岩为主。

　　本书主要采用经典沉积层序的概念与方法研究上古生界层序地层，以二级与三级层序界面识别为基础。

表 2-2　前人关于鄂尔多斯盆地上古生界层序地层划分方案（陈全红，2007）

地层组段		陈洪德等（2001）		李文厚等（2003）		翟爱军等（1999）	郑荣才等（2001）	杨华等（2006）		陈全红（2007）	
		层序	二级层序	层序	层序组	基准面旋回	基准面旋回	三级层序	二级层序	层序	层序组
石千峰组	千 1～千 5			Sq15 Sq14 Sq13				Sq22	IV	Sq22 Sq21 Sq20	
上石盒子组	盒 1			Sq12		SSC11 SSC10 SSC9		Sq21		Sq19	
	盒 2							Sq20		Sq18	
	盒 3			Sq11				Sq19		Sq17	
	盒 4							Sq18		Sq16	
下石盒子组	盒 5			Sq10	Ss3	MSC1	MSC12 MSC11 MSC10 MSC12 MSC11 MSC10 MSC10	Sq17	III	Sq15	近岸碎屑湖盆层序组
	盒 6					SSC8 SSC7 SSC6		Sq16		Sq14	
	盒 7							Sq15		Sq13	
	盒 8			Sq9				Sq14		Sq12	
山西组	山 1	Sq10 Sq9		Sq8		SSC5 SSC4 SSC3	MSC12 MSC11 MSC10	LSC5	Sq13 Sq12		Sq11 Sq10	
	山 2	Sq8 Sq7	Ss3	Sq7			MSC2	MSC9 MSC8 MSC7	LSC4	Sq11 Sq10 Sq9		Sq9 Sq8 Sq7	
太原组	太 1	Sq6 Sq5	Ss2	Sq6 Sq5	Ss2	SSC2	MSC6 MSC5	LSC3	Sq8 Sq7	II	Sq6 Sq5	陆表海充填
	太 2	Sq4 Sq3		Sq4 Sq3			MSC3	MSC4 MSC3	LSC2	Sq6 Sq5		Sq4 Sq3	
本溪组	本 1	Sq2		Sq2		SSC1	MSC2	Sq4	I	Sq2	
	本 2	Sq1	Ss1	Sq1	Ss1		MSC1	LSC1	Sq3 Sq2 Sq1		Sq1	
	本 3										

第二节　盆地东南部石炭系—二叠系层序界面特征及其识别标志

一、层序界面特征及其识别标志

层序界面识别是层序划分的基础，本书以二级层序界面划分为基础，在二级层序内部进一步识别与划分三级层序。二级层序界面与盆地演化构造阶段相对应，因此其基准面升降级次、不整合面延伸范围都远大于三级层序界面。二级层序被公认为受区域性构造因素控制，界面为区域不整合面，代表重要的间断。二级层序界面限定的单元与超层序相当。鄂尔多斯盆地东南部本溪组—石盒子组共识别2个二级层序界面，分别对应石盒子组底部和山西组底部。本书从岩性组合、矿化度及岩心与露头资料三个方面识别二级层序界面。

（一）层序界面标志与识别

1. 岩性组合特征

层序界面上下沉积环境一般会发生突变，不同的沉积环境所形成的岩石类型也是不同的。因此，岩性组合的突变面可以作为层序界面。

鄂尔多斯盆地上古生界本溪组—太原组地层主要为深灰黑色泥岩、灰岩夹石英砂岩、砾岩，并见多套2～7m的煤层，底部为铁铝土层，是明显的风化标志；山西组岩性主要为深灰色、灰黑色、黑色泥岩、砂质泥岩和薄—厚层状浅灰、灰色中、粗粒砂岩、含砾砂岩、砂砾岩，中下部泥岩中夹多层煤；而石盒子组总体为灰色泥岩、粉砂质泥岩、泥质粉砂岩夹灰白色、浅灰绿色砂岩，向上泥岩颜色常为偏干旱气候特征的紫红色。以一套浅灰绿色、灰白色大段砾状粗砂岩、砾岩、粗砂岩，即俗称的"骆驼脖子砂岩"为底，其对下伏地层形成明显冲刷面（图2-10）。

岩性组合的变化指示沉积环境的变迁。本溪组—山西组主要发育海相、海陆过渡相沉积，并在太原组沉积期为最大海侵期，整体为克拉通盆地稳定沉降、海侵阶段，海水在山西组沉积期向西南方向退出。石盒子组沉积期主要发育陆相沉积，为克拉通内陆阶段，鄂尔多斯盆地自成一体为克拉通内陆盆地。地层水的封闭程度越好，受大气淋滤水的影响越弱；反之，地层水的封闭程度越差，受大气淋滤水的影响越强。

2. 矿化度

含油气盆地的地层水化学特征是在盆地形成与演化过程中，水-岩相互作用的产物。地层水的化学组成能够直接或间接指示盆地流体系统的开放性和封闭性，反映盆地形成与演化过程中的重大地质事件（曾溅辉等，2008a）。一般来说，地层水矿化度、Cl^-含量、K^+、Na^+和HCO_3^-含量反映了地层水的封闭程度和受大气淋滤水影响的程度。在地层发生抬升剥蚀时，不整合面在地层水化学特征上的响应一般也不同。

鄂尔多斯东南部本溪组—石盒子组地层水矿化度较高，水型为$CaCl_2$型，具有明显封闭地层水特征。本溪组—石盒子组总体由浅至深矿化度逐渐增高，太原组矿化度最高。二级层序界面上、下地层水矿化度指标差距较大，本溪组、太原组的地层水矿化度整体较大，平均为112.82g/L以上，指示海相沉积环境；山西组的矿化度主要在40～80g/L，平均总矿化度为63.33g/L，指示海陆过渡相沉积环境；盒8段以上的地层水矿化度多在20g/L以内，指示陆相沉积环境（表2-3）。

3. 岩心与露头证据

岩心是研究岩性、物性、电性和含油性等最可靠的第一手资料。通过对岩心的观察与描述，对于认识地质构造、地层岩性、沉积特征，进而分析层序界面有重大意义。在野外露头中，可以观察到岩相突变面与大的冲刷不整合界面等，通常代表了一定的沉积间断或沉积环境的突变，是识别层序地层界面的良好标志（于兴河，2008）。

从山西组—盒8段砂岩颜色发生较大变化，山西组砂岩以灰色、灰黑色为主，盒8段砂岩则以灰白色、白色为主，间接反映了沉积环境的变化，下石盒子组盒8段中下部为典型厚层状箱型砂体，厚度在5～30m，砂体内部发育大规模槽状交错层理并辅以板状交错层理。槽状交错层理大量发育指示河道下切，证明盒8段为河谷充填沉积。而如此厚层辫状河相、辫状河三角洲相含砾粗砂岩、粗砂岩通常发育在基准面变化幅度较大的阶段，符合二级层序界面的标准（图2-11）。

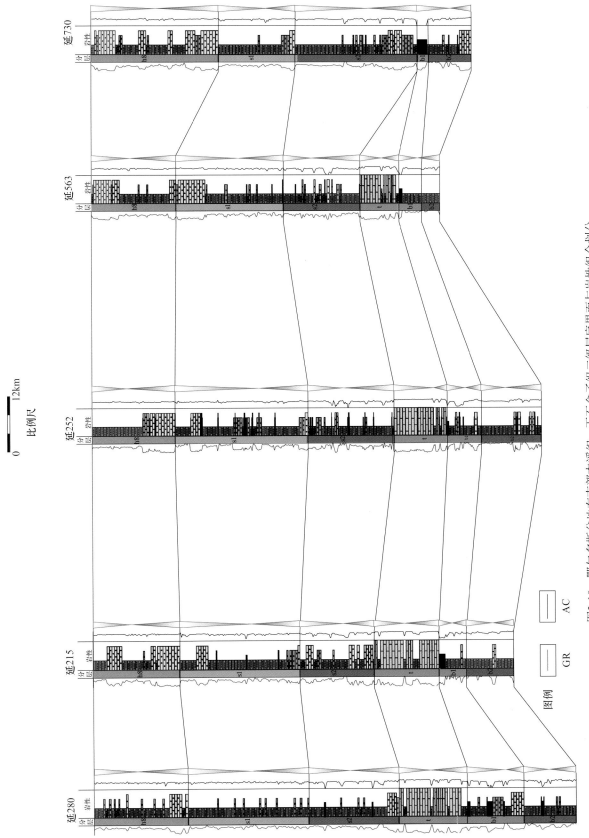

图2-10 鄂尔多斯盆地东南部本溪组—下石盒子组二级层序界面与岩性组合划分

表 2-3　延 131～延 145 井区气层水化验分析数据表

层位	pH	阳离子含量 /（mg/L）			阴离子含量 /（mg/L）			总矿化度 /（g/L）	水型	备注
		K^+、Na^+	Ca^{2+}	Mg^{2+}	Cl^-	SO_4^{2-}	HCO_3^-			
盒8	5.81	4315.61	354.15	252.87	7590.73	0	731.72	13.24	$MgCl_2$/$NaHCO_3$	淡化地层水
山2	5.44	14616.60	8412.76	647.38	38794.94	13.26	851.51	63.33	$CaCl_2$	淡化地层水
本溪	5.08	22651.08	18188.67	1102.59	69872.19	24.69	712.44	112.82	$CaCl_2$	正常地层水

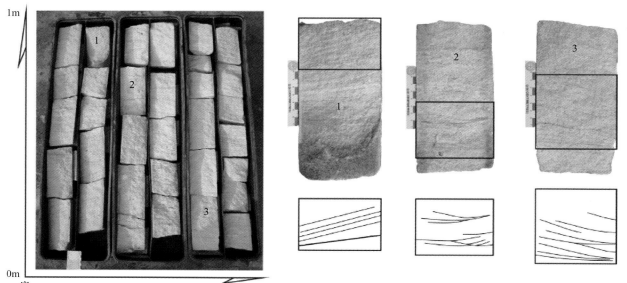

图 2-11　石盒子组底部箱型充填砂体

图 2-12　石盒子组与山西组界面为区域性河道下切面

相比岩心证据，露头证据更加明显。不整合面位于石盒子组底部，石盒子组底部见厚约 15m 砂岩，厚层箱型砂体可精细解剖为多期河道砂体紧密叠置。不整合面之下为山西组中薄层状砂岩，为曲流河型砂体，可见河道漫溢薄层状砂体（图 2-12）。界面之下，能量较弱，界面附近基准面下降幅度较大，能量突然增强，由曲流河型向辫状河型突变。不整合面附近河型由下部山西组曲流河型突变为上部石盒子组多期河道紧密叠置厚层箱型辫状河型；不整合面上、下砂体成因无联系。

（二）洪泛面标志与识别

最大海泛面是层序中海侵过程达到最大限度时所对应的地层界面。它是海侵体系域与高位体系域之间的界面，以海侵沉积体系的向陆退积转换为高位沉积体系的向盆地进积为特征，最大海泛面通常与密集段相伴生，密集段沉积物通常为较强还原条件下形成的暗色泥岩。

1. 岩心与露头证据

最大洪泛面在钻井岩心表现为向上加深变细沉积序列顶部的泥岩段或位于大套质纯泥岩段的中、上部（图 2-13）。

洪泛面在野外露头的识别，一般表现为大套泥岩的沉积，以山西柳林成家庄二叠系山西组曲流河沉积体系的露头为例，该露头上部泛滥平原发育暗色泥岩并夹有薄层煤线沉积（图 2-14）。

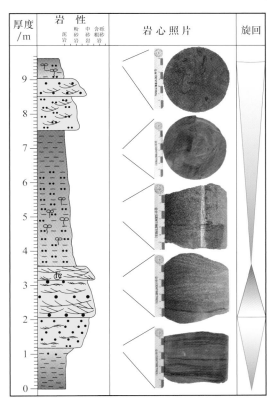 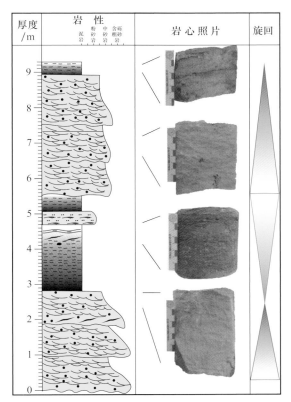

图 2-13　洪泛面在岩心上的识别

图 2-14　山西柳林成家庄二叠系山西组剖面

2. 测井

最大洪泛面一般位于一套分布广泛、层位稳定的泥岩或油页岩内部，在测井曲线上表现为"泥脖子"的中央位置，即伽马曲线极大值附近，界面之下表现为退积准层序组，界面之上表现为加积或前积准层序组。对应的电性特征为低电阻、高伽马、高声波时差，在垂向序列上表现为"细脖子"段。

二、三级层序界面特征及其识别

三级层序界面为不整合面或与之对应的整合界面，在测井、岩心等存在明显的识别标志。一般为地层暴露、地层剥蚀、地层上超、浅水相和深水相的突变接触，这些标志的出现表明一次沉积旋回的结束与另一期沉积旋回的开始。

（一）短期旋回的识别

旋回的识别可通过 A/S 值的变化趋势进行分析，短期旋回中 A/S 值的变化趋势可以通过能指示沉积物形成时的水深、沉积物的相序、相组合和相分异作用进行，较长期基准面旋回中 A/S 值的变化趋势可以通过短期旋回的叠加样式、旋回的对称性变化、旋回加厚或变薄的趋势、界面出现的频率、岩石与界面出现的位置和比例等来实现（彭传圣等，2008）。一般而言，短期基准面旋回界面的识别标志有以下几点。

（1）高伽马对应洪泛面，高电阻为层序界面（图 2-15）。

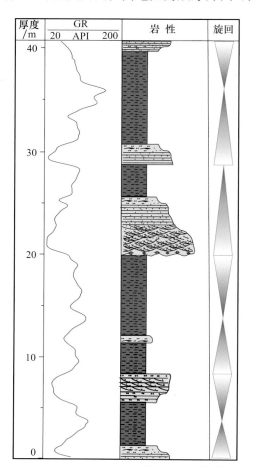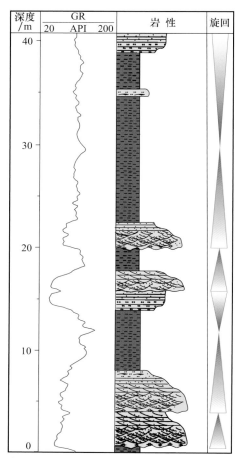

图 2-15　短期旋回界面及洪泛面的测井响应

（2）反映沉积环境的泥岩颜色也可以作为短期旋回变化的证据。

泥岩颜色发生变化时一般说明沉积环境发生变化，水体发生上升或下降，基准面也相应发生变化。

（3）河道冲刷面及其上覆滞留沉积，对应的测井曲线表现为突变接触，表明水体由相对较深到突然变浅的过程（图 2-16）。

（4）浅水沉积物直接覆盖在深水沉积物之上，反映为可容纳空间突然变小（图 2-17）。

（5）垂向剖面上岩相类型转换的位置，对应于测井曲线上，表现为沉积旋回的转换（图 2-18）。

（二）旋回叠加样式

本溪组整体呈缓慢海侵、局部水退的特征，低位体系域和海侵体系域所占厚度较大，且以粒度大的厚层砂为主，而高位体系域厚度较小，由粉砂岩迅速过渡为厚层砂坝砂岩沉积。

山 2 段呈完整海侵/海退旋回，低位体系域、海侵体系域与高位体系域的厚度相当，整个三级层序内均以中厚层状中、粗粒砂岩为主，仅在海侵体系域顶部的最大洪泛面处出现中层状粉砂岩与泥岩层，说明海侵和海退都较为缓慢，且幅度不大。

山 1 段发育完整海侵/海退旋回，呈现快速水进、快速水退的特征，低位体系域和高位体系域均以三角洲前缘厚层粗粒砂岩为主，其中高位体系域整体厚度较大，海侵体系域粒度偏细，以三角洲前缘分流间湾和前三角洲泥岩沉积为主。

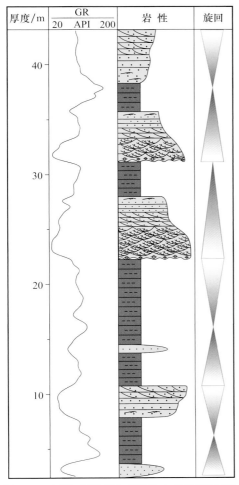

图 2-16　河道冲刷面造成测井响应的突变接触

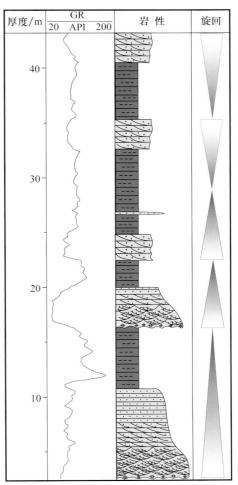

图 2-17　可容纳空间突然变小对应的测井曲线特征

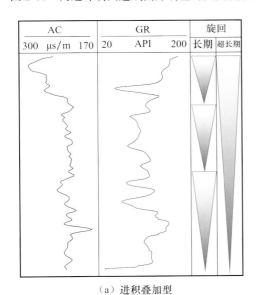

（a）进积叠加型

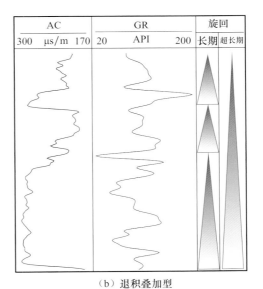

（b）退积叠加型

图 2-18　沉积旋回转换的测井曲线特征

盒 8 段以典型的缓慢水进为特征，海侵体系域的相对厚度很小，且为厚层的泥岩粉砂岩夹层，高位体系域整体厚度大，但其砂岩的厚度和粒度都较低位体系域小，体现其缓慢水退的特征（图 2-19）。

（三）旋回转换样式

研究区旋回转换样式主要包括四种，分别为退积向进积转换面、河道沉积的基准面变换、进积向退积转换面、加积向进积转换面。

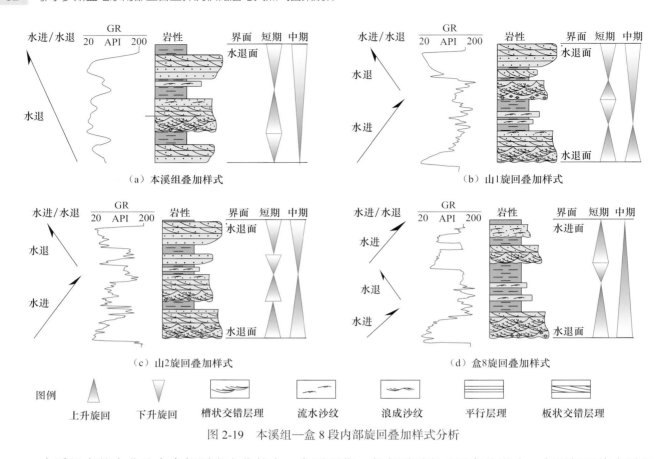

图 2-19　本溪组—盒 8 段内部旋回叠加样式分析

本溪组在整个盆地东南部厚度变化较大，东厚西薄。考虑到厚度对层序的影响，在西部可将本溪组划分为 2 个三级层序，即在本溪组内部识别出一个层序界面，而在东部仅可将本溪组划分为 1 个三级层序。本溪组内部层序界面附近特征为中层砂、砾岩直接叠覆在厚层段泥岩之上，层序界面特征明显。层序界面之下发育一期完整水进 / 水退旋回，层序界面之上同样发育一期完整水进 / 水退旋回［图 2-20（a）］。

本 1 段与太原组之间发育层序界面，本 1 顶部见一套区域稳定分布煤层，煤层顶即为层序界面。层序界面之下发育一期完整水进 / 水退旋回，界面之上发育水进旋回，以大套灰岩发育为特征［图 2-20（b）］。

太原组与山 2 段之间发育明显层序界面，界面特征为厚层（5～10m）低位进积砂岩叠覆在灰岩、泥岩之上。太原组至山 1 段整体陆进海退［图 2-20（c）］。山 2 段与山 1 段之间层序界面为厚 3～6m 砂岩叠置在厚层泥岩之上，界面之下发育一期完整海侵 / 海退旋回［图 2-20（d）］。

如前所述，山 1 段与盒 8 段之间的层序界面为二级层序界面，表现为厚层箱型灰白色砂岩与山 1 段厚层灰黑色泥岩直接接触［图 2-20（e）］。

盒 8 段与盒 7 段间层序界面并不如山 1 段与盒 8 段的层序界面明显，该层序界面表现为中层状砂岩与薄层状粉砂岩互层叠覆在泥岩之上。界面之下发育一期完整湖侵 / 湖退旋回；界面之上发育一期完整湖侵 / 湖退旋回［图 2-20（f）］。石盒子组内部三级界面发育特征与盒 8 段与盒 7 段之间层序界面较为类似［图 2-20（g）、图 2-20（h）、图 2-20（i）］，都以中、厚层状砂岩，粉砂岩直接叠覆在中、厚层泥岩之上为特征，反映沉积环境的突变。

（四）层序界面识别

二级、三级层序界面在测井曲线上响应明显。由于研究区内本溪组与太原组厚度变化较大，东厚西薄，因此本书对研究区本溪组—石盒子组测井曲线进行层序界面识别与分析。由于本溪组—太原组发育灰岩，因此加入密度测井曲线而有助识别，而对于山西组—石盒子组仅使用 GR 曲线即可进行分析（图 2-21、图 2-22）。

岩心往往可以作为高精度层序地层划分的重要资料。本书以山 2 段与山 1 段之间的层序界线及盒 3 段与盒 2 段之间的层序界线为例对岩心上的层序界线特征进行分析（图 2-23）。

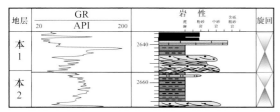

（a）本2段与本1段层序界限

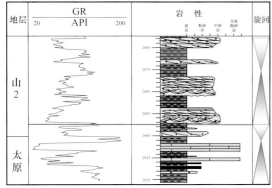

（c）太原组与山2段层序界限

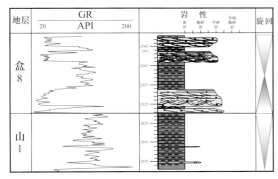

（e）山1段与盒8段二级层序界限

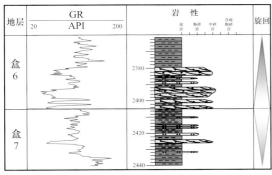

（g）盒7段与盒6段层序界限

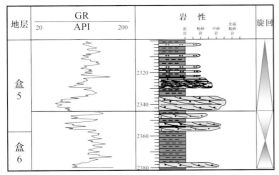

（h）盒6段与盒5段层序界限

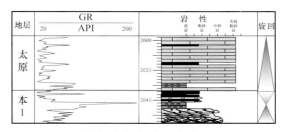

（b）本1段与太原组层序界限

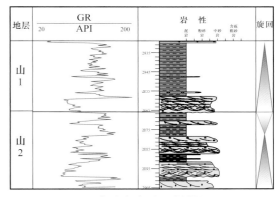

（d）山2段与山1段层序界限

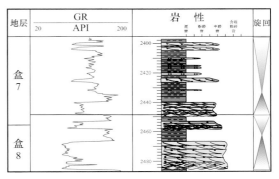

（f）盒8段与盒7层序界限

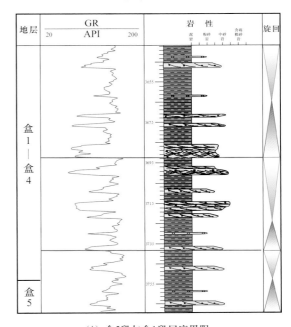

（i）盒5段与盒1段层序界限

图 2-20　石炭—二叠系重点层段层序界面特征

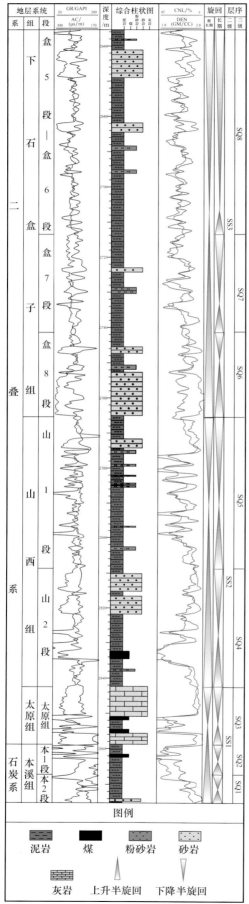

图 2-21   延 432 单井柱状图

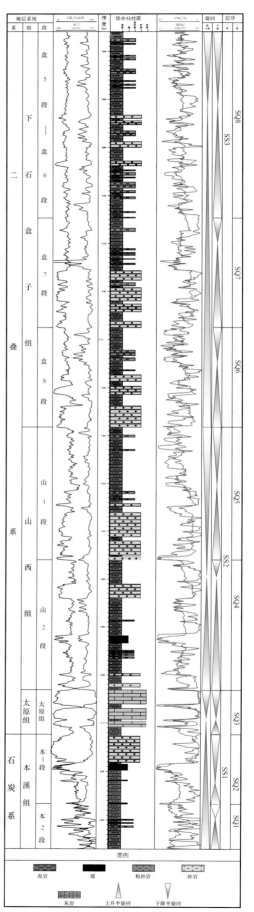

图 2-22   延 434 单井柱状图

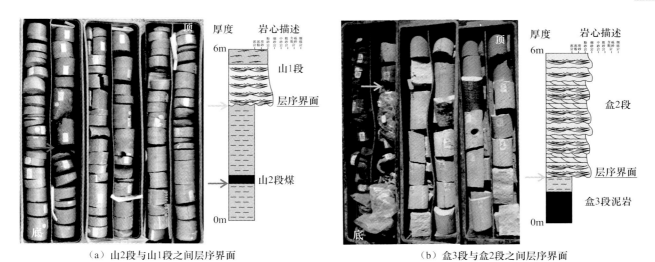

（a）山2段与山1段之间层序界面　　　　　　（b）盒3段与盒2段之间层序界面

图 2-23　层序界面识别

山 2 段以大套泥岩发育为特征，中间夹煤层。山 2 段与山 1 段之间的层序界面以不整合面为特征，虽然山 1 段粒度相对较细，但仍见砂岩直接叠覆在大套泥岩与薄煤层之上，指示沉积环境的突变。盒 3 段与盒 2 段之间的层序界面以多套单期河道砂体直接叠覆在盒 3 段大套棕红色与绿色厚层状泥岩之上为特征。

第三节　含气层段层序划分方案

鄂尔多斯盆地本溪组—石盒子组具有稳定沉降、多物源、相变快的特点。在整体宽缓斜坡背景下，发育海相、海陆交互相及陆相沉积。根据测井、岩心、录井等信息，并结合本区的具体地质特征和构造演化规律，认为鄂尔多斯盆地东南部三级层序界面划分存在以下 5 种识别标志：①不整合面，如河道下切面等（表现为箱型、钟型测井曲线底部突变面，岩心及露头上可见到砂岩底部的冲刷侵蚀面）；②构造阶段转换面；③区域暴露面（古土壤层）；④多套煤层的顶界面，代表海侵体系域与高位域沼泽化的产物结束；⑤灰岩顶底界。通过层序界面识别、旋回叠加样式变化、相序及组合改变和砂、泥岩层厚度旋回性变化，对鄂尔多斯盆地东南部本溪组—石盒子组进行层序划分。

一、二级层序划分

在以上研究的基础上，将鄂尔多斯东南部本溪组—石盒子组划分为 3 个二级层序、11 个三级层序（图 2-24）。每个二级层序由区域性的水进 - 水退旋回组成，为构造控制型层序。以下石盒子组底的区域河道下切面和山西组底部的区域不整合面为界，本溪组和太原组（SS1）、山西组（SS2）和石盒子组（SS3）分别为 1 个二级层序。在二级层序内又可进一步划分三级层序，总共在本溪组—石盒子组划分出 10 个三级层序。其中将本溪组—太原二级层序（SS1）划分出 3 个三级层序，山西组二级层序（SS2）划分出 2 个三级层序，石盒子组二级层序（SS2）划分出 6 个三级层序。

二、三级层序划分

（一）层序划分方案

1. C-Sq1～C-Sq2 层序

C-Sq1 与 C-Sq2 层序对应本溪组的本 2 段和本 1 段，是鄂尔多斯盆地上古生界最早的地层单元。本溪组为局部陆表海、障壁 - 潟湖 - 潮坪沉积，但区域内本溪组厚度变化较大，整体呈现出东厚西薄的特征，可在东部识别 C-Sq2 与 C-Sq1 层序，在西部仅能识别 1 个三级层序。C-Sq1 层序底部为区域不整合面，底界标志岩性为铁铝岩层，之上发育障壁 - 潟湖 - 潮坪沉积；C-Sq2 层序底部在部分区域为一套砂岩底界，代表海进 - 海退旋回的开始，顶界面以一套煤层终止为特征。

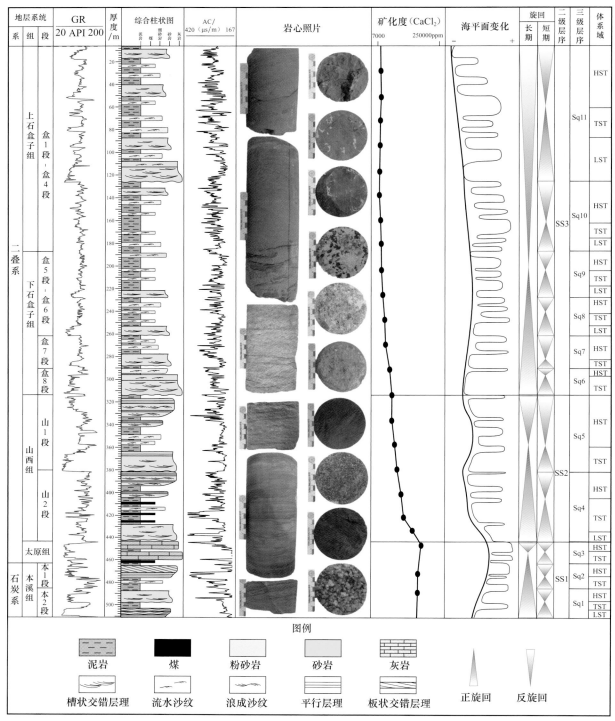

图 2-24　鄂尔多斯盆地东南部地层综合柱状图

2. P-Sq3 层序

相当于太原组沉积，其底界为灰岩，是大规模海侵的开始，为统一陆表海阶段，太原组沉积时期为鄂尔多斯盆地东南部本溪组—石盒子组最大海侵期。在垂向剖面上，可见灰岩、陆缘碎屑岩和煤层，反映了海侵的特征。

3. P-Sq4～P-Sq5 层序

P-Sq4 层序与 P-Sq5 层序相当于山 2 段和山 1 段的沉积。P-Sq4 层序的底界为区域海退面，对应山西组底部的北岔沟砂岩，P-Sq4 层序与 P-Sq5 层序之间的界面为煤层顶界面，一般位于沉积旋回的上部，代表高位体系域晚期水退、沼泽化的产物。山西组发育近海平原沼泽与曲流河三角洲，已进入以陆相沉积为主的沉积阶段，由于湖平面的升降和陆源物质的注入，出现两次比较明显的旋回组合，组成了两个不同类型的层序。

4. P-Sq6～P-Sq9 层序

分别为盒 8 段、盒 7 段及盒 5 段～盒 6 段的沉积。P-Sq6 层序的底部为区域性河道下切面，测井曲线上呈低幅度突变为高幅箱型，是砂砾岩底部的冲刷侵蚀面，P-Sq5 和 P-Sq6 层序的底界面均为区域性河道下切面，测井曲线上呈箱型或钟型突变。石盒子组时期为陆相湖盆沉积阶段。

5. P-Sq10～P-Sq11 层序

P-Sq10 底界为区域性暴露面（桃花泥岩），并与上覆砂岩呈突变接触；P-Sq11 底界为区域性河流下切面，其顶界面为石千峰组底部的不整合面。

（二）方案的特色

本划分方案将本溪组、太原组、山西组和石盒子组依据区域不整合面、区域海退面和区域下切面各划分出 1 个二级层序，进一步依据三级层序界面标志将本溪组划分出 2 个三级层序，太原组划分出 1 个三级层序，山西组划分出 2 个三级层序，石盒子组划分出 6 个三级层序。其中 C-Sq1～P-Sq5 为海相及海陆交互相层序，P-Sq6～P-Sq11 为陆相湖盆沉积层序。本溪组底部发育一套铁铝岩层，为典型风化壳标志，盒 8 段底部发育典型低位辫状砂体（骆驼脖子砂岩），盒 5 段顶部发育标志性厚层桃花泥岩，为下石盒子组与上石盒子组界限。

海相层序（C-Sq1～P-Sq5）发育于克拉通陆表海环境、该时期沉积地形坡度平缓，研究区不发育滨岸地形坡折带。海水较浅且进退频繁，大范围内为潟湖、潮坪环境。海侵体系域主要发育潟湖泥岩沉积，并形成退积序列，高位体系域发育砂质泥岩、煤层及障壁岛砂岩，呈弱进积或加积序列。

陆相层序（P-Sq6～P-Sq11）发育低位、湖侵及高位体系域。低位体系域一般为砂、砾岩组成的陆相冲积 - 河流相沉积，层序底界通常为河道侵蚀面。湖侵体系域一般为河漫、决口扇、河口坝及前缘泥岩、煤层及炭质泥岩、泥质粉砂岩沉积。初次湖泛面可以见到高伽马泥岩或泥炭沉积，为退积 / 加积转换面。最大湖泛面为进积 / 退积转换面，一般发育黑色泥岩、煤层或炭质泥岩。低位体系域分布局限，有些地段层序底界为土壤暴露面。

本方案在前人层序研究的基础上添加了时代的特征，更加便于操作。

第四节　层序地层格架及其展布特征

层序地层格架，是指将同时代形成的岩层有序地纳入相关年代的时间 - 地层对比格架中，并在此基础上进行等时地层对比和描述地层学研究方法。建立层序地层格架可以有效地提高区域地层对比的精度，为盆地分析、古地理再造和生、储、盖组合特征做出合理、客观的解释，对有利相带或区块预测提供可靠的地质模型。

以露头剖面中不整合面的识别为基础识别和划分出层序界面。本书对鄂尔多斯盆地东南部上古生界本溪组—下石盒子组的层序地层格架进行描述，从剖面上和平面上说明研究区的地层特征。

一、剖面展布

为进一步了解三级层序在侧向上的分布特点及变化规律，以单井层序划分为基础，在研究区内建立连井层序地层剖面，以反映构造格局和等时地层发育情况。下面优选东西向（延 488—延 417 井、延 411—延 617 井）、南北向（延 416—延 729 井、延 582—延 709 井）四条剖面（图 2-25）进行相关描述。

（一）本溪组—太原组剖面特征

1. 东西向剖面特征

1）延 488—延 417 井（A_1—A_1'）

本剖面为研究区北部的东西向剖面，地层整体表现为西薄东厚，向东部地层厚度逐渐变大（图 2-26）。本溪组和太原组相对于上部地层来说，地层厚度较小，两个地层组的上升半旋回厚度比下降半旋回厚度大。本溪组底部呈波状起伏形态，是本溪组与下部马家沟组的不整合接触所致，也反映了本溪组的沉积背景。

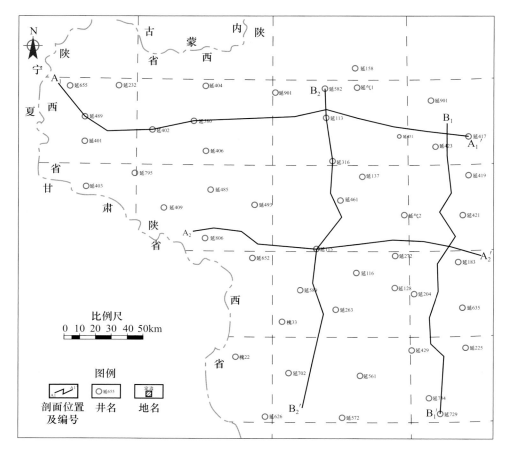

图 2-25　鄂尔多斯盆地东南部典型剖面位置及编号

2）延 411—延 617 井（A₂—A₂′）

本溪组—太原组层序厚度变化复杂，本溪组和太原组地层均呈现西薄东厚的特征，向东部地层逐渐变厚，且地层也呈现高低起伏的形态（图 2-27），从剖面上说明了鄂尔多斯盆地中央古隆起的存在，反映了本溪组沉积期的构造背景。

2. 南北向剖面特征

1）延 416—延 729 井（B₁—B₁′）

本剖面为研究区东部的南北向剖面（图 2-28）。本溪组和太原组整体表现为南部和北部厚，中部较薄的特点。太原组在延 729 井附近地层发生尖灭。

2）延 582—延 709 井（B₂—B₂′）

本剖面为研究区中部的南北向剖面，地层整体上为北厚南薄（图 2-29）。太原组在延 709 井周围发生尖灭。本 2 段、本 1 段地层厚度变化较大，上升半旋回发育的砂体较多。太原组在延 115 井周围地层厚度较小，说明沉积时较为起伏。

（二）山西组—下石盒子组剖面特征

1. 东西向剖面特征

1）延 488—延 417 井（A₁—A₁′）

山西组内部包含两个厚度相对稳定的三级层序，且每个三级层序又可进一步划分为一个上升半旋回和一个下降半旋回，二者近对称。下石盒子组在整体上继承了本剖面下伏山西组的厚度变化趋势，在此基础上有所不同，在西部延 488 井处，下石盒子组厚度最薄，约为其下伏山西组厚度的 1.5 倍，沿剖面自西向东，其地层厚度逐渐增大，至延 356 井处，其地层沿着厚度约是其下伏山西组的 2 倍，至该剖面东端的延 417 井处，下石盒子组厚度又呈略减薄态势（图 2-30）。

2）延 411—延 617 井（A₂—A₂′）

山西组地层厚度变化不大，自西向东呈稳定增厚趋势，局部未见明显的减薄或增厚。下石盒子组

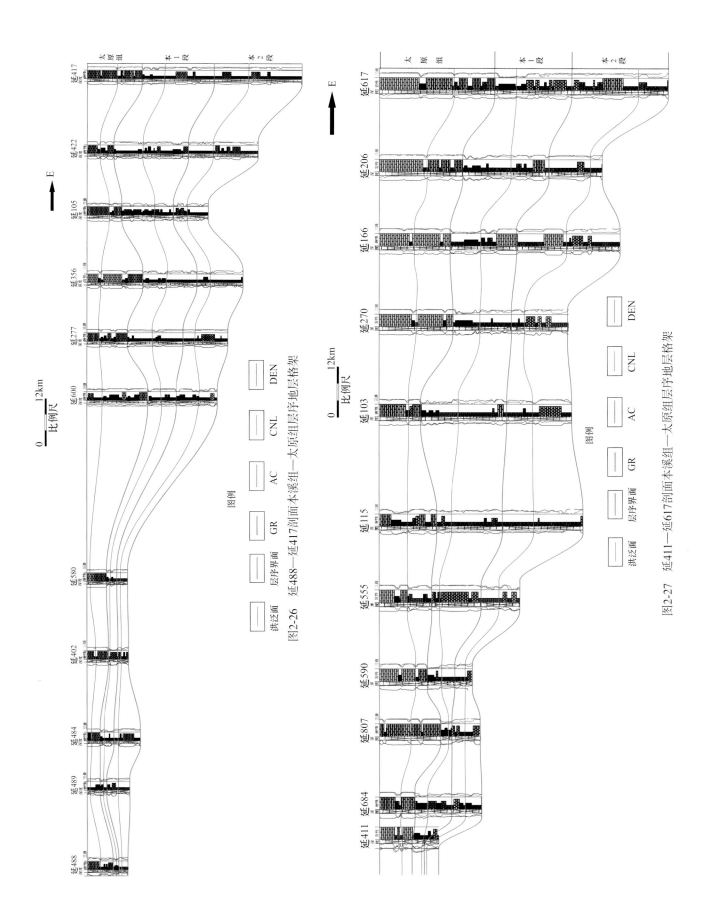

图2-26 延488—延417剖面本溪组—太原组层序地层格架

图2-27 延411—延617剖面本溪组—太原组层序地层格架

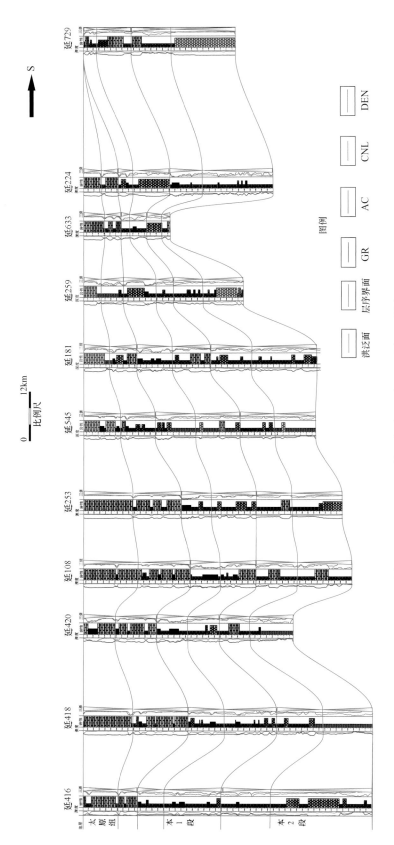

图2-28 延416—延729剖面本溪组—太原组层序地层格架

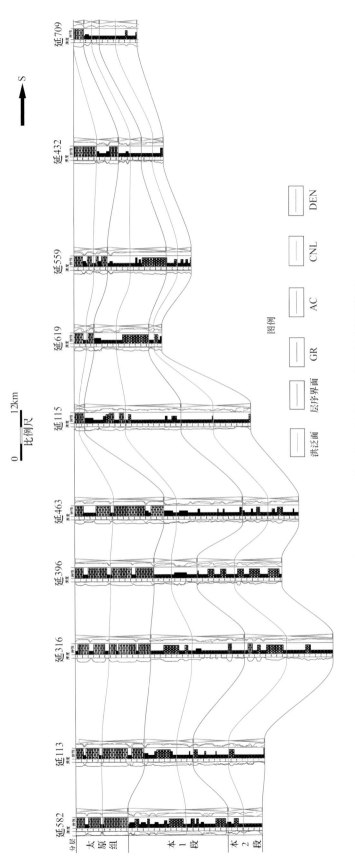

图2-29　延582—延709剖面本溪组—太原组层序地层格架

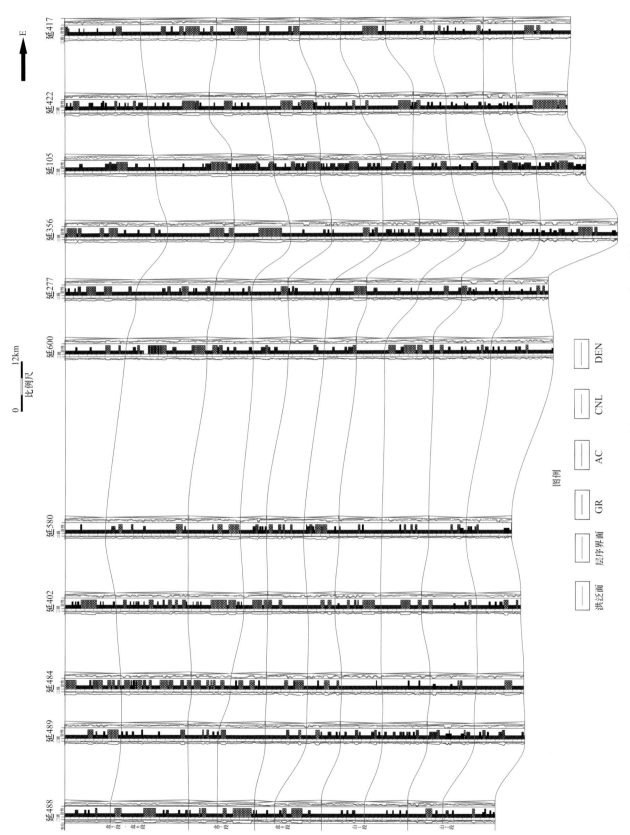

图2-30　延488—延417剖面山西组—下石盒子组层序地层格架

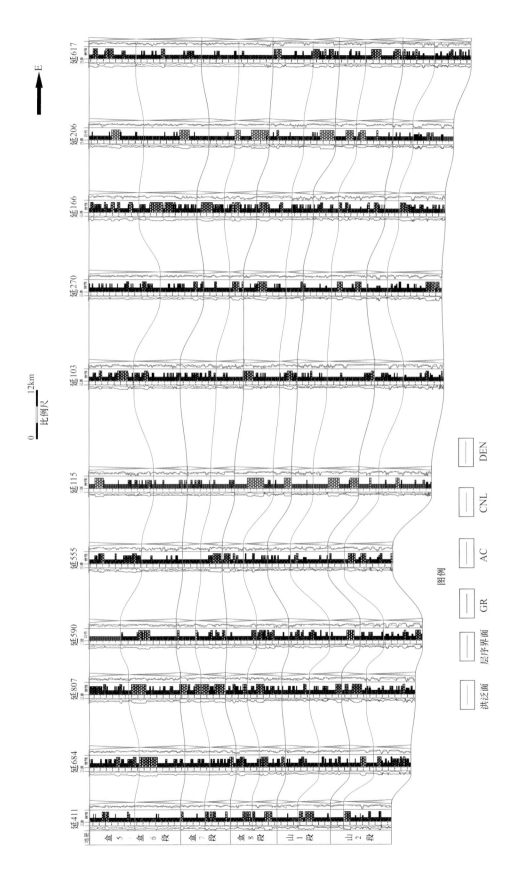

图2-31　延411—延617剖面山西组—下石盒子组层序地层格架

自西向东却呈相对明显的薄—厚—薄—厚的变化特征，其最厚处位于延 617 井处，而最薄处位于延 553 井处，其二者之比约为 1.3:1。

2. 南北向剖面特征

1）延 416～延 729 井（B_1—B_1''）

沿剖面自南向北山西组厚度总体呈现出多次"厚—薄—厚"的交替变化，最厚位于延 545 井处，而最薄位于近北端的延 418 井处，二者之比约为 1.3～1.4，而位于北端的延 416 井处，其山西组厚度与延 545 井相当，约是南端的延 729 井处山西组厚度的 1.2 倍，下石盒子组厚度变化较下伏山西组相对缓和，自西向东总体呈先增后减的变化趋势，其地层最厚处位于延 108 井处，而最薄位于剖面南端的延 729 井处，二者之比约为 1.2（图 2-32）。

2）延 582～延 709 井（B_2—B_2'）

沿剖面自南向北，山西组—下石盒子组整体具有协调性，厚度总体呈现出"厚—薄—厚—薄"的变化趋势，延 432 井处地层最薄，而延 463 井处地层最厚，二者之比约为 1.4。剖面北部山西组—下石盒子组较剖面南部地层整体偏厚，北端延 582 井处山西组—下石盒子组约是南段延 709 井厚度的 1.2 倍。

二、平面分布

（一）C-Sq1（本 2 段）

本 2 段为马家沟组灰岩之上至晋祠砂岩底间的一套地层，地层厚度为 4～40m，整体为东厚西薄，表现为南北厚度大、中间厚度小的展布格局（图 2-34）。靖边—志丹—甘泉—黄陵一线以西地层厚度整体较小，一般小于 12m，定边—杨井—吴起西部为沉积厚度最小区域，仅不足 6m。向东本 2 段地层厚度逐渐变大，特别在研究区东北部和东南部厚度均可达 36m，东北部甚至达到 45m 以上。因此可以推断东北部绥德—延川地区与东南部黄龙以东地区为整个鄂尔多斯盆地东南部本 2 段时期沉积中心，也间接反映了本溪组沉积之前东低西高的古地貌背景。

（二）C-Sq2（本 1 段）

本 1 段下起晋祠砂岩底部，上至下煤组顶或庙沟灰岩底，地层厚度整体上略小于本 2 段，地层等值线呈条带状展布，具有东西薄，中间厚的特征（图 2-35）。靖边—安塞—延安—宜川一带为地层厚度最大区域，整体大于 18m，最大值可达 30m 以上，是本 1 段沉积时期的沉积中心，而在研究区东北部、西部及南部地层厚度普遍较小，一般小于 15m，定边—吴起—黄陵一线西部不足 6m，是该时期相对地势较高的地区。总体而言，本 1 段和本 2 段分布特征具有一定的继承性，体现在由于鄂尔多斯盆地中央古隆起的存在，本溪组具有整体上西部厚度明显小于中部和东部的分布规律，中部和东部为本溪期主要沉积中心。

（三）P-Sq2（山 2 段）

山 2 段为北岔沟砂岩之上至铁磨沟砂岩之间的一套地层，与太原组呈假整合接触，地层厚度为 30～68m（图 2-36）。整体呈东厚西薄，北厚南薄的展布格局。研究区东北部、中部和东南部的地层厚度较大。其中，杨井—志丹—川口和甘泉—富县—洛川一带的地层厚度小于 46m。石湾、延安、黄龙一带地层厚度大，最厚可达 64m，延安周围最厚可达 70m，周围地层较薄，反映了山 2 段的沉积中心位于研究区中部的延安附近。和本溪组相比，山西组的砂岩厚度在全区均有分布。

（四）P-Sq3（山 1 段）

山 1 段底界为铁磨沟砂岩，上部以上煤组之顶为界，与下石盒子组呈整合接触。山 1 段整体比山 2 段地层薄，研究区地层西北和东南部厚，其他区域相对较薄（图 2-37）。石湾—子长—延长地区地层厚度一般小于 45m，吴起—川口—甘泉地区厚度一般也小于 45m。延安—宜川一带相对于其他地区地层厚度较大，说明山 1 段的沉积中心较山 2 段向南迁移。

（五）P-Sq4（盒 8 段）

盒 8 段底界为"骆驼脖子砂岩"，是将下石盒子组与山西组分开的标志层，与下伏山西组为整合接触，地层厚度为 37～64m（图 2-38）。研究区西北部和东北部地层较厚，中部相对较薄。姬塬—杨井—吴起—新城堡一带地层厚度较大，最厚位置地层厚度大于 61m。石湾—绥德—清涧一带地层厚度为 55～64m。研究区南部地层厚度一般小于 55m。研究区中部安塞—甘泉—富县一带地层厚度小于 46m。

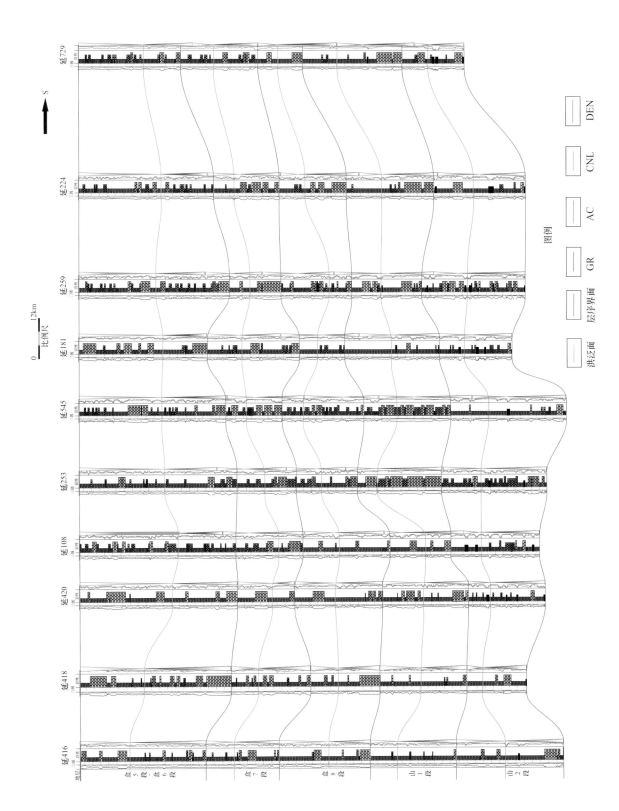

图2-32 延416—延729剖面山西组—下石盒子组层序地层格架（B_1—B_1'）

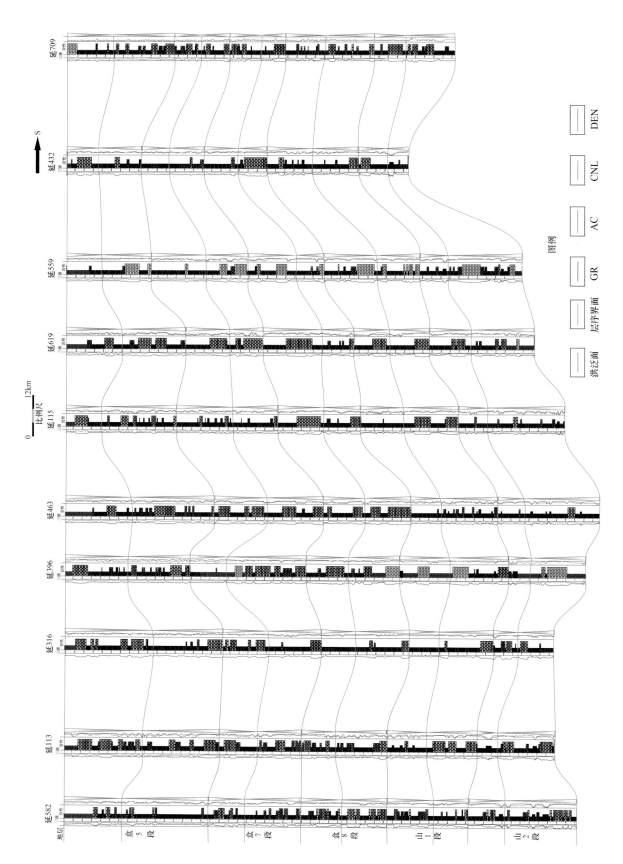

图2-33　延582—延709剖面山西组—下石盒子组层序地层格架（B_2—B_2'）

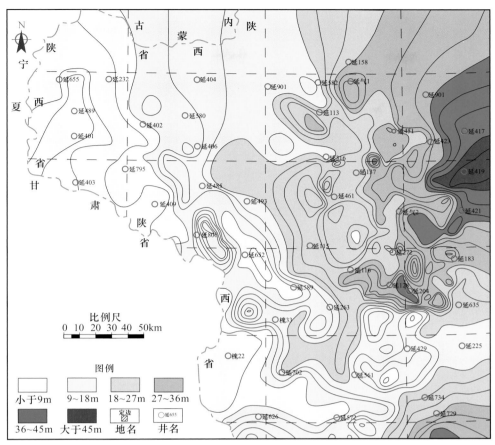

图 2-34　鄂尔多斯盆地东南部上古生界本 2 段地层厚度图

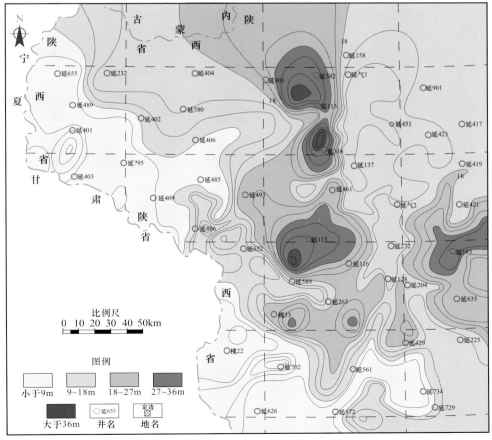

图 2-35　鄂尔多斯盆地东南部上古生界本 1 段地层厚度图

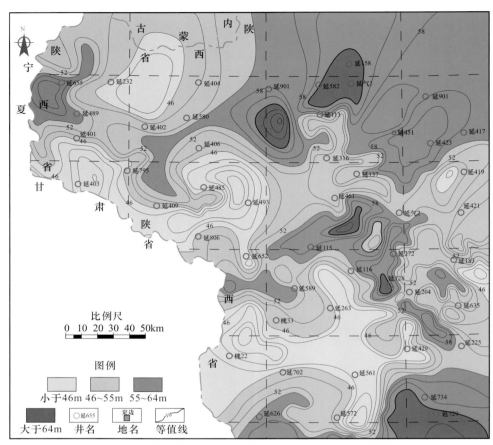

图 2-36 鄂尔多斯盆地东南部上古生界山 2 段地层厚度图

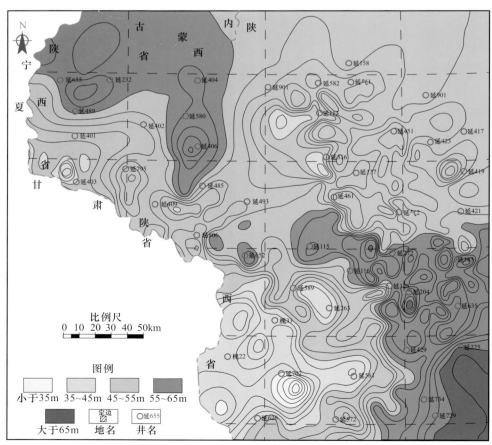

图 2-37 鄂尔多斯盆地东南部上古生界山 1 段地层厚度图

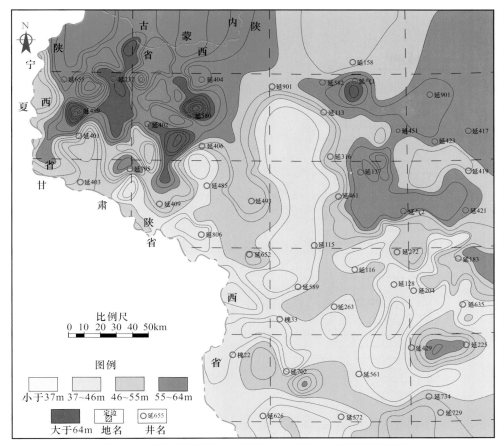

图 2-38 鄂尔多斯盆地东南部上古生界盒 8 段地层厚度图

第五节 三级层序的砂体展布特征

运用高分辨率层序地层学研究成果进行储集砂体划分对比，主要是基于砂体的发育和时空展布规律基本上受不同级次基准面升降旋回的控制，其优点主要在于能够在高时间精度分辨率的等时地层格架中对砂体进行等时追踪对比。本次我们从三级层序层面来对砂体的分布进行讨论，研究砂体受层序作用的影响，从剖面和平面上对砂体展布特征进行描述。

一、C-Sq1（本 2 段）砂体展布特征

（一）剖面展布

本 2 段整体上发育较好，单砂体厚度较大，一般介于 5～6m，但分布较为分散。单砂体间连通性较差，横向上延伸范围有限（图 2-39）。

（二）平面分布

本 2 段主要为障壁—潮坪—潟湖沉积，砂体一般呈长条状，呈多排形式平行于海岸线断续分布，单砂体厚度较大且分布不均。定边—姬塬—杨井和上畛子—黄陵一带的砂岩厚度普遍小于 2m，新城堡—志丹—安塞—甘泉一带砂岩厚度一般大于 4m，局部砂体厚度大于 10m（图 2-40）。

二、C-Sq2（本 1 段）砂体展布特征

（一）剖面展布

本 1 段和本 2 段相比，砂体发育程度略有降低，单砂体厚度较小。砂体连通性较差，分布较为分散。顶部见一套煤层，分布较为广泛。本层段局部发育有灰岩（图 2-39）。

（二）平面分布

本 1 段砂体继承了本 2 段砂体的特征，主要为障壁岛砂体，发育三期平行于海岸线且不连续分布的

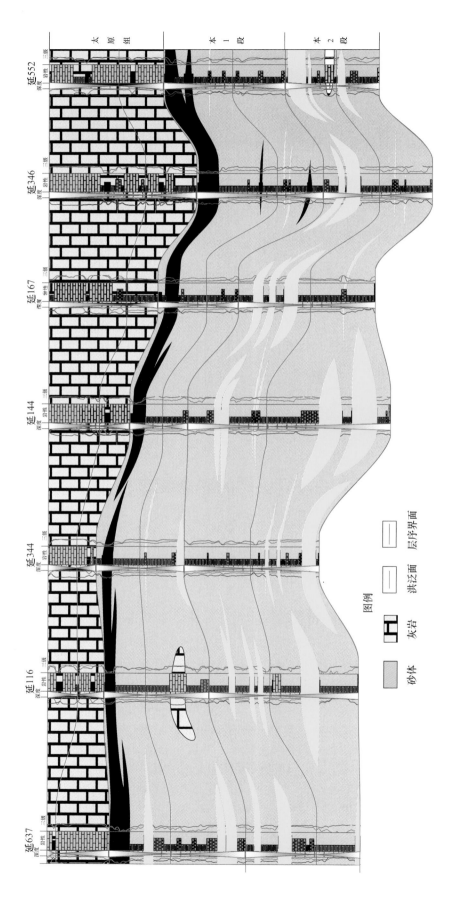

图2-39　延637—延144—延552井砂体对比剖面图

砂体，砂体局部厚度较大，一般大于10m。砂体主要分布于研究区中部和东部，呈条带状平行于海岸分布（图2-41）。

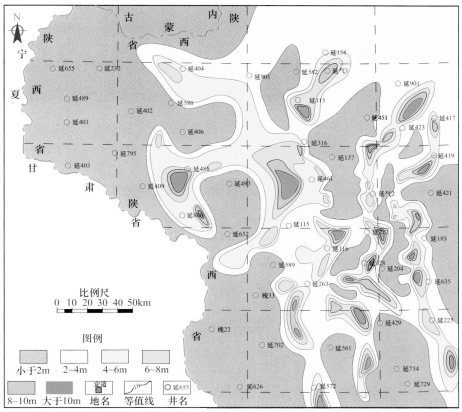

图2-40　鄂尔多斯盆地东南部上古生界本2段砂岩厚度图

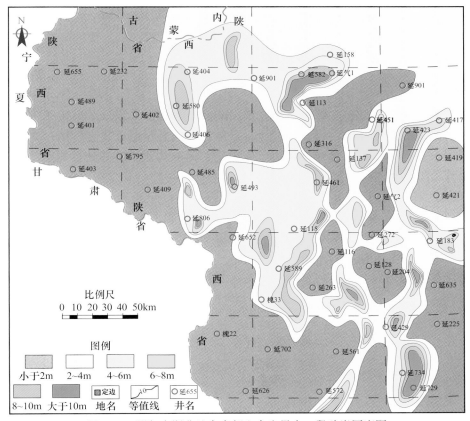

图2-41　鄂尔多斯盆地东南部上古生界本1段砂岩厚度图

三、P-Sq2（山 2 段）砂体展布特征

（一）剖面展布

山 2 段砂体整体较为发育，煤层相对普遍，砂体多分布于低位体系域，单砂体厚度不大，煤层一般发育在最大海泛面位置。砂体分布主要集中发育于延 116、延 144 及延 167 井处，单个砂体相对较厚，电脑伸范围有限，而剖面东端的延 637 和西端的延 552 井处以发育薄层位置，纵向上数量较多且延伸范围较远（图 2-42）。

（二）平面分布

本期砂体类型主要为河道砂体，受多物源供给影响，研究区主要存在三块规模较大的砂岩分布区，均顺物源条带状分布，分别展布于西北部定边—吴起—志丹一带、北部子洲—子长—清涧—延长一带及南部的黄龙—洛川—富县一带。其中，北部砂岩分布最广，其面积约占整个工区的 1/2，且厚度相对较厚，自子洲向南经清涧，直至延长地区，砂岩厚度逐渐减薄。由于南部物源碎屑供给相对较弱，砂岩分布范围较小，东北部砂岩分布范围约占工区面积的 1/4（图 2-43）。

四、P-Sq3（山 1 段）砂体展布特征

（一）剖面展布

本层段砂岩广泛发育，局部可见少量煤层。砂体横向延伸较远，单砂体厚度较小。砂岩多发育于基准面上升初期，且尤以延 116、延 344、岩 144、延 346 井处砂岩最为发育，垂向上多套砂体相互切割，横向叠置连片。基准下降时期，砂岩发育程度明显降低，砂体与砂体之间连通性变差（图 2-42）。

（二）平面分布

该期继承了山 2 段砂体展布特征，物源仍然来自三个方向，且多个物源体系持续向盆地中部推进，并于工区中部开始交汇（图 2-44）。砂体主要来自西北部的定边—吴起—志丹，北部的绥德—子长—延长—延安及东部的黄龙—洛川—富县。西北部砂岩厚度一般为 15～20m，局部小于 5m；北部主要分布 15～20m 的砂体，局部砂岩厚度为 5～10m；南部砂岩厚度主要为 10～15m，局部砂岩厚度大于 20m。砂体延伸方向即为物源体系推进方向。

五、P-Sq4（盒 8 段）砂体展布特征

（一）剖面展布

盒 8 段砂体在研究区广泛分布。单砂体厚度较大，多为气候干旱背景下辫状河三角洲水下分流河道砂成因砂体，砂体延伸性相对于山西组延伸较短，砂体在纵向叠置组成复合砂体，其中尤以延 144 井处复合砂岩最为典型，砂岩厚度大，为 3 期河道相互叠加，其次为延 637 井处，而延 116 与延 552 井处叠置砂岩相对不发育（图 2-42）。

（二）平面分布

鄂尔多斯盆地东南部在盒 8 段沉积时期，主要为南北物源河道横向频繁迁移，骨架砂体连片性较好，呈辫状展布（图 2-45）。砂岩厚度整体较厚，一般 5～25m。杨井—吴起—志丹一带砂厚普遍大于 20m。研究区中部砂岩厚度相对较小，一般小于 10m。砂体形态受物源方向控制，顺物源呈条带状自工区北部、南部于工区中部川口—甘泉—延安—延长一带汇聚，连片分布，说明物源在盒 8 段沉积期发生交汇。

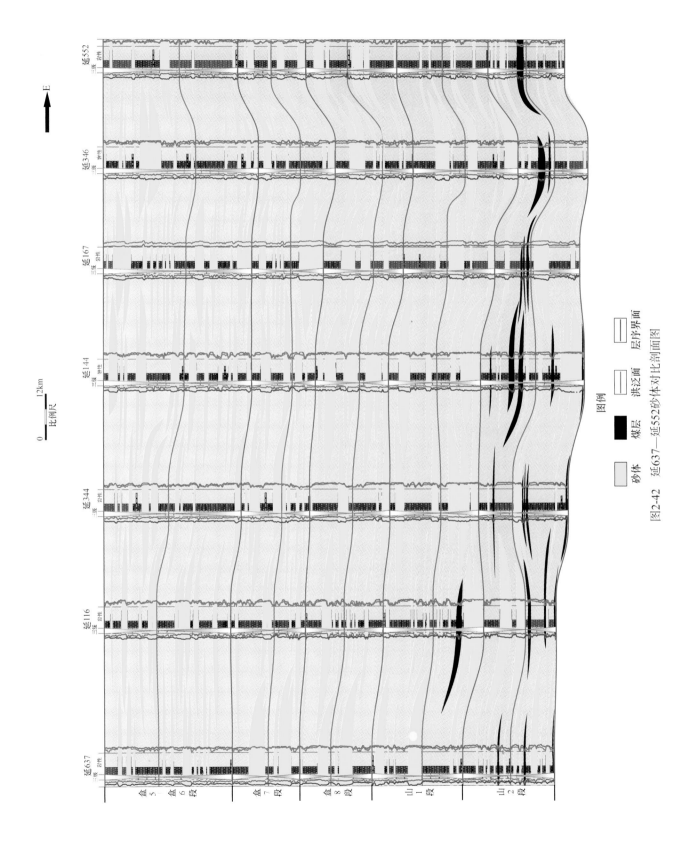

图2-42　延637—延552砂体对比剖面图

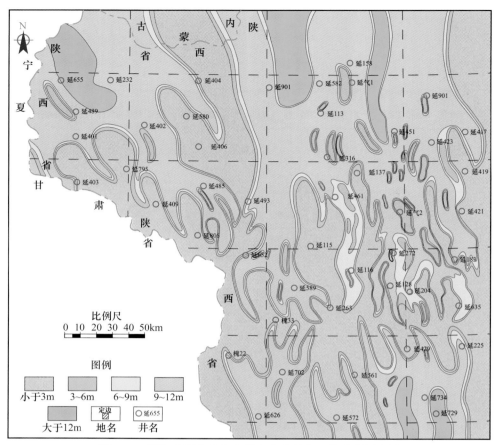

图 2-43　鄂尔多斯盆地东南部上古生界山 2 段砂岩厚度图

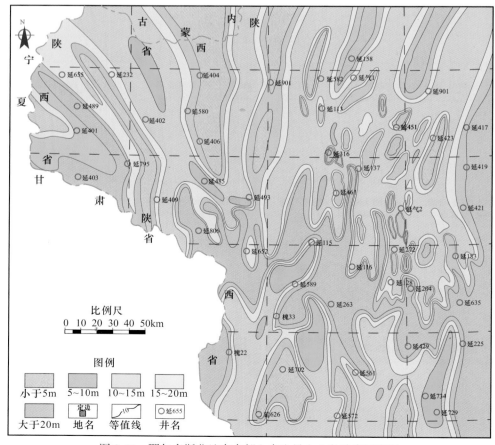

图 2-44　鄂尔多斯盆地东南部上古生界山 1 段砂岩厚度图

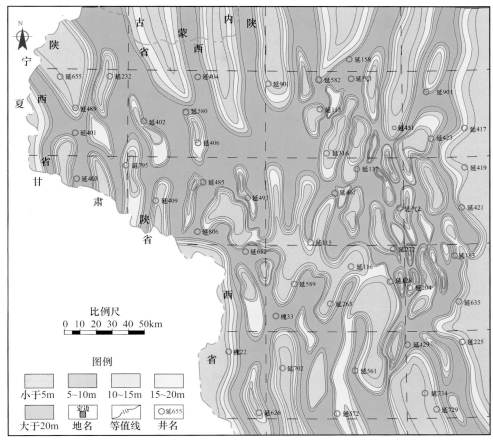

图 2-45　鄂尔多斯盆地东南部上古生界盒 8 段砂岩厚度图

第六节　层序充填模式

一、不同层位充填模式

在盆地东南部层序格架特征及主控因素分析基础上，结合区域构造演化阶段与特征，建立了研究区本溪组、山 2 段、山 1 段和盒 8 段缓坡层序及沉积充填模式（图 2-46）。

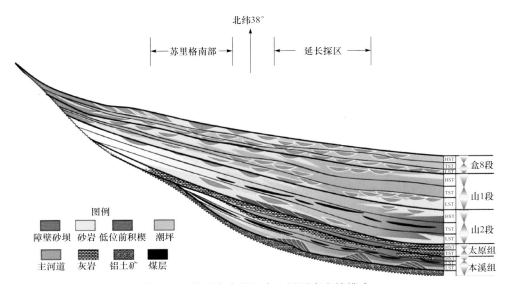

图 2-46　盆地东南部上古生界层序充填模式

本溪组沉积时期盆地东南部整体发育潟湖 - 障壁 - 潮坪沉积体系，低位域主要发育障壁岛砂体，物源主要来自河流带来的陆源碎屑；而后，海平面逐渐上升，海侵陆退，沉积以泥质为主；海平面升高后进一步发育高位体系域，主要发育灰岩，并形成下部障壁岛砂体、中部泥岩、上部灰岩的整体沉积格局。

山 2 段主要发育含煤碎屑组合。低位域发育典型的低位前积楔，岸线迅速向盆地方向迁移；随着海平面逐渐上升，海平面上升速率大于沉积物供给速率，在海侵体系域形成退积的砂体叠加样式。高位域时期，砂体不断向前前积，整体旋回叠加样式为对称式，上升半旋回与下降半旋回厚度大致相等。

山 1 段与山 2 段层序相比，盆地东南部砂体更加发育，但煤层较少。山 1 段低位主要发育河道与砂坝为主的多层叠置沉积体；随着海平面逐渐上升，陆退海进，沉积体系逐渐后退，并形成砂体退积的叠置样式；在高位域时期，河道型砂体逐渐向前推进，并最终形成进 - 退 - 进的叠置类型。

盒 8 段与山 2 段相比，沉积物供给更加充足，三角洲继续向前推进，并在研究区形成辫状三角洲沉积体系。由于海（湖）平面下降，沉积物供给速率较高，沉积物在可容空间较大部位堆积下来，形成盒 8 段下部典型的低位域多期河道叠置砂体；随着海（湖）平面上升，沉积物供给速率小于海平面上升速率，导致海侵陆退，形成退积叠加样式；高位域时期，形成高位进积的砂体叠置样式。

二、层位发育模式

本溪组整体呈缓慢海侵、局部水退的特征，低位体系域和海侵体系域所占厚度较大，且以粒度大的厚层砂为主，而高位体系域厚度较小，由粉砂岩迅速过渡为厚层砂坝砂岩沉积。山 2 段呈完整海侵 / 海退旋回，低位体系域、海侵体系域与高位体系域的厚度相当，整个三级层序内均以中厚层状中、粗粒砂岩为主，仅在海侵体系域顶部的最大洪泛面处出现中层状粉砂岩与泥岩层，说明海侵和海退都较为缓慢，且幅度不大。山 1 段发育完整海侵 / 海退旋回，呈现快速水进、快速水退的特征，低位体系域和高位体系域均以三角洲前缘厚层粗粒砂岩为主，其中高位体系域整体厚度较大，海侵体系域粒度偏细，以三角洲前缘分流间湾或前三角洲泥岩沉积为主。盒 8 段以典型的缓慢水进为特征，海侵体系域的相对厚度很小，且为厚层的泥岩粉砂岩夹层，高位体系域整体厚度大，但其砂岩的厚度和粒度都较低位体系域小，体现其缓慢水退的特征。延长工区砂体叠加规律为本溪组障壁迁移、山 2 段强制海退、山 1 段低位前积、盒 8 段迁摆叠置（图 2-47）。

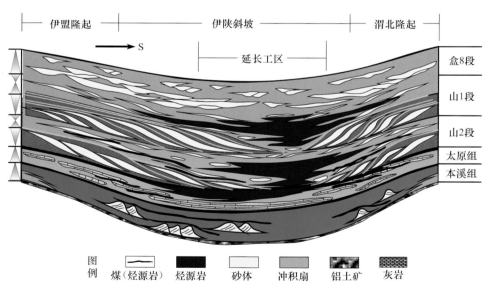

图 2-47 鄂尔多斯盆地东南部石炭—二叠系重点层段缓坡层序发育模式

第三章 物源体系分析

第一节 物源体系分析方法概述

母岩受风化作用形成碎屑物质，其后经过一系列的搬运、沉积、成岩等作用而形成最终的沉积产物。作为沉积岩研究的首要环节，物源分析自始便内嵌于沉积岩的研究之中，它的研究可为沉积环境、沉积相带划分及储集层和油气藏特征的研究提供可靠依据。目前，物源分析已发展成为多领域、多学科交叉综合的研究领域，是沉积学研究的重点课题之一（赵红格和刘池阳，2003）。

一、核心内涵

（一）定义及相关概念

物源区是盆地中碎屑物质的来源区／母源区，同时还有母源区的岩石类型、气候和地形含义。其主要任务包括：①判断古陆或侵蚀区的存在；②表明古陆地形起伏特征；③恢复古河流体系；④确定物源区母源性质及其构造背景等。

侵蚀区与沉积区相对应，通常理解为在一定的时期内向沉积区提供碎屑物质与可溶性物质的剥蚀区。在稳定构造背景下，剥蚀区常常可以持续上升，而形成含有结晶基底的所谓"古陆"，古地形包括埋藏地形和再造地形。埋藏地形是指在地史时期的古地表被新的沉积物埋藏并保存至今；若在埋藏之前已被剥蚀破坏或已被剥蚀夷平，则称为再造地形。对物源体系分析有意义的是埋藏地形，再造地形只能确定盆地总的面貌。物源体系分析在一定程度上应反映沉积物的搬运作用，因此对古河流体系的研究内含于物源分析之中。古河流体系反映了古水系网的分布格局，对于确定盆地背景的侵蚀、沉积相的发育部位有一定意义，但需要结合物源方面的其他证据才能明确盆地的沉积作用、构造背景。

（二）研究内容及意义

物源分析涉及矿物学、岩浆和变质岩石学、沉积学、构造地质学、地质年代学、地球化学、地球物理等多个地质分支学科（Haughton et al., 1991）。它是古地理、古气候重建的最基本的材料，为沉积区岩相古地理重建、沉积矿产预测提供重要的支撑证据；对于研究沉积盆地与造山带的耦合关系及二者的相互作用具有重要意义；同时对大到板块构造属性、小到区域断裂性质的判断均有重要的指示作用（王成善等，2003）。因此，沉积物的物源分析是确定盆地沉积体系的基础，是再现沉积盆地演化、恢复古环境的重要依据。同时沉积时物源方向和母岩区性质，对于预测储集砂体的集合形态和延伸方向，指导油藏的勘探开发具有极其重要的意义。

二、研究方法

从物源分析研究方法的演变历程来看，早在1991年，Morton等主编的《沉积物源区研究进展》出版，1999年和2004年"*Sedimentary Geology*"杂志分别开设专刊，对物源区分析的地球化学、定量分析等新方法进行了介绍。早期的物源分析主要依靠沉积学、岩石学、地层学和重矿物等方法手段。近年来，扫描电镜、阴极发光、X衍射、能谱分析、电子探针及激光剥蚀等离子质谱仪（LA-ICP-MS）、激光感生火化电感耦合等离子体质谱（LINA-ICP-MS）、电子自旋共振（ESR）测年、电子顺磁共振（EPR）等现代分析测试技术在物源分析中的应用日益广泛（杨仁超等，2013）；同时，各种沉积、构造、地震、测井等地质方法与化学、物理、数学等学科的应用及相互结合，使物源判定更具说服力。因此，物源分析已经发展成为多学科、多方法、多技术的一门综合研究领域。

（一）属性分类

物源分析应从盆地区域地质背景和盆内分析两方面入手。盆地区域地质背景分析主要包括造山带的复原、构造演化分析；盆地周缘古陆母岩的分析，包括岩石类型、重矿物分析等；物源区大地构造背景的判别（毛光周和刘池阳，2011）。盆内分析方面，由于不同沉积物有不同的沉积属性、地球化学属性及地球物理属性，应从盆地充填物属性着手，将盆内物源区分析方法分为沉积的、地球化学的和地球物理的三大类（表3-1）。

表 3-1　物源分析方法分类

分类	研究内容	方法手段	解决任务
构造属性	造山带复原、构造演化分析	反剖面技术	物源区位置确定
	母岩分析（盆地周缘古陆）	岩石类型、重矿物、稀土元素分析	物源区母岩特征分析
	大地构造背景判别	Dickinson 三端元图解、Crook 图解、Valloni 图解	构造背景分析
沉积属性	砂岩碎屑组分分析	单碎屑分析、多碎屑三角图解	物源区位置确定，物源区母岩特征分析
	重矿物分析	单矿物分析、重矿物组合分析、ATi（磷灰石/电气石）、RZI（TiO$_2$ 矿物/锆石）、MTi（独居石/锆石）、CTj（铬尖晶石/锆石）、ZTR 指数	物源区母岩特征分析
	岩屑分析	岩屑类型、含量	物源区母岩特征分析
	砾岩组分分析	砾石成分、粒度、百分含量	搬运路径确定
	成熟度分析	物理成熟度、化学成熟度	搬运路径确定
	古流向分析	古流向玫瑰花图	搬运路径确定
	阴极发光分析	石英阴极发光色谱、CL/SEM 技术	
	剖面结构与层序结构分析	剖面结构、层序结构和物源区距离的差异	
	沉积体系与砂体分散体系分析	砂砾比、砂地比、砂体、地层等厚图展布	
	黏土矿物学方法	碎屑黏土分析、Al/Ca 或高岭石/蒙脱石	物源区母岩特征分析
	磁性矿物学分析	磁性矿物类型、组合、含量、粒度和晶畴等特征	
	古生物分析	生物的生态、年代和环境意义，微体化石分析，构烷烃、姥鲛烷、植烷等生物标志物特征分析	
地球化学属性	常量元素分析	TiO$_2$、Fe$_2$O$_3$+MgO 含量、Al$_2$O$_3$/SiO$_2$、K$_2$O/Na$_2$O、Al$_2$O$_3$/（CaO+Na$_2$O）	大地构造背景分析
	微量元素分析	ω(Th)-ω(Co)-ω(Zr)/10、ω(Th)-ω(Sc)-ω(Zr)/10、ω(La)-ω(Th)-ω(Sc) 三相判别图解，La/Th-Hf 和 La/Sc-Co/Th 源岩判别图解	母源区母岩特征分析
	稀土元素分析	REE 含量分度、比值、总量特征，REE 配分模式	母源区母岩特征分析
	同位素分析	裂变径迹、U-Pb、K-Ar、^{40}Ar/^{39}Ar、Rb-Sr、Sm-Nd、Sr-Nd、^{87}Sr/^{86}Sr、^{207}Pb/^{206}Pb 测年	母源区母岩特征分析
地球物理属性	测井分析	自然伽马曲线分形维数、地层倾角测井	搬运路径确定
	地震分析	地震反射结构	搬运路径确定
	布格重力异常分析	古地形判断	物源区位置确定、搬运路径确定

1. 构造属性

沉积盆地与物源区的分布格局受大地构造控制，因此沉积盆地内沉积物碎屑组分和结构特征与物源区大地构造性质必然有着密切联系（陈全红等，2012）。构造活动的存在控制了盆山之间的耦合关系，控制着砂岩及其他沉积岩类的分布。虽然大地构造性质属于物源体系的构造属性，但主要是通过岩石学方法进行研究，其中最为经典的即为 Dickinson 图解。

2. 沉积属性

宏观的沉积属性分析方法包括矿物、岩石、成熟度、生物、岩相等多个方面，其中，重矿物、砂岩分析是最为常见且十分重要的方法。随着技术的不断发展，阴极发光、磁性矿物学方法、矿物颗粒微形貌分析方法等在物源分析方面的应用也比较广泛。

3. 地球化学属性

微观的地球化学属性分析方法含有常量元素、微量元素、稀土元素、同位素 4 种。相对而言，稀土元素、裂变径迹等方法应用较为广泛。

4. 地球物理属性

地球物理方法属于宏观属性的研究，主要包括测井地质学、地震地层学和布格重力异常方法。

（二）任务分类

根据物源体系分析的主要任务和研究内容，物源分析的研究方法分为以下四个方面。

（1）物源区位置确定：①古地貌分析；②布格重力异常。

（2）物源区构造背景分析：① Dickinson 三角图解；②地球化学元素含量及其比值。

（3）物源区母岩特征分析：①砂岩碎屑组分分析；②岩屑分析；③重矿物分析，包括单矿物分析、重矿物组合分析；④黏土矿物分析；⑤元素化学特征；⑥热年代学分析。

（4）搬运路径确定：①古地貌分析；②布格重力异常；③沉积构造 - 古流向分析；④地震前积反射特征分析。

第二节　地质背景分析

沉积物形成于一定的区域地质对沉积体系的空间展布背景，不同的大地构造环境会形成不同的沉积原始物质；同时，物源区的分布、搬运距离的远近等都会造成影响。通过对盆地构造演化的研究可以对剥蚀区和沉积区加以厘定，而沉积岩的碎屑物质组成则在一定程度上反映了源区构造背景及物源属性。

一、盆地周缘古陆、基岩及露头特征

鄂尔多斯盆地内部北缘、南缘地层及其结晶基底主要由前寒武系太古界、元古界多套古老变质岩系组成（党犇，2003；何自新等，2003），总厚度超过 26000m（表 3-2）。自元古代之后，盆地北部—东北部的阴山古陆、盆地西北部—北部的阿拉善古陆及南部的祁连－北秦岭古陆遭受大量剥蚀，母岩崩解后的碎屑物质经不同水系搬运至盆内发生沉积。

（一）盆地北部物源区

盆地北部物源区的结晶基底主要由集宁群（Ar_1）、乌拉山群（Ar_2）、色尔腾山群（Pt_1）、二道凹群（Pt_2），中元古界长城系渣尔泰山群、白云鄂博群及蓟县系什那干群组成（杨锐等，2012）。中、上太古界发育多套变质岩系，主要分布在东胜以东地区，中、新元古界则主要以沉积变质岩和中酸性火山岩为主，主要分布在杭锦旗地区。

盆地北缘物源区的发展演化主要受控于兴蒙海槽。在加里东运动中期，兴蒙海槽由拉张转为以挤压为主的洋壳俯冲消减带，并在华北板块北侧形成完整的沟 - 弧 - 盆体系（陈全红等，2009）。到早古生代早—中期，兴蒙洋南部之中的华北板块北缘开始大范围隆升，古阴山褶皱造山带大面积形成，并在鄂尔多斯地区北缘形成新的增生造山带。晚古生代晚期，华北板块与西伯利亚板块之间的古亚洲洋在总体挤压构造背景的状态下，出现了明显的海退现象，中二叠世末两板块在索伦山—西拉木伦河一带（拼合）对接，古亚洲洋海域消失（李江海等，2014）。持续的挤压使鄂尔多斯盆地北缘的加里东 - 海西褶皱不断抬升，物源区不断扩大（图 3-1）。

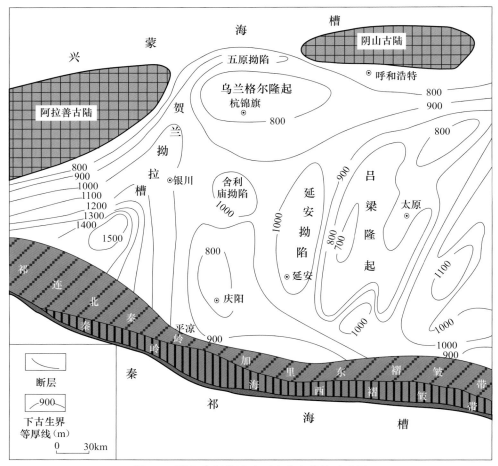

图 3-1　鄂尔多斯盆地地区晚古生代构造略图

（据郭忠铭，1994，有修改）

表 3-2　鄂尔多斯盆地南北周缘基岩岩性简表（据陈全红等，2012）

地层	盆地北缘、西北缘	地层	盆地南缘、西南缘
集宁群 Ar_{1-2}	下岩组为麻粒岩系，主要为麻粒岩、片麻岩、角闪岩，上部岩系为含石榴石二长片麻岩等，大于9700m	太华群 Ar_3	深变质、混合岩化、主要为片麻岩、角闪岩夹变粒岩、石英岩，大于5000m
乌拉山群 Ar_3	片麻岩、角闪岩、变粒岩、大理岩组合，深变质岩系。西北缘桌子山群岩性、变质程度和乌拉山群相当，大于4158m	铁铜沟组 Pt_1	石英岩夹石英片岩和大理岩，3000m
阿拉善 Ar_3-Pt_1	下部石英片岩、石英岩、变粒岩、变火山岩，上部为碎屑岩、灰岩夹少量火山岩，大于6038m	秦岭群 Ar_3-Pt_1	片麻岩、变粒岩、石英片岩、大理岩、斜长角闪岩等组成的深变质岩系，混合岩化普遍，大于9000m
色尔腾山 Pt_1^1	下部片麻岩，混合岩，上部片岩，角闪片岩夹磁铁石英岩，大于10000m	宽坪群 Pt_2^1	绿泥石片岩、阳起石片岩等组成，夹大理岩、石英岩，大于6000m
二道凹群 Pt_2^1	下部绿片岩为主，上部绿片岩夹大理岩，大于1972m	陶湾群 Pt_2^2	大理岩和各种片岩组成，大于3000m
渣尔泰山群 Pt_2	长达500km，由变质砂砾岩、石英砂岩、石英岩、片岩、千枚岩、板岩、灰岩组成，夹火山岩。东部、北部的白云鄂博群和温都尔庙群与其相当，8453m	海原群 Pt_{2-3}	西南缘低级变质岩系，主要有绿帘阳起片岩、白云母石英片岩、大理岩。火山岩，大于6700m

（二）盆地南部物源区

中奥陶世华北板块南侧的扬子板块俯冲于华北板块之下，并造成祁连-北秦岭地区褶皱并隆起（戚学祥等，2004），形成鄂尔多斯盆地南部物源区。隆起一直延续到鄂尔多斯盆地南缘，并造成在乾县—永寿一线以南缺失石炭系，二叠系角度不整合在下古生界及震旦系之上（陈孟晋等，2006）。随着早二叠世晚期秦岭海槽的闭合，鄂尔多斯盆地南缘加里东-海西褶皱带不断隆升，物源区不断扩大，到二叠世晚期，海西运动使祁连—秦岭形成统一的物源区。由此可见，南北海槽加里东-海西褶皱带的相继形成，使鄂尔多斯盆地物源区不断向南北两侧扩展，且形成统一的祁连-鄂尔多斯-华北内陆盆地（陈全红等，2009；陈全红等，2012）。

其中太古界由太华群、阜平群、集宁群、贺兰山群和下阿拉善群组成，为一套由花岗-绿片岩区和片麻岩区共同组成的中深变质、强烈岩浆活动和混合岩化的复杂变质岩系；古元古界是由五台-滹沱群、铁洞沟群、秦岭群、赵池沟组和上阿拉善群及中、新元古界宽坪群、陶湾群和海原群组成的一套变火山-沉积岩系（周洪瑞和王自强，1999）。

（三）露头特点

盆地周缘地区均有石炭系、二叠系出露。在盆地北部阴山地区，下二叠统拴马桩组与下伏的远古宇呈不整合接触；盆地西北部的太原组与元古宇呈不整合接触；盆地西南缘海原县华山、西华山等地及西吉县的月亮山地区石炭系、二叠系与古元古界呈不整合接触；盆地南部东秦岭的洛南、周至等石炭—二叠系与古元古界呈不整合接触。周至地区柳叶河剖面上共计有超过200m厚的上古生界粗粒碎屑岩沉积，与下伏宽坪群为断层接触关系，剖面中沉积物以混杂堆积的砾石为主，为山间盆地快速堆积而成。

二、物源区大地构造性质

（一）判别方法

沉积盆地的大地构造性质控制着沉积盆地和物源区的分布格局，经典的砂岩QFL三角图解为母岩性质及其构造背景的确定提供了相当实用的研究方法。

1. Crook 图解

1974年，Crook分别以石英质组分（Q）含量65%和85%～90%为界，将三角图划分为稳定、次稳定和非稳定三个主要物源区［图3-2（a）］，是较早提出利用碎屑骨架体系图解来进行物源区分析的学者。该三角图较为简明，但某些物源区的界线范围可能不够准确。

2. Valloni 和 Maynard 图解

1981年，Valloni和Maynard按构造成因将QFL图解划分为被动边缘（TE）、活动边缘转换断层（LF2）、活动边缘消减带（LF1）、弧后盆地（BA）和弧前盆地（FA）共5个碎屑沉积模型，并于1985年增加了大陆基底类型，将弧后和弧前盆地合并为岩浆岛弧盆地。孟祥化等于1993年在该模型上补充了稳定克拉通盆地（CR）和裂谷及断陷盆地（RF）两种类型；以石英质组分含量85%和45%为界，可将Valloni的模型归纳为Ⅰ、Ⅱ、Ⅲ三个物源区［图3-2（b）］。

3. Dickinson 图解

Dickinson等（1979；1982；1983）通过对现代和古代一万多个砂样的研究，依据物源区板块构造背景划分出3个一级、7个次级物源区类型［图3-2（c）］：大陆板块（含克拉通内部、过渡大陆和基底隆起）、岩浆岛弧（含切割岛弧、过渡弧、未切割岛弧）与再旋回造山带。后来Dickinson等（1983）又对各类型的分界线含量进行了修改，并在岩浆弧中增加了混合区，将再旋回造山带进一步细分为石英再旋回、过渡、岩屑三个分区［图3-2（d）］。1985年，Dickinson根据不同物源区与砂岩平均碎屑成分分布特点，进一步总结了4大物源区构造单元的三角图含义，提出了4个辅助图模型［图3-2（e）］：大陆块的稳定克拉通、上升基底地块或侵蚀火山弧深成岩体、活动火山弧链或大陆边缘、再旋回造山带，其中再旋回造山带又可划分为上升俯冲复合体、碰撞缝合带、弧后褶皱逆冲带三个次级物源区。

在物源区大地构造背景的判别中，Dickinson图解方法是研究最细、研究时间最长、最全面，同时也是被引用最多的一种物源区分析方法。他所强调的是物源区构造在控制砂岩骨架颗粒来源和性质方面的意义，并且侧重于古代板块构造物源区类型的解释。

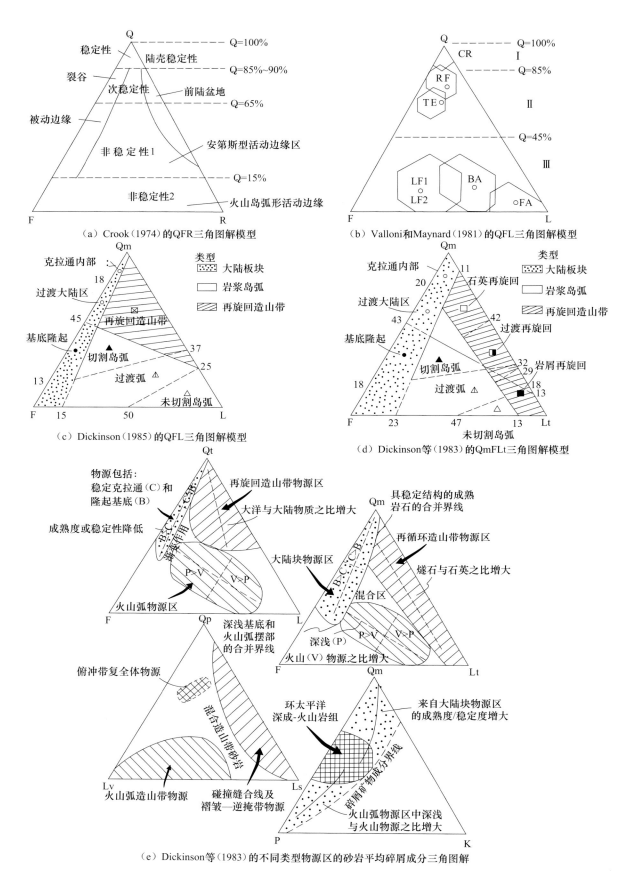

图 3-2　构造背景三角图解分析模型

Q(Qt). 石英颗粒总数；Qm. 单晶石英；Qp. 多晶石英质碎屑；F. 单晶长石总数；K. 钾长石；P. 斜长石；
L. 不稳定岩屑；Lt. 多晶质岩屑；Lv. 火山岩屑；Ls. 沉积岩和变质岩岩屑

（二）盆地大地构造性质

1. 盆地北部

在 Dickinson 三端元图解上，盆地北部晚古生代各组段样品点碎屑组分的投影几乎都落在再旋回造山带物源区，仅有少量的点属于克拉通物源区的成熟岩石与稳定构架合并区。这与晚古生代鄂尔多斯地块北缘为活动大陆边缘，寒武纪末期受兴蒙大洋板块向南俯冲、碰撞，古阴山褶皱造山带呈相对隆起状态相一致。表明，盆地北部碎屑物质主要由上述板块碰撞造山带和前陆隆起造山带物源区提供（图 3-3）（刘锐娥等，2003）。

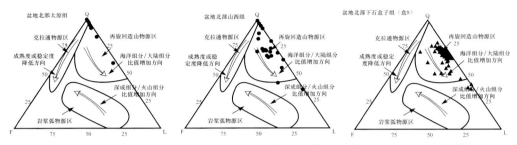

图 3-3　鄂尔多斯盆地北部太原组—下石盒子组各层段砂样的 QFL Dickinson 投影图

2. 盆地东南部

盆地东南部自山西组至石盒子组盒 8 段，石英含量逐渐减少，岩屑含量明显增多，并总体表现出贫长石的特征。在 FQL 大地构造背景判别图解上（图 3-4），区内山西组与石盒子组的物源区从山 2 段到盒 8 段表现出了很强的一致性，主要位于再旋回造山带和克拉通。且山 2 段至山 1 段的数据显示较强的聚敛性，到盒 8 段时期显示出了发散的特征，具有从再旋回造山带逐渐向稳定陆块过渡的趋势，这与晚古生代秦祁造山带的板块俯冲与增生造山环境特点一致。

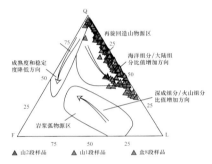

图 3-4　盆地东南部 FQL 大地构造背景判别图
CB. 陆块；RO. 再旋回造山带；DR. 破裂岩浆弧；TR. 过渡型岩浆弧；UR. 完整岩浆弧

第三节　岩矿组分及其分布

母岩经风化剥蚀而形成的碎屑物质，虽然后期搬运、沉积及成岩改造会引起碎屑组分一定程度的变化，但物源体系的信息在沉积岩中仍有迹可循。从沉积物矿物、岩石、成熟度、古生物和岩相 5 个方面入手，借助现代先进的地球化学分析手段，可对盆地物源体系的分布及影响范围展开研究（赵红格和刘池阳，2003）。

一、砂岩类型与组分及其物源意义

砂岩碎屑组分与受大地构造背景控制的物源区密切相关，不仅包含了物源区母岩的性质，也反映了相应时期的大地构造背景。

鄂尔多斯盆地东南部上古生界主要发育碎屑岩煤系地层，砂岩作为该区陆源碎屑岩中的主要岩石类型，是物源分析的主要研究内容。针对研究区内收集的 179 口井的 4513 份砂岩薄片鉴定数据，根据广泛使用与认可的砂岩成分 - 成因分类方案，从砂岩骨架矿物成分及岩屑组分两方面进行分区分层对比研究。

（一）山 2 段

山西组山 2 段砂岩以岩屑石英砂岩、石英砂岩为主，表现出区域三分的特点。以甘泉—延安一线为分界，以北的东北区域总体呈现出高石英、低岩屑、长石几乎不发育的特征；其中石英平均含量为83.9%，岩屑平均含量为15.40%；岩屑组分总体表现为高变质岩、高沉积岩、低岩浆岩岩屑组成特征（图 3-5）。安塞以西区域，总体呈现出以岩屑质石英砂岩和石英砂岩为主的特征，其中，石英平均含量为76.08%，岩屑平均含量23.22%；岩屑组分表现出以极高变质岩岩屑、少量岩浆岩岩屑及沉积岩岩屑的总体特征。研究区南部以岩屑砂岩和岩屑石英砂岩为主,可见少量长石,岩屑组分表现为高岩浆岩、高变质岩、低沉积岩屑。其中石英平均含量为80.01%,长石含量为0.59%,岩屑平均含量为19.40%;将样品分析结果与前人对盆地不同区域物源特征的研究结果进行对比发现(王国茹,2011;任来义等,2011;陈全红等,2012),山2段研究区东北部砂岩组分与盆地东部相似,研究区西部的砂岩组分特征接近于盆地北部特征;延安—甘泉地区的砂岩组分特征介于盆地北缘物源与东北缘物源之间,推测为二者交汇的混源区。

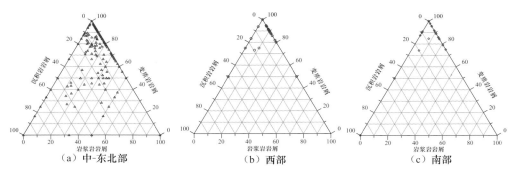

图3-5　盆地东南部山2段不同区域岩屑含量三角图

(二)山1段

鄂尔多斯盆地山1段砂岩类型以岩屑石英砂岩为主,岩屑砂岩次之,可见少量的石英砂岩。在平面分布上,其砂岩组分特征及岩屑特征,与山2段相比表现出较强的继承性,但也存在一定的差异。

研究区中-东北部呈现出低石英中-高岩屑、低长石的总体特征,其中石英平均含量为73.40%,长石平均含量为1.29%,岩屑平均含量为25.31%;岩屑组分总体表现为高变质岩,高沉积岩,中、低岩浆岩岩屑的组成特征。安塞以西的区域,总体上呈现出以岩屑质石英砂岩和岩屑砂岩为主的特征,其中,石英平均含量高达60%,长石平均含量0.76%,岩屑平均含量27.86%,岩屑组分表现出以极高变质岩岩屑、少量岩浆岩岩屑及极少量沉积岩岩屑的总体特征,研究区南部,总体上以岩屑砂岩和岩屑质石英砂岩为主,可见少量长石,其中石英平均含量为74.04%,长石平均含量为1.13%,岩屑含量为24.84%。岩屑组分表现为高变质岩岩屑、中等岩浆岩岩屑、少量沉积岩岩屑(图3-6)。

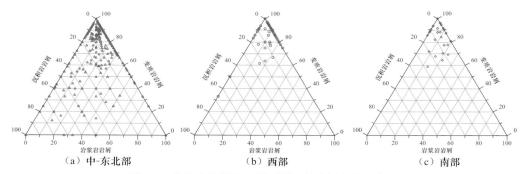

图3-6　盆地东南部山1段不同区域岩屑含量三角图

与前人对盆地北缘、东北缘物源研究结论对比后发现(王国茹,2011;乔建新等,2013),研究区东北部的砂岩组分及岩屑特征兼具北部、东北部物源特征,推断该区域砂岩碎屑来自盆地北部、东部边缘物源的混源区;而研究区西部则呈现出与盆地北部物源组分特征较强的相似性,应为来自北部物源区;研究区南部区域的特征与其他区域分异作用较明显,与南部物源的组分特征具有较好的一致性,推测应为单独的南部物源供源体系;研究区中部的延安一带体现出南北混杂的特征,兼具南、北物源共同特征,推断该区域为来自盆地北部、东北部边缘物源向南推进,后再与南部物源交汇所致,应为南部物源的二次混源区。

(三)盒8段

盒8段与山西组的砂岩组分较明显的变化为岩屑含量的明显增多。延安向北的一带,研究区中部—东北部区域,砂岩类型主要为岩屑砂岩、岩屑石英砂岩,见少量石英砂岩,其中石英平均含量72.21%,

长石 1.13%，岩屑 26.67%；岩屑组分总体表现为高变质岩、低岩浆岩岩屑及少量沉积岩岩屑的特征。安塞以西的区域，石英平均含量为 72.03%，长石平均含量 0.23%，岩屑平均含量为 22.83%，总体上呈现出以岩屑石英砂岩和岩屑砂岩为主的特征，岩屑组分表现出极高变质岩岩屑、少量岩浆岩岩屑及少量沉积岩岩屑的总体特征。延安一带以南的区域，总体上以岩屑砂岩为主，可见少量长石，岩屑组分表现为极高变质岩岩屑、少量岩浆岩岩屑、少量沉积岩岩屑（图 3-7），其中石英平均含量为 69.70%，长石为 0.91%，岩屑为 29.38%。

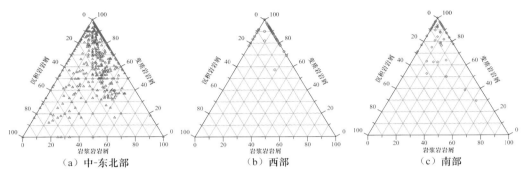

图 3-7　盆地东南部盒 8 段不同区域岩屑含量三角图

（a）中-东北部　　　（b）西部　　　（c）南部

参考前人对盆地物源的研究结论，结合盆地东南部砂岩组分分析结果，认为研究区中部—东北部属于盆地北部、东部边缘物源的混源区。延安—甘泉一带的砂岩组分、岩屑构成兼具南部、北部物源特征，推断中部区域为南北物源的二次混源区。总体来看，研究区砂岩组分及岩屑特征呈现出平面上三个主要的物源分区特征，即石英含量自西向东减少，岩屑含量顺该方向增加，长石主要在西部较发育；岩屑组分特征则为：变质岩岩屑自西向东减少，岩浆岩岩屑北部少，东、南部多；沉积岩岩屑南、北低，东北高，平面差异明显。从山 2 段至盒 8 段岩屑含量增多［图 3-8（a）、（b）、（c）］，表明三个研究层段内主力物源方向具有继承性。并且，研究内中部-北部整体呈现出高变质岩岩屑特征，也佐证了其物源来自北部的太古界与古元古界变质母岩区。因此综合分析认为研究区内主要存在来自北北东、北北西、南部三大物源体系。

二、重矿物特征及其物源意义

沉积学中的重矿物（heavy mineral）指陆源碎屑岩中相对密度大于 $2.86g/cm^3$ 的透明和非透明矿物，其含量一般不超过 1%。根据重矿物的抗风化稳定性，可以将其分为稳定重矿物和不稳定重矿物两类（表 3-3）。稳定重矿物抗风化剥蚀能力强，经过长距离搬运后，其组分和含量变化不大，随着离物源区的距离增大其含量相对升高。不稳定重矿物抗风化剥蚀能力弱，经过后期搬运沉积作用的改造后，组分和含量及碎屑物质搬运距离的远近变化较大，离物源区越远，其相对含量越低。通过分析重矿物组分和含量的空间分布特征，可以判别母岩矿物组分及物源方向（岳艳，2010）。利用重矿物组合及重矿物特征指数来对物源区搬运途径、搬运距离进行分析是物源分析的另一个重要方向。将一些数学方法如聚类分析法、因子提取分析法、趋势面法等引入到重矿物的组合分析中来，能在物源分析中达到较好的效果。ZTR 指数（锆石、电气石、金红石占透明重矿物总含量的百分比）、稳定系数（稳定重矿物／不稳定重矿物）、ATi 指数（磷灰石／电气石）、RZi 指数（TiO_2 矿物／锆石）、MTi 指数（独居石／锆石）、CTj 指数（铬尖晶石／锆石）等也是利用重矿物资料分析物源的常用手段。ZTR 指数和稳定系数越大，反映出离物源区越远，因此可以通过两个指数确定物源方向和搬运距离。

研究区目的层段砂岩中主要有锆石、金红石、电气石、石榴子石、磁铁矿、板钛矿、白钛矿及绿帘石等 8 种陆源重矿物。含量最高的是锆石、石榴子石和白钛矿，三者之和平均可达 88%；电气石和磁铁矿只有 2 个样品的含量大于 10%。采用 Q 型聚类分析的方法，以锆石、金红石、电气石、石榴子石、磁铁矿、板钛矿、白钛矿及绿帘石，计算得出的 ZTR 指数，共 9 个变量控制，根据每一个变量之间的亲疏似程度来表示各个样品之间的新疏关系，并按照样品之间的相似程度级别大小绘制出谱系图，利用该方法对研究区内的三个层段样品的重矿物资料进行聚类分析。

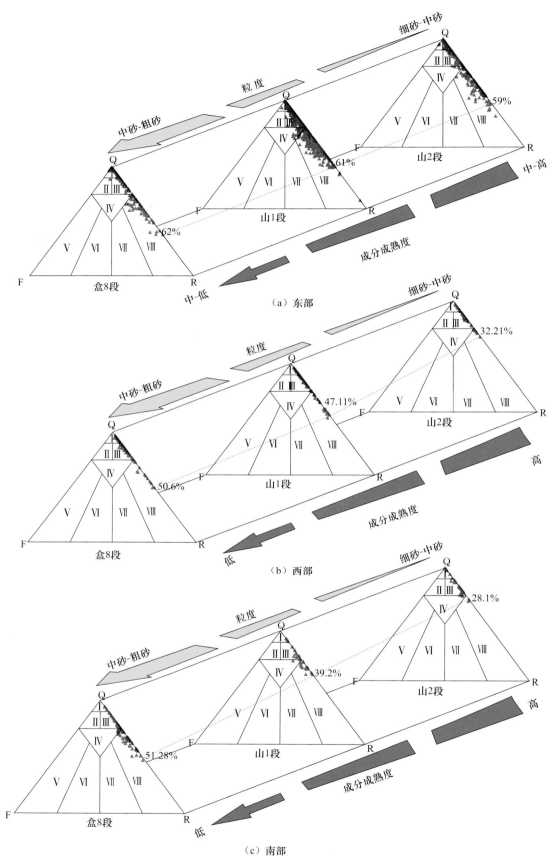

图 3-8　盆地东南部不同区域各层段砂岩组分演化图

Ⅰ.石英砂岩；Ⅱ.长石质石英砂岩；Ⅲ.岩屑质石英砂岩；Ⅳ.长石岩屑质石英砂岩；Ⅴ.长石砂岩；
Ⅵ.岩屑质长石砂岩；Ⅶ.长石质岩屑砂岩；Ⅷ.岩屑砂岩

表 3-3 最常见重矿物类型（王国茹，2011）

重矿物	类型
稳定重矿物	石榴子石、锆石、刚玉、电气石、锡石、金红石、白钛矿、板钛矿、磁铁矿、榍石、十字石、蓝晶石、独居石
不稳定重矿物	重晶石、磷灰石、绿帘石、黝帘石、阳起石、符山石、红柱石、硅线石、黄铁矿、透闪石、普通角闪石、透辉石、普通辉石、斜方辉石、橄榄石、黑云母

（一）山 2 段

研究区山 2 段沉积时期重矿物组合呈现出三分格局。区内东北部，以多锆石、富白钛矿、少量浅红色石榴子石、无色石榴子石为特征，ZTR 指数是所有分区中最高的；研究区内西北部没有样品；中北部样品显示多见锆石、多无色石榴子石、富白钛矿，ZTR 指数较低的特征。中部的甘泉一带特征为中低锆石、极富白钛矿、少见电气石，偶见无色石榴子石，且 ZTR 指数高于中北部而低于东北部；研究区南部锆石和白钛矿含量占主体，石榴子石、电气石含量较少，多呈浅红色，偶呈无色，且 ZTR 指数与北部地区相比，整体偏低（图 3-9、图 3-10）。

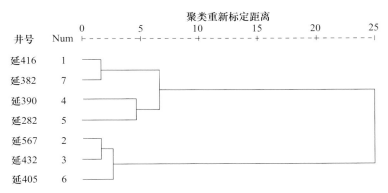

图 3-9 山 2 段重矿物 Q 型聚类分析结果谱系图

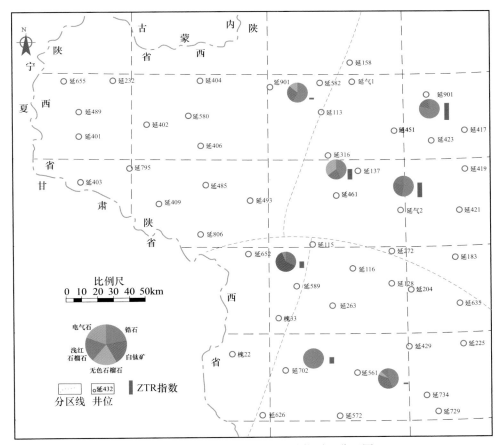

图 3-10 盆地东南部山 2 段重矿物平面分区图

（二）山 1 段

研究区山 1 段沉积时期重矿物组合总体呈现出三分的特征。区内东部的中段—北段，重矿物组合分

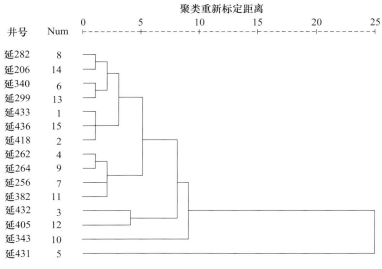

图 3-11　山 1 段重矿物 Q 型聚类分析结果谱系图

区中，锆石含量极高、中等白钛矿、中等无色石榴子石、少量浅红色石榴子石、偶见电气石为特征；ZTR 指数最高，平均值达到 54。西部—西北部的重矿物则以高锆石、中等白钛矿、中等无色石榴子石、极高 ZTR 指数为特征。研究区中部偏南甘泉—宜川一带，ZTR 指数低于东北部而高于南部，重矿物组合特征则以高锆石、极高白钛矿、中低浅红色石榴子石、低无色石榴子石、偶见电气石为特征。研究区南部的洛川—黄龙一带，重矿物特征与北部区域存在明显差异，最大不同在于较低的 ZTR 指数，并以中高含量锆石、高白钛矿、中等 - 少量无色石榴子石、偶见电气石和浅红色石榴子石为特征（图 3-11，图 3-12）。

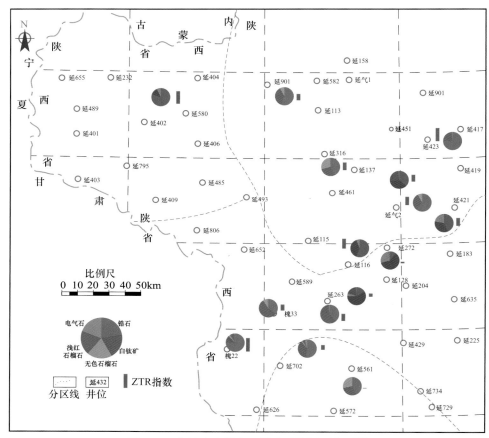

图 3-12　盆地东南部山 1 段重矿物平面分区图

（三）盒 8 段

研究区盒 8 段沉积时期重矿物组合总体呈现出四分格局。

研究区东部中段—北段区域，重矿物组合特征为极高锆石、中等白钛矿、中等无色石榴子石、极少量浅红石榴子石、几乎不发育电气石；该区 ZTR 指数极高，平均可达 56。研究区西部，ZTR 指数较高，重矿物以锆石、石榴子石为主，重矿物组合特征为极高锆石、高白钛矿、中高无色石榴子石、少量电气石。研究区南部的黄陵—黄龙一带，重矿物组合特征与北部有明显分异现象，ZTR指数普遍低于30，重矿物组合则以高锆石、高白钛矿、中等电气石、少量无色石榴子石为特征。研究区中部富县—宜川一带，重矿物组合与南部、北部均有相似性，但同时也存在差异。该区以高锆石、极高白钛矿、石榴子石（无色、粉红色）为特征，ZTR指数则高低不均，较高的延428井、延264井接近或高于北部平均值，较低的延261、延424井等则高于或接近南部平均值（图3-13、图3-14）。

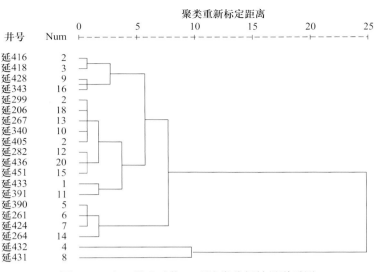

图3-13　盒8段重矿物Q型聚类分析结果谱系图

根据重矿物资料分析结果，可以将研究区上古生界主力产层段划分出三个主要的物源：北北东物源、北北西物源及南部物源。其中南北物源差异明显，中部区域呈现出南北混源特征。垂向演化上，自山2段至盒8段，北部物源不断向南推进，南物源则从山2段时期的富县一带向北推移至甘泉以北，至盒8段，二者完全交汇，汇源区受到南北物源的共同影响。

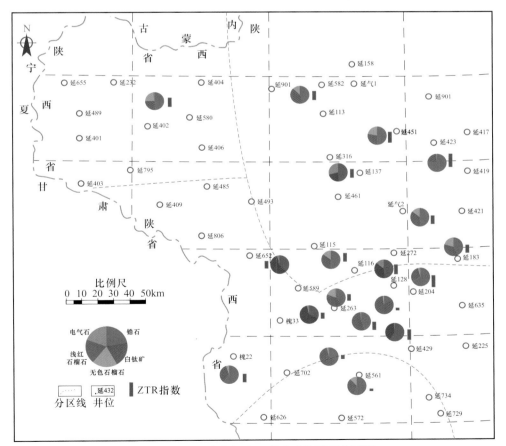

图3-14　盆地东南部盒8段重矿物平面分区图

三、区域古水流特征及其物源意义

古水流分析不仅可以确定骨架沉积体的走向、圈定古斜坡、推测古岸线走向，确定沉积环境和沉积物的供给方向，还可以按沉积物散布的样式探索盆地的结构及几何形态，是追溯沉积充填物物源区的一种重要手段（屈红军等，2011）。在野外岩石露头古水流特征主要表现为波痕、交错层理，砾石最大扁平面的排列方向、槽模、剥离线理、滑塌构造及碎屑粒度和圆度等标志。在野外测量以上沉积标志的产状，经过室内校正，生成玫瑰花图，把其投到研究区平面图上，即可判断古水流，分析物源方向。针对鄂尔多斯盆地上古生界古水流方向，前人在盆地边缘的野外剖面进行了大量古水流数据的测量，获得了大量珍贵的数据，层位涉及本溪组、太原组、山西组、下石盒子和上石盒子组等层位。

（一）山西期

分析盆地西北部的呼鲁斯太，东北部的府谷海则庙、保德桥头，西部的太阳山‐苦水河、环县石板沟，以及东南部的澄城三眼桥、韩城象山等7个剖面的古水流数据，认为盆地西北部的呼鲁斯太古水流为北西流向南东，而东北部的府谷、保德一带古水流为北东指向南西，表明山西期仍存在北方物源，并且地形比较一致，整体上为北高南低。盆地东南部的澄城三眼桥剖面古水流向为北西向，韩城剖面古水流方向为自南东向北西，整体上盆地南部水流方向多变，体现出河流沉积特点，表明山西期可能存在南部物源，盆地同时接受南北两个方向的物源供给。盆地中西部的苦水河剖面指示古水流方向主要为自北东向南西，而环县石板沟的古水流方向主要为自西向东。这进一步表明南北物源的沉积物供给在山西期已经推进到盆地中部，在盆地中部形成汇水区，使得盆地中部具有混源沉积的特点（图3-15）。

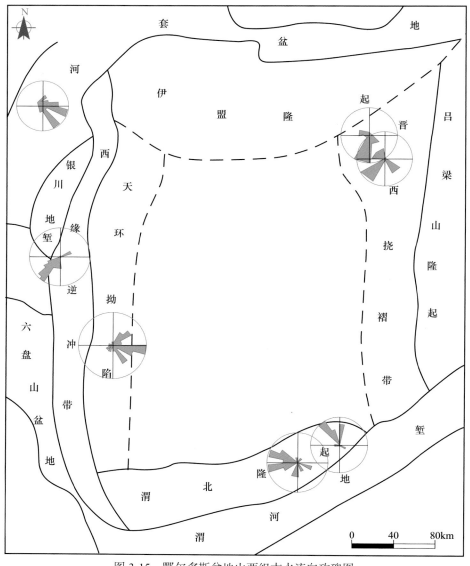

图3-15　鄂尔多斯盆地山西组古水流向玫瑰图

（二）石盒子期

石盒子期古水流数据主要涉及呼鲁斯太、环县石板沟、淳化口镇、澄城三眼桥、韩城象山及柳林成家庄等6个剖面，集中于下石盒子组。下石盒子组与山西组沉积时期相比具有一定的差异性，其中环县石板沟古水流方向由山西期的自西向东转为自北西向南东，这表明来自北部的物源影响范围可能有所扩大，盆地汇水区位置向南移动。同时澄城—韩城一带剖面的古水流向由山西期的北西向变为北东向，总体仍是向北部即盆地中心汇聚。上石盒子组测点数据仅在环县石板沟有资料，古水流主方向为自北西向南东，与下石盒子组具有一定的继承性，表明北部物源在上石盒子期仍大量向盆地中心供给物质（图3-16）。

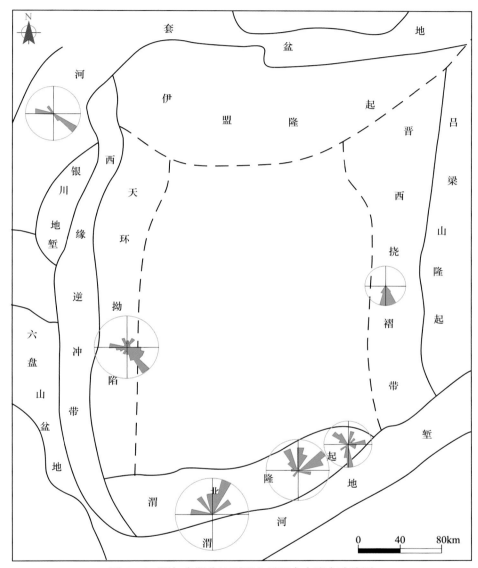

图 3-16 鄂尔多斯盆地下石盒子组古水流向玫瑰图

第四节 地球化学指标及其特征

如何利用地球化学方法进行有效的物源分析，一直是沉积地球化学工作者努力探索的方向，而近年来电子探针技术的发展为获取重矿物光学和高精度地球化学信息提供了有利条件，进而为精确鉴别物源区母岩性质及构造背景提供了可靠依据。元素地球化学已成为研究地质构造复杂地区的有效手段，根据化学元素含量、元素在周期表中的位置及放射衰变性，可以将沉积物的地球化学研究方法分为常量元素、稀土元素、微量元素和同位素4种。

一、锆石微区 U-Pb 年龄测定及其物源意义

（一）同位素分析概述

同位素分析主要是采用不同的元素同位素分析判别母岩的年龄、隆升史、热史、地壳组成及演化，以及母岩的次生变化等，作为一种精确的年代学物源判定方法，可以反映出物源区的构造背景、性质及其多样性。U-Pb、K-Ar、$^{40}Ar/^{39}Ar$、Rb-Sr、Sm-Nd、Sr-Nd、$^{87}Sr/^{86}Sr$、$^{207}Pb/^{206}Pb$ 等是常用的同位素测年方法。裂变径迹法是地球化学分析方法中常用的一种定年方法，可以提取磷灰石、锆石中微量铀元素裂变式过程中形成的径迹，分析沉积有关的地层年龄及地壳隆升、埋藏和成岩史，但在物源分析方面的研究实例并不多见。锆石中的 U-Pb 系统由于具有高的封闭温度，可以通过它获得地壳中岩浆结晶冷却的年龄（李大鹏等，2010）。

（二）U-Pb 年龄测定及其物源意义

在研究区中部及北部，对盒 8 段、山 2 段的 6 块样品进行了 U-Pb 年龄测定实验。所测的 6 个砂岩样品（3 个山 2 段、3 个盒 8 段）碎屑锆石的 780 个原位测点的 U-Pb 定年结果、年龄谐和图及年龄分布图显示，绝大多数年龄都位于或靠近谐和曲线，表明其数据比较真实可靠（图 3-17）。保留其年龄谐和度为 90%～110% 的 706 个点的锆石年龄，碎屑锆石的年龄分布均显示了很强的一致性，具有一致的年龄值和相近的峰值年龄，所测年龄变化于 2740～257Ma（太古宙新太古代—二叠世末），总体呈现出 2050～1600Ma（古元古代中晚期）、2500～2300Ma（古元古代早期）、360～280Ma（古生代石炭纪—二叠纪）三个明显的主峰期年龄及 468～410Ma（早奥陶世—早泥盆世）、2600～2500Ma（新太古代晚期）、2300～2100Ma（古元古代早—中期）三个较明显的次峰期年龄，部分样品还显示出 ＞2600Ma（早于太古宙新太古代晚期）的弱次峰期年龄（图 3-17）。对碎屑锆石 U-Pb 年龄测点的峰值年龄分布进行百分数统计（图 3-18），显示研究区上古生界以峰值年龄在 2050～1600Ma 的测点占绝对优势，占总测点数的 51.3%，峰值年龄在 2500～2300Ma 的测点占 20.9%，峰值年龄在 360～280Ma 的测点，占 20.9%；所有样品的碎屑锆石年龄主要集中在吕梁运动期（2600～1850Ma）与晋宁运动期（1850～800Ma），其次是海西运动期（408～250Ma），少量显示加里东运动期（408～600Ma）。

根据研究区山西组—盒 8 段的碎屑锆石峰值年龄及其百分比分析，锆石主要来自盆地北部的古元古界色腾山群、二道凹群，新太古界至古元古界阿拉善群，新太古界乌拉山群等多套变质岩系，少部分来自古生代石炭纪—二叠纪时期。其中，研究区中部及北部地区的山西组与盒 8 段碎屑锆石年龄及其百分比在垂向上具有相似性，反映出该时期的物源具有继承性。通常，高 U、Th 含量和高 Th/U 比值（＞0.5）的锆石代表了岩浆结晶的产物，而低 U、Th 和低 Th/U 比值（＜0.1）的锆石则为变质作用的产物（陈道公等，2002；吴元保等，2004）。研究区山 2 段、盒 8 段和石千峰组的碎屑锆石微区 U、Th 元素含量测定结果显示，大多锆石具有高的 U、Th 值和 Th/U 比值（＞0.5）；因此，延长探区山 2 段、盒 8 段和石千峰组的碎屑锆石在不同层位上的特征具有相似性。

由于样品的数量限制，对于研究区南部黄龙—洛川一带的碎屑锆石并未取样进行分析。

二、稀土元素特征及其物源意义

1. 性质

稀土元素（简称 REE）包括元素周期表中第三周期第三副族中原子序数从 57 到 71（La～Lu）的 15 个镧系元素。沉积岩中的稀土元素因对沉积环境变化十分敏感因而被广泛应用于古环境研究。稀土元素中的 La、Th、Y、Zr、Ti、Co、Ni 等不活泼微量元素具有非常强的非迁移性，后期风化作用、成岩作用和蚀变作用对其影响相对较弱，其分布可代表物源区稀土特征。因此，稀土元素的分布特征可以用来判断物源区的大地构造环境、恢复"原始"母岩性质及特点等。

2. 方法

分析物源区的构造背景、源岩性质一方面可以通过 REE 的含量丰度、比值及总量等特征，如 Bhatia 和 Crook 提出的使用 La、Th、Y、Zr、Co 来划分海洋岛弧、大陆岛弧、活动大陆边缘和被动大陆边缘砂岩的图解法。另一方面则通过 REE 分配模式图，Bhati（1985）总结出的不同构造背景下杂砂岩的 REE

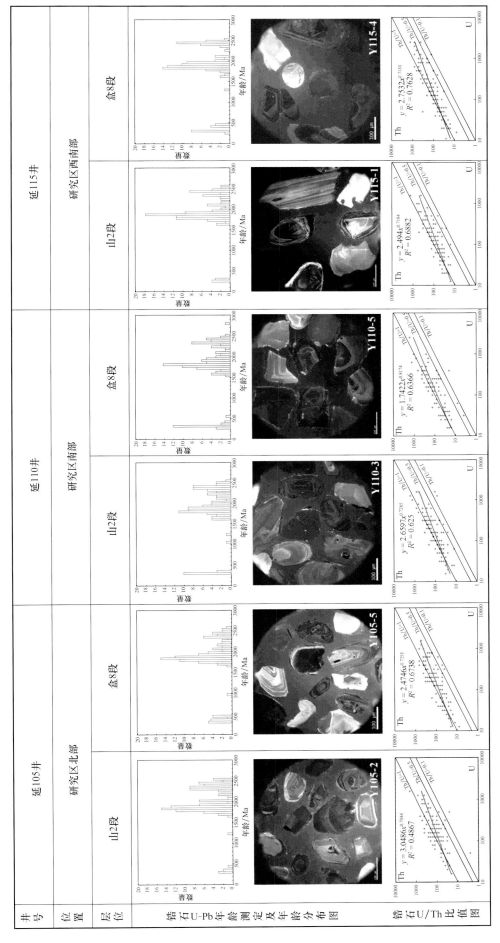

图3-17　碎屑锆石阴极发光激光剥蚀等离子质谱U-Pb年龄测定结果分布图及Th/U比值图

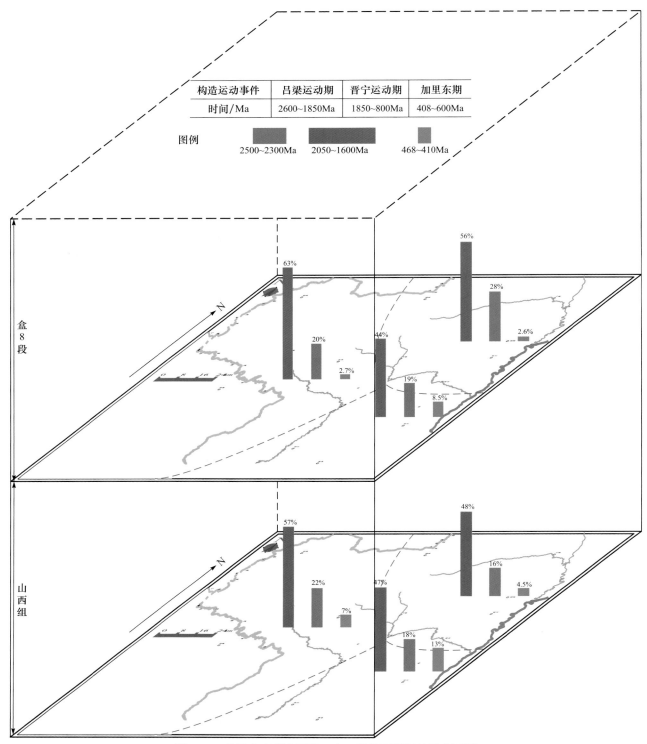

图 3-18 盆地东南部山西组—盒 8 段锆石测年结果分区图

特征值模式曲线、REE 与 K_2O/Na_2O、La/Ya 的关系图、REE 总量变化等有关图解、计算方法等，用于对物源区母岩性质及构造背景进行分析。另外稀土元素的组成特征与盆地边缘研究成果相比对，对判别物源分区起到重要作用（王成善等，2003）。

3. 稀土元素分析

沉积岩中的稀土元素因对沉积环境变化十分敏感而被广泛应用于古环境研究（腾格尔，2004）。稀土元素中的 La、Th、Y、Zr、Ti、Co、Ni 等不活泼微量元素具有非常强的非迁移性，后期风化作用、成岩作用和蚀变作用对其影响相对较弱，分布可代表物源区稀土特征。因此，根据沉积岩中的稀土元素特征可判断物源区的大地构造环境，提供母岩组成信息（表 3-4）。

表 3-4 不同构造环境微量元素含量及其特征值详表（陈全红等，2012）

项目	大洋岛弧杂砂岩	大洋岛弧杂砂岩	活动大陆边缘杂砂岩	被动大陆边缘	鄂尔多斯盆地北部	
					山西组	盒8
La/(μg/g)	8.72 ± 2.5	24.4 ± 2.3	33.0 ± 4.5	44.5 ± 5.8	41.4	63.7
Ce/(μg/g)	22.5 ± 35.9	50.5 ± 4.3	72.7 ± 9.8	71.9 ± 11.5	104.7	107.7
Nd/(μg/g)	11.36 ± 2.9	20.8 ± 1.6	25.4 ± 3.4	29.0 ± 5.03	31.2	40.9
ΣREE	58 ± 10	146 ± 20	186	210	212	254
LREE/HREE	3.8 ± 0.9	7.7 ± 1.7	9.1	8.5	12.9	15
δEu	1.04 ± 0.11	0.79 ± 0.13	0.6	0.56	0.66	0.61
La/Y	0.48 ± 0.12	1.02 ± 0.07	1.33 ± 0.09	1.31 ± 0.26	1.62	2.16
La/Yb	4.2 ± 1.3	7.5 ± 2.5	8.5	10.8	13.4	17.4
Zr/(μg/g)	96 ± 20	229 ± 27	179 ± 33	298 ± 80	331	344
Sc/(μg/g)	19.5 ± 5.2	14.8 ± 1.7	8.0 ± 1.1	6.0 ± 1.4	13.2	14.9
V/(μg/g)	131 ± 40	89 ± 13.7	48 ± 5.9	31 ± 9.9	88	111
Co/(μg/g)	186.3	122.7	101.7	52.4	16.8	26.3
La/Sc	0.55 ± 0.22	1.82 ± 0.3	4.55 ± 0.8	6.25 ± 1.35	2.94	4.36
Sc/Cr	0.57 ± 0.16	0.32 ± 0.06	0.30 ± 0.02	0.16 ± 0.02	0.44	0.34

对研究区不同层位泥岩样品中的 La、Ce、Nd、ΣREE、La/Yb 等微量元素及其比值进行统计分析后，将其结果与前人研究结论对比发现：该区稀土元素含量均明显大于大洋岛弧硬砂岩的稀土元素含量，且特征值差异显著；与其构造背景有一定可比性，但含量明显偏高，这可能是由于泥岩细粒沉积物对稀土元素的吸附、富集所致。研究区不同区域的稀土元素含量及特征值与鄂尔多斯盆地北部和南部的稀土元素含量及特征值相一致（表 3-5）。

表 3-5 研究区山西组—石盒子组盒 8 段不同区域微量元素含量及其比值

项目	研究区北部			研究区南部			研究区中部	
	盒8	山1	山2	盒8	山1	山2	盒8	山1
La/(μg/g)	22.2～104 / 55.3	50.6～78.5 / 66.3	23.8～89.6 / 60.0	36.4～109 / 68.0	61.4	67.9	16.9～111 / 54.2	32.9～87.1 / 61.4
Ce/(μg/g)	49.4～200 / 109	104.3～152 / 136	27.5～175 / 120.4	77.4～184 / 122.6	134	136	40.1～195 / 110	71.7～177 / 128
Nd/(μg/g)	18.4～57.4 / 37.5	40.9～57.4 / 51.5	18.8～68.0 / 47.6	22.1～64.6 / 33.8	49.3	50.6	23.2～52.5 / 37.2	30.2～66.4 / 52.0
ΣREE	113～409 / 239	264.4～412 / 344	82.9～469 / 327	157～421 / 226	325	346	104～302 / 225	220～452 / 347
LREE/HREE	10.8～19.5 / 13.7	12.4～20.4 / 15.2	10.5～17.3 / 12.5	10.1～16.8 / 13.4	15.6	14.2	8.06～18.1 / 12.7	6.51～18.3 / 12.4
δEu	0.39～0.82 / 0.63	0.37～0.63 / 0.46	0.47～0.94 / 0.60	0.42～0.73 / 0.54	0.54	0.57	0.42～0.72 / 0.55	0.31～0.89 / 0.58
La/Y	1.45～3.18 / 2.03	1.66～3.74 / 2.35	1.1～2.39 / 1.72	1.45～2.47 / 2.00	2.66	2.18	0.86～4.28 / 2.14	0.69～3.07 / 1.76

注：$\dfrac{22.2～10t}{55.3}$ 代表 $\dfrac{最小值～最大值}{平均值}$

早二叠世鄂尔多斯盆地北部边缘、东北部边缘构造背景主要为陆块边缘，物源与被动、活动及大陆岛弧有关，其构造环境为活动大陆边缘与被动大陆边缘碰撞造山区；盆地南部边缘的物源区构造背景为被动大陆边缘（图 3-19）。研究区中部区域的各微量元素丰度及其比值接近研究区北部，但明显具有更多被动大陆边缘的物源特征，据此推断研究区中部为南、北物源的交汇区域。此结论与薄片分析结论一致，表明二叠系山西—石盒子的盒 8 期区内物源受来自盆地北部边缘、东北部边缘及南部边缘三个方向物源的共同控制，但不同时期、不同层位各微量元素含量及其比值特征有不同特点。

　　泥岩中稀土元素的配分模式通常可反映源岩的 REE 配分模式。研究区内山 2 段—盒 8 段的稀土元素配分模式图表明，区内稀土元素样品绝大部分表现为轻稀土元素 ΣLREE 富集、重稀土元素（ΣHREE）亏损；其中 Eu 轻微亏损，异常值为 0.31～0.94。不同区域各时期泥岩样品的分布曲线具有相似的斜率，整体分布类型一致，揭示出了大陆型沉积特征（图 3-19）。

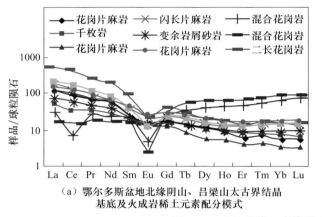

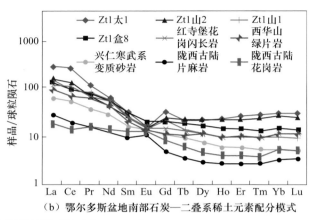

（a）鄂尔多斯盆地北缘阴山、吕梁山太古界结晶基底及火成岩稀土元素配分模式

（b）鄂尔多斯盆地南部石炭—二叠系稀土元素配分模式

图 3-19　盆地北缘、南缘稀土元素特征（陈全红，2007）

　　研究分析得知：北部样品的 REE 配分模式绝大多数表现为右倾型，即：轻稀土元素（ΣLREE）富集、重稀土元素（ΣHREE）亏损，其中 δEu 中等程度亏损，特征基本介于盆地北缘、东北缘稀土元素配分模式。盆地南部样品的 REE 配分模式虽与北部相似，也为右倾型，轻稀土元素（ΣLREE）富集，重稀土元素（ΣHREE）亏损，其中 δEu 中等程度亏损，但 La-Eu 段更陡，Eu-Lu 段曲线平缓，特征与盆地南部稀土元素配分模式具有很强的相似性（图 3-20）。中部区域的样品兼具北部、南部稀土样品特征，推测为南北不同物源特征的混源所致。此外，不同层位稀土配分模式在构造背景、物源区及物源特征上具有很好的继承性，并且稀土元素分析结果与砂岩组分特征结论一致。

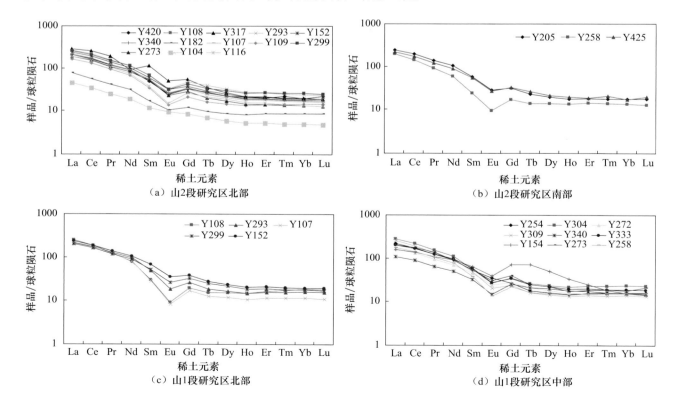

（a）山2段研究区北部

（b）山2段研究区南部

（c）山1段研究区北部

（d）山1段研究区中部

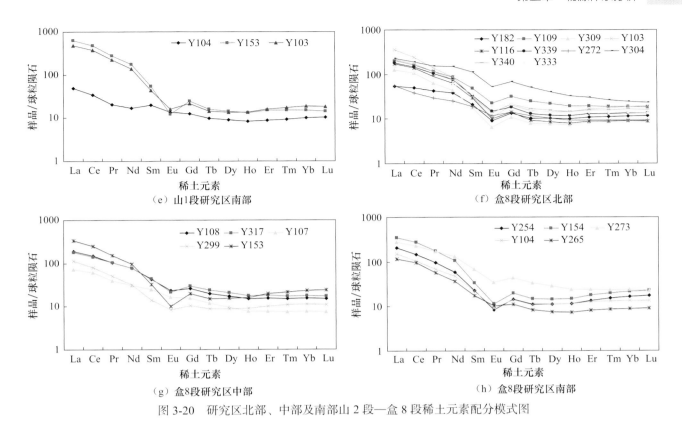

图 3-20 研究区北部、中部及南部山 2 段—盒 8 段稀土元素配分模式图

第五节 物源分布与演化

物源分析方法的单因素分析和多因素分析共同构成了研究区的综合物源分析。单因素分析对物源进行单一因素的分析研究，结果可信度不高，而通过对各种单因素分析的结果进行综合分析，各因素之间相互支撑、相互印证，往往可以得到比较合理的结果。综合分析盆地周缘古陆的发育情况、区域古水流特征砂岩组分及岩屑含量特征，重矿物和稀土元素分特征，认为二叠系山西组至下石盒子组盒 8 段沉积时期，研究区存在南北两个方向的物源，北部物源又分为 NNE 和 NNW 两个方向，其中 NNW 方向物源来自盆地西北部的阿拉善古陆；NNE 方向的物源来自盆地北部—东北部的阴山古陆，母岩为古中太古界到古元古界的多套变质岩系，母岩区的构造背景为再旋回造山带。南部物源则来自盆地南部由秦祁褶皱带形成的北秦岭古陆，基岩类型为一套太古界到古元古界的花岗 - 绿片岩区和高级片麻岩共同组成的中深变质、强烈岩浆活动和混合岩化的复杂变质岩系（陈全红等，2012）。晚古生代时期，盆地北侧兴蒙海槽向华北地台俯冲，导致北缘阴山古陆的抬升造山，并向盆地持续供源，南北物源在研究区中间区域交汇混源。

一、山 2 段

山 2 段沉积时期，北部物源的主导作用十分明显，尤以北北东物源为主要供砂渠道，且北北东与北北西物源的分异作用在山 2 时期较为明显，主要表现为砂岩组分中的岩屑含量东部较西部多，岩屑组分中变质岩含量则从西向东减少，山 2 沉积期南部物源影响范围有限（图 3-21）。

二、山 1 段

随着可容纳空间增大，以及物源持续供给，山 1 段沉积时期南部物源的影响范围逐渐增大，与山 2 期相比供砂增多，供砂水道发育范围向中部延伸，同时北北西向物源的持续增加使得研究区中部偏南端出现混源特征（图 3-22），但整体上北部物源东西差异减小。重矿物 ZTR 指数在东西方向上的数值接近，砂岩类型与山 2 期相比偏向岩屑砂岩与岩屑石英砂岩。

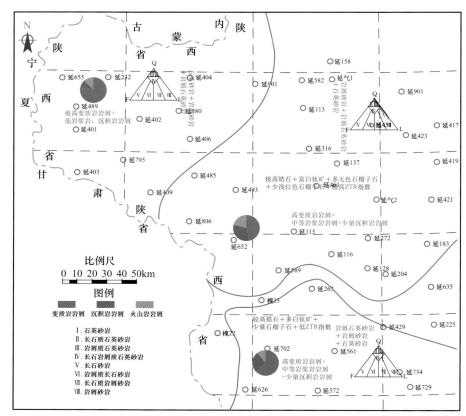

图 3-21　研究区山 2 段物源分区图

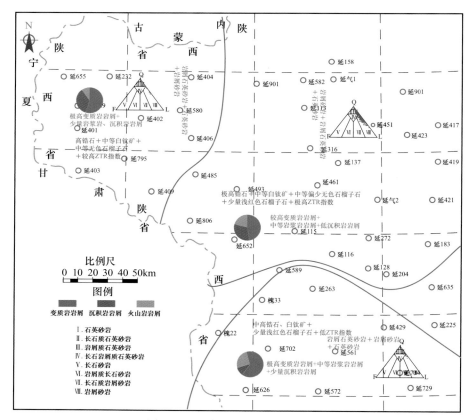

图 3-22　研究区山 1 段物源分区图

三、盒 8 段

盒 8 段沉积时期，南北物源在研究区中部地区完全交汇，南部及北部砂岩特征分异十分明显，中部地区混源沉积特征逐渐强化，特征混杂于南北之间（图 3-23）。整体而言，各时期均以北部物源占主导地位，其次为南部物源，两者共同控制着研究区沉积体系的演化。

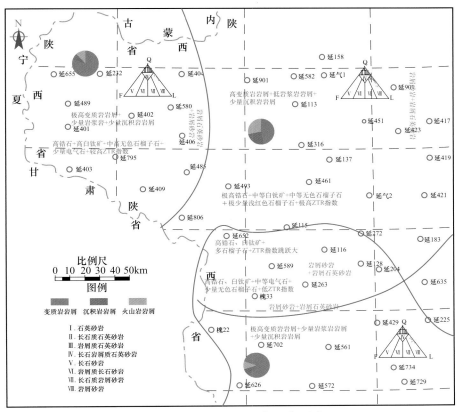

图 3-23　研究区盒 8 段物源分区图

第四章 层序单元的沉积体系展布与演化

沉积环境与沉积体系是沉积学的重要组成部分，是恢复古环境、研究沉积地层层序结构、解释地震相、进行盆地分析和再造古地理的基础，对石油、天然气、煤炭等能源和许多金属、非金属矿产资源的普查、勘探和开发具有重要意义。

第一节　沉积体系概念与研究方法

一、沉积环境与沉积体系的概念

（一）沉积环境的概念

"沉积环境"通常是指沉积作用进行期的自然地理环境。在地球表面不同部位所发生的自然作用，其物理、化学及生物作用都是不同的，因此可以将地球表面分为不同的自然地理单元，每一个单元即构成一种自然地理环境。暴露在地表的各种地质体，从风化、剥蚀、搬运到沉积形成各种沉积物，自始至终都是在各种自然环境中进行的。虽然沉积作用也受地质构造控制，而且这种控制是极为重要的，但地质构造作用总是通过改变自然地理条件间接地对沉积作用和沉积过程施加影响。所谓自然地理条件主要是地貌、气候、动植物、水深、水温、水动力和水化学等因素。在这些因素中地貌特点对限定各类环境的范围起着重要作用，据此可根据地貌单元来划分沉积环境，例如河流环境、湖泊环境、三角洲环境、滨海环境、生物礁环境、海底扇环境等。

（二）沉积体系的相关概念

沉积体系的概念最早于 20 世纪 60 年代后期由 Fisher、Brown 和 McGowen 等提出，"古代的沉积体系是成因上被沉积环境和沉积过程联系起来的相的三维组合"（Fisher and McGowen, 1967），"沉积体系是指过程相关的沉积相的组合体"（Fishew et al., 1969），或者"在沉积环境和沉积作用方面具有成因联系的三维岩相组合体"（Davis, 1983）。虽然不同学者对沉积体系的提法略有差异，但都包含了"相的三维组合"这一含义，这也是现代被普遍接受的概念。

作为地质学中的一个基本概念，沉积学中的"相（facies）"或"沉积相（sedimentary facies）"是一个长期存有争议的概念。"相"这一概念最早由丹麦地质学家斯丹诺（Steno, 1669）引入地质文献，当时斯丹诺只是从地层学的意义上用"相"来表示"时期"和"阶段"。瑞士地质学家格列斯利（Gressly, 1938）最早赋予了"相"沉积学含义。格列斯利在研究瑞士西北部侏罗纪时，发现该地层在岩性和古生物面貌方面存在极大的变化，于是格列斯利就用"相"来描述这种变化。他认为地层单位的"相"或"象（aspect）"的种种变化具有两个主要特点：一是岩性相似的地层单位必然具有相同的古生物组合；另一点是不同岩性的地层单位不可能具有同一属种的生物群。然而，后来的地质学家在用"相"这个术语时却发生了混乱，出现了种种不同的理解。

近些年来，随着沉积学的飞速发展，人们对"相"的认识也逐渐趋向统一。当前国内外地质界多数人是把"相"或"沉积相"看成是沉积环境和在该沉积环境下的物质表现。在一定的沉积环境中进行着一定的沉积作用，并形成一定的沉积组合。沉积环境、沉积作用的各种特点，必然会在这些沉积产物中留下某些记录。这些记录主要表现为岩石组分、几何形态、结构、构造、生物化石等方面的差异。所以"相"应是能表明沉积条件的岩性特征和古生物特征的规律组合（Reineck and Singh, 1980）。根据这个定义，可以判断出"相"与"环境"不是同一的概念。"环境"是条件、原因，而"相"是环境中诸多作用的产物、结果。

二、沉积相分析的原则与方法

沉积相研究的主要任务是重建古地理、恢复古环境、理清各种沉积体系和沉积物的特征、规模、形态、空间展布规律及不同沉积体的空间配置关系和沉积相的时空演化。

（一）沉积相分析原则

探讨地层形成的自然地理环境，恢复再造沉积时期古地理面貌的基本方法是沉积相分析法。相分析的原则就是经典的"现实主义（actualism）原则"。其最早由莱伊尔（Charles Lyell）在 1830 年的著作《地质学原理》中详细论述过，是指现在正在进行着的地质作用，也曾以基本相同的强度在整个地质时期发生过，古代的地质事件可以用今天所观察到的现象和作用加以解释。1905 年盖基（Geiki）又提出"现代是打开过去的钥匙"的著名原则，在我国常将这个原则通俗地称为"将今论古"或"历史比较法"，这些称谓都是同一个意思。需要指出的是，不应将"现实主义原则"与"均变论"等同。前者强调通过对现代地质作用的认识去分析判断古代曾发生过的地质作用，而后者是关于事物演化规律的一种观点，它强调事物发展的均变性，而忽视事物演化的突变性，其与"突变论"是对立的。实际上事物发展既有均变的特点，也有突变的特点。二者是辩证的统一，这种辩证统一的性质在现代的地质作用如此，地质时期也如此。正是由于人们认识了现代地质过程的这种辩证统一规律，才能正确地解释和认识地质时期曾发生的地质过程。"现实主义原则"作为地质科学的方法论和基本原则，对沉积相分析和古地理研究尤为重要。

此外，需要特别指出的是：在应用"现实主义原则"时必须考虑到地质历史是发展的，各地质时期的地质作用方式和特点既有继承性也有变化性，既有连续性又有阶段性。例如，元古代的碳酸盐潮坪环境中曾有广泛的叠层石发育。而到显生宙时，同样是碳酸盐潮坪环境，但由于食藻类生物的出现，叠层石分布的范围和数量则大为缩小。又如，现代正处在更新世后海平面上升时期，我们可以比较容易地将现代滨岸地带的海侵剖面与古代海侵期的相应剖面进行对比，但对于地质时期中多次出现的海退型剖面则难以找到现代的类比物。所以，我们在应用"现实主义原则"时，决不能简单地把今日与古代的现象完全等同看待，而必须根据多方面的事实进行历史的分析才能得出合乎逻辑的科学的解释。

总之，"现实主义原则"不仅是研究和恢复古代沉积环境的指导理论，而且为进一步发展沉积学和古地理学指出了一条正确途径。这就是为了能更准确地解释过去，必须加强对现代沉积环境、沉积作用及其产物的研究。从某种意义上说，谁对现代沉积学的知识了解得更多，谁就能更好地解释过去。近三十年来，沉积学所取得的重大进展和成就（如浊流理论的提出，碳酸盐沉积学新理论的提出，潮坪、风暴岩、三角洲等许多沉积相模式的建立等）就是最好的证明。

（二）沉积相分析方法

根据工作环境与研究的具体对象不同，将沉积相分析方法可区分为野外相分析、室内相分析和地下相分析。

野外相分析是指在野外对自然露头、人工露头、钻孔岩心等地质实体进行直接地观察、描述、测量、取样及制图。作为环境解释依据的原始资料，大部分是在野外研究的基础上取得的，有关沉积相的部分认识也是在野外确定下来。室内相分析是指在实验室内对野外所取得的标本样品用各种仪器进行各种必要的分析和测试，对野外所测量的数据进行加工整理和分析研究，以补充野外观察的不足。地下相分析是指利用钻井所测得的地下各个地层的物性资料（简称测井曲线）进行岩性判别和岩相分析，也包括利用地震测量资料通过对各沉积体和沉积界面的发射曲线研究，从而进行沉积相的分析，即地震相分析。地下相分析是研究油区地下地层、沉积相及圈定油气储集层的重要手段。

野外相分析、室内相分析、地下相分析等各种相分析方法在实际应用中应相互结合，只有在综合了各种实际资料后，才能正确确定相的类型和恢复沉积环境。在这些相分析方法中，野外相分析是基础和对比的标准，室内相分析是野外相分析的补充，室内研究必须在野外研究的基础上进行。此外，地下相分析应与地面相分析结合，地下相分析能起到地面相分析所不能起到的作用，因为地表露头常受地形气候植被及风化剥蚀的影响，地质记录往往零散而不完备，常常难以获得连续而完整的资料。

第二节　沉积相标志

　　鄂尔多斯盆地东南部上古生界的主力含气层位为石炭系的本溪组、二叠系的山西组和下石盒子组盒8段。对于鄂尔多斯盆地石炭—二叠系沉积体系的展布与演化前人研究颇多（郭英海和刘焕杰，2000；聂武军等，2001；许璟等，2006；刘家铎等，2006）。目前就盆地晚古生代陆表海碎屑堡岛—碳酸盐岩台地—浅水三角洲—河流沉积体系这一区域古地理演化格局经过长期研究已达成广泛共识，而对处于海陆转换关键时期的山西组沉积环境至今存在较大争议。

　　沉积环境和沉积相的鉴别主要是依据各种相标志，而这些相标志的获取和确定则主要来自三个方面：地质、地震和测井。无论对哪种类型的资料进行分析和研究，都离不开这些标志的形成机理和沉积作用。因而，可以说沉积标志是基础，测井和地震标志是辅助。

一、岩石学标志

　　岩心是反映地下地质特征最直接、最准确的第一手资料，也是识别沉积相最有效、最直观的依据之一，它能够真实准确地还原地层沉积时的水动力条件与沉积环境，也是对其他地球物理资料进行准确标定的基础。岩心的沉积构造、韵律旋回和特殊矿物等特征，以及岩心在平面上的展布特征，为沉积微相的确定提供最接近地质真实的证据。

（一）颜色差异

　　颜色是沉积岩最直观、最醒目的标志之一，碎屑岩的颜色与其形成环境密切相关。

　　研究区内山2段和山1段、盒8段岩心中砂岩大部分为灰色、灰白色和浅灰色、灰绿色。仅研究区西北部延401井盒8段顶部出现了薄层棕红色砂岩，而泥岩颜色从山2段—盒8段呈现出深灰色—灰黑色—灰绿色的渐变过程（图4-1）。目的层段的岩心颜色整体反映了水下相对封闭的还原环境，仅有局部可能出现了间歇性暴露于水上的氧化环境，这反映了本区在后期的构造运动中并未完全出露地表遭受氧化。

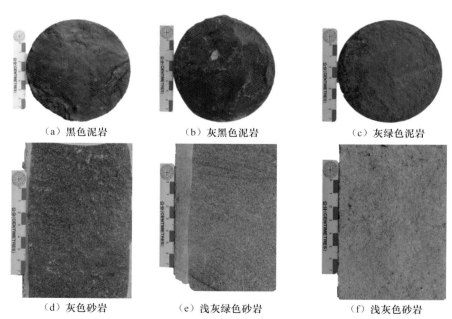

　　（a）黑色泥岩　　　　　　（b）灰黑色泥岩　　　　　　（c）灰绿色泥岩

　　（d）灰色砂岩　　　　　　（e）浅灰绿色砂岩　　　　　　（f）浅灰色砂岩

图4-1　鄂尔多斯盆地东南部上古生界主要岩石类型

（a）延330井，本溪组，2698.30m；（b）延700井，盒8段，2805.03m；（c）延647井，盒8段，3431.64m；（d）延416井，山2段，2380.05m；（e）延416井，2277.66m；（f）延492井，盒8段，3931.80m

（二）岩石类型

　　研究区岩石类型主要有泥岩、粉砂岩、细砂岩-粗砂岩、含砾粗砂和砂砾岩等。其中粗粒沉积多是水道沉积产物，而砂砾岩多集中于水道的底部，为河道冲刷的产物。

（三）粒度特征与水动力条件

粒度是沉积物最为主要的结构特征。碎屑沉积岩的粒度主要受到搬运介质、搬运方式及沉积环境等因素的综合控制，反过来粒度分布特征可直接反应沉积物形成时的水动力条件和能量，是判别沉积环境及水动力条件分析的重要物理标志（于兴河，2008）。

1. 粒度概率累积曲线

粒度曲线是沉积环境分析的参考标志，常用的粒度曲线包括直方图、频率曲线、频率累积曲线、概率累积曲线，其中概率累积曲线是沉积学中使用最广、最多的用来分析沉积物形成水动力条件进而通过其特征来帮助地质工作者判别沉积环境的一种典型曲线。在概率累积曲线中，横坐标代表粒径，而纵坐标为粒度的累积百分数，并以正态概率标度，概率坐标以50%处为对称中心，上下两端相应地逐渐加大，以使对反映沉积环境最为敏感的粗、细部分放大，并清楚地表现出来。通常概率累积曲线中的三个次总体即表示砂岩三种不同的基本搬运方式，即悬浮搬运、跳跃搬运和滚动搬运。三个次总体直线段的斜率反映了该次总体的分选性，斜率陡则说明分选好，斜率缓则分选差。

从本溪组到石盒子组盒8段（图4-2），岩心粒度概率分析曲线以两段式或三段式为主，其中滚动总体不发育，主要由跳跃和悬浮总体组成。跳跃次总体的斜率较高，反映沉积物的分选中等到较好。悬浮次总体的含量较低，且概率曲线的斜率较小。整体上反映了一种分选较好的、结构成熟度较高的河流三角洲及海岸沉积背景。

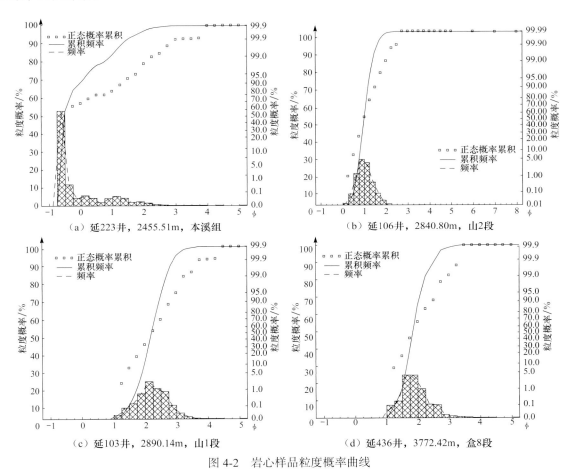

（a）延223井，2455.51m，本溪组　（b）延106井，2840.80m，山2段

（c）延103井，2890.14m，山1段　（d）延436井，3772.42m，盒8段

图4-2　岩心样品粒度概率曲线

2. C-M 图

C-M 图是 Passega（1957）提出的综合性成因图解，是表示沉积物结构与沉积作用的样品集合图，属于粒度参数散点图的一种（于兴河，2008）。C-M 图应用每个样品的 C 值和 M 值绘制，Passega 认为 C 值和 M 值这两个粒度参数最能反映介质搬运和沉积作用的能力，其中 C 值是粒度累积曲线上颗粒含量为1%处对应的粒径，与样品中最粗颗粒的粒径相当，代表了水动力搅动搬运的最大能量；M 值是累积曲线

上 50% 处对应的粒径，代表了水动力的平均能量。

典型的 C-M 图一般可划分为 NO、OP、PQ、QR、RS 各段和 T 区（图 4-3），不同区段代表不同沉积作用的产物。其中 NO 段代表滚动搬运的粗粒物质，C 值大于 1mm；OP 段以滚动搬运为主，滚动组分和悬浮组分相混合，C 值一般大于 800μm，而 M 值没有明显变化；PQ 段以悬浮搬运为主，含有少量滚动组分，C 值变化而 M 值不变；QR 段代表递变悬浮段，递变悬浮搬运是指在流体中悬浮物质由下到上粒度逐渐变细，密度逐渐变低，C 值与 M 值成比例变化，从而使这段图形与 C=M 基线平行；RS 段为均匀悬浮段，C 值变化不大，而 M 值变化大，主要是细粉砂沉积物；T 区为远洋悬浮物，M 值小于 10μm。

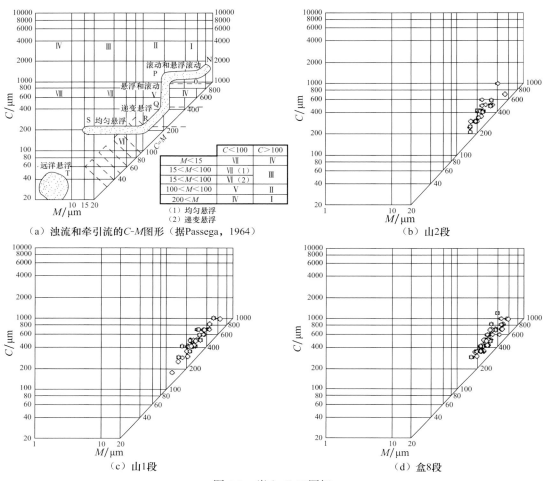

图 4-3　岩心 C-M 图解

从山西组到盒 8 段，C-M 图解显示出了研究区以牵引流为主的沉积特点，并且主要以 QR 递变悬浮段为主，反映了水道沉积的特点。

（四）沉积构造及其背景分析

沉积构造是指组成岩石的颗粒彼此间的互相排列关系的总和，同时也是沉积岩中的各组分在空间上的分布和排列方式所表现出的总体特征。不同沉积构造的正确识别是沉积环境判别的坚实基础。

研究区目的层段山 2 段—盒 8 段发育丰富多样的沉积构造，共识别出 8 种主要的原生沉积构造，变形构造较少见，并观察到大量的云母片、植物碎屑等特殊沉积物（表 4-1）。

表 4-1　研究区上古生界沉积构造类型及特殊沉积物

类型	沉积物
主要原生沉积构造	槽状交错层理、板状交错层理、平行层理、水平层理、块状层理等
变形构造	包卷层理（偶见）
特殊沉积物	黄铁矿、偶见化石

1. 槽状交错层理

槽状交错层理是研究区内取心层段中砂岩段较常见的一种沉积构造。多见于含砾粗砂岩、粗砂岩、中砂岩中，成因解释为河道频繁地侧向摆动作用及下切作用形成，层理规模一般为中 - 小型槽为主（图 4-4），反映出了离物源较远的沉积环境，槽状交错层理发育于较强水动力条件。该区槽状交错层理主要发育于三角洲前缘水下分流河道环流中。

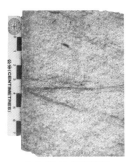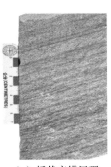

（a）槽状交错层理　　（b）槽状交错层理　　（c）板状交错层理　　（d）板状交错层理

图 4-4　典型槽状交错层理与板状交错层理

（a）延 209 井，盒 8 段，3576.14m；（b）延 209 井，山 1 段，3606.41m；（c）延 209 井，山 1 段，3606.41m；（d）延 700 井，山 1 段，2829.02m

2. 板状交错层理

板状交错层理在研究区目的层段内亦常见，多见于槽状交错层理之上，发育在中粗砂岩中（图 4-4）。可见单组下切型板状交错层理，反映出典型的三角洲前缘水下分流河道侧向加积，是河道频繁迁移摆动的产物。研究区内的板状交错层理规模不大，多以薄层状和中层状出现，表明河道宽度受限，且水下分流河道沉积环境水动力条件并不是很强。

3. 平行层理

平行层理不同于水平层理，是由平行而又近乎水平的纹层状砂岩组成的，它是较强水动力条件下流动水作用的产物。研究区水平层理多见于细砂和中细砂岩中，为三角洲前缘水下分流河道沉积［图 4-5（a）、（b）］。

4. 小型沙纹层理

研究区小型沙纹分为流水沙纹层理和浪成沙纹层理两种，成因上分别由河流作用与波浪作用控制形成。主要发育在粉砂岩或泥质粉砂岩中，形成于水动力较弱的浅水环境，其纹层面可见灰绿色或深灰色纹层，沙纹一般出现在细砂岩的上部或单独以薄层状出现［图 4-5（e）、（f）］。

5. 水平层理

研究区水平层理大量发育，主要见于粉砂质泥和纯泥岩中，规模多为薄层状，纹层间常夹有暗色泥质条带或植物碎屑。水平层理形成于弱水动力环境，反映出研究区浅水环境的三角洲前缘水下分流间湾或半浅湖沉积环境［图 4-5（g）］。

6. 变形层理

研究区变形层理指沉积物在沉积之后到固结成岩之前受重力差异压实或沉积物塑性流动而发生不同程度变形的构造。见于粉砂岩 - 细砂岩中，为三角洲前缘水下分流间或前三角洲沉积［图 4-5（c）、（d）］。

7. 冲刷面

冲刷面是由于流速突然增加，流体对下伏沉积物冲刷、侵蚀而形成起伏不平的冲刷面。冲刷面上的沉积物一般比下伏沉积物粗。研究区三角洲由于水下分流河道比较发育，因而也发育比较多的冲刷面，其一般位于正粒序的底部，表现为砂砾质沉积物对下伏细粒沉积物的侵蚀［图 4-5（h）］。

（五）岩相划分及组合

岩相是表示在特定能量条件下所形成岩石特征的总和，以岩性和沉积构造特征组合，反映各沉积成因单元砂体形成过程的水动力条件，对分析沉积环境、沉积动力条件具有重要意义。

通过岩心观察，综合岩性、沉积构造和岩石粒度特征识别出 15 种类型岩相（表 4-2）。

|（a）平行层理|（b）平行层理|（c）变形层理|（d）变形层理|
|（e）浪成沙纹|（f）流水沙纹|（g）水平层理|（h）冲刷面|

图 4-5 典型沉积构造

（a）延 492 井，盒 7 段，3896.57m；（b）延 511 井，盒 8 段，3163.79m；（c）延 267 井，本 2 段，3089.54m；
（d）延 700 井，山 1 段，2831.20m；（e）延 401 井，盒 8 段，3160.51m；（f）延 653 井，山 1 段，3212.15m；
（g）延 492 井，山 1 段，3941.80m；（h）延 209 井，山 2 段，3678.15m

1. 岩相划分

（1）块状层理砾岩相（Gm）：层理不明显的中 - 细砾岩，多为潮汐水道沉积，在障壁的底部也可见。

（2）槽状交错层理砾岩相（Gt）：以中砾岩为主，可含细砾岩，主要见于强水动力条件的潮汐水道沉积。

（3）板状交错层理砂岩相（Gp）：见于砾岩之中的板状交错层理，主要形成于潮汐水道沉积上部或者障壁下部沉积之中。

（4）冲刷剥蚀砂岩相（Se）：岩性以灰色、灰白色中粗砂岩，含砾中粗砂岩为主，多见泥砾、冲刷面，偶见槽状交错层理，反映了水动力条件较强的沉积环境，一般为河道的底部沉积。

（5）槽状交错层理砂岩相（St）：中粗砂岩为主，发育槽状交错层理，反映了高水动力条件，通常出现于水下分流河道中下部。

（6）板状交错层理砂岩相（Sp）：岩性以中粗砂岩、细砂岩为主，颗粒支撑，发育板状交错层理，略呈反粒序，分选中等偏差，反映了河道侧积，通常出现于水下分流河道。

（7）平行层理砂岩相（Sh）：可以出现在细砂岩、中粗砂岩中，发育平行层理，一般与下部的板状交错层理难以区分，反映出高流态面状层流，反映出水浅流急的水动力特征，一般见于水下分流河道。

（8）块状层理砂岩相（Sm）：见于细砂岩、中粗砂岩中，无明显沉积构造，反映出快速沉积的特点。

（9）小型沙纹粉砂岩相（Fr）：常见于粉砂岩、泥质粉砂岩中，包括流水沙纹层理和浪成沙纹层理，流水沙纹层理又叫爬升波痕纹理（于兴河，2008），波痕具有不对称性，是由于水流波痕向前迁移并同时向上生长形成的一系列相互叠置的波痕纹理。浪成沙纹层理主要是由于波浪来回动荡，对称性比流水沙纹好。这两种层理主要发育三角洲前缘距浪基面较近的环境。

（10）水平层理粉砂岩相（Fh）：岩性以灰绿色和浅灰色粉砂岩、泥质粉砂岩为主，发育水平层理，纹层细而平直，且与层面平行，总体为低能、静水、还原的沉积环境，成因多为三角洲前缘水下漫溢砂。

（11）复合层理粉砂岩相（Fc）：该区复合层理较少见，以泥多砂少的透镜状层理和砂泥间互的波状层理为主，多发育于三角洲前缘水体频繁进退的环境。

（12）块状层理粉砂岩相（Fm）：主要见于泥质粉砂岩、粉砂岩中，无明显沉积构造，发育于三角洲前缘弱水动力环境。

表 4-2　典型岩相类型

序号	1	2	3	4	5	6	7	8
岩心照片								
大类	砾岩类			砂岩类				
代码	Gm	Gt	Gp	Se	St	Sp	Sh	Sm
岩相	块状层理砾岩相	槽状交错层理砾岩相	板状交错层理砾岩相	冲刷剥蚀砂岩相	槽状交错层理砂岩相	板状交错层理砂岩相	平行层理砂岩相	块状层理砂岩相
岩性	中砾岩	中-细砾岩	粗砂质细砾岩	粉细-中粗砂岩-含砾砂岩	粉细砂岩-粗砂岩	粉细砂岩-粗砂岩	粉细砂岩-粗砂岩	细砂岩-中粗砂岩
沉积构造	块状层理	槽状交错层理	板状交错层理	冲刷面、杂基或颗粒支撑	槽状交错层理	板状交错层理	平行层理	块状层理
解释	砂坪、障壁底部	潮汐通道	砂坪	河道底部冲刷，滞留沉积	河道下切充填	河道侧积	高流态水浅流急	快速沉积
序号	9	10	11	12	13	14	15	16
岩心照片								
大类	粉砂岩类			粉砂岩类		泥岩类		煤
代码	Fr	Fh	Fc	Fm	Fd	Mb	Mg	Co
岩相	小型沙纹粉砂岩相	水平层理粉砂岩相	复合层理粉砂岩相	块状层理粉砂岩相	变形层理粉砂岩相	灰绿色泥岩相	灰黑色泥岩相	煤
岩性	泥质粉砂岩-粉砂岩	粉砂岩	泥质粉砂岩-粉砂岩	砂岩-砂砾岩	泥质粉砂岩-粉砂岩	粉砂质泥岩-泥岩	灰黑色泥岩相	煤
沉积构造	小型浪成流水、沙纹层理	水平层理	复合层理（透镜状层理，波状层理，脉状层理）	变形层理	变形构造，滑塌，包卷层理	块状层理、水平层理		裂缝
解释	水动力条件较弱，沉积粒度较细	细粒沉积，水动力较弱	波浪作用以及水进、水退频繁交替	重力流沉积（偶见）	重力流作用或者差异压室作用	还原环境、沉积环境		沼泽、潟湖沉积

（13）变形层理粉砂岩相（Fd）：岩性以灰色和浅灰色泥质粉砂岩为主，发育的变形层理主要是由于重力差异压实和沉积物塑性流动形成的不同程度的滑动或滑塌变形。

（14）灰绿色泥岩相（Mb）：常见于灰绿色粉砂质泥岩—泥岩中，反映安静的水体沉积环境。

（15）灰黑色泥岩相（Mg）：岩性主要为灰黑色泥岩，多发育块状层理、水平层理、指示静水环境。

（16）煤（Co）：黑色煤层，断面多具玻璃光泽，有时可见保存相对完整的植物碎片。

2. 岩相组合

依据 Miall 划分的构形要素特点，对研究区的岩心进行精细描述研究，识别出如图 4-6 所示的三种常见的岩相组合形式。

3. 岩石垂向组合

岩石垂向组合是指地层剖面上的岩石类型、结构、沉积构造等综合特征及其纵向上的排列关系，岩石垂向组合是分析沉积相的重要依据，它受沉积物水动力条件、可容空间、沉积物注入量、水进、水退等因素控制。

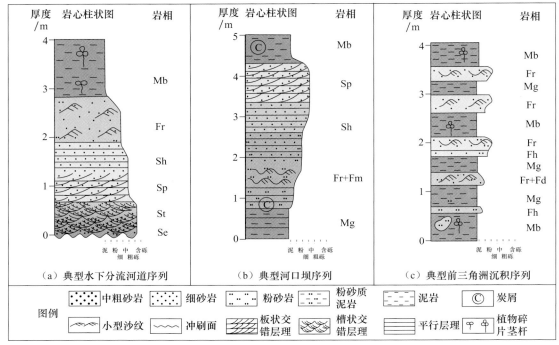

图 4-6　岩相组合模式图

Se → St → Sp → Sh、Sm → Fm、Fr → Mb 主要出现在水下分流河道中；Mg → Fm、Fr → Sm、Sh → St、Sp 主要出现在河口坝中；
Mb → Fm、Fr、Fd → Mb → Fr → Mb 主要出现在前三角洲中

一定的沉积微相有一定的垂向层序，但一种垂向层序可能有几种沉积成因，所以需要结合其他相标志综合判断。研究区岩石垂向序列主要可分为正旋回型、反旋回型、均一型和复合旋回型。

1）正旋回型

由下到上沉积物粒度逐渐变细，岩性通常由粗砂、中砂、细砂、粉砂及泥岩组成，底部通常含有砾石，层系厚度向上由厚变薄。沉积构造通常由底部的大型交错层理向上变为平行层理、流水沙纹层理、水平层理等。主要为分流河道或水下分流河道的产物。该类型表现为多期水下分流河道砂体的叠置（田景春等，2004）。根据砂体叠置形式不同划分为三种形式。

（1）两期或多期水下分流河道紧密叠置。

早期形成的水下分流河道被下一期的水下分流河道侵蚀、冲刷，致使后期河道序列不完整，多个 St → Sp 段重复叠加发育，反映出多期缺失上部细粒沉积的河道叠加，为中流态连续性水产物，这种序列在盒 8 段较为多见［图 4-7（a）］。

（2）两期或多期水下分流河道中间夹漫溢沉积，残留少量细粒泥质沉积。

沉积水动力条件弱于第一种序列，St → Sp 段之上能保存 Sm → Fr 段，为短期间歇的持续性水流沉积产物，这种现象在盒 8 段、山 1 段均可见［图 4-7（b）］。

（3）单期或多期较为完整 St → Sp → Sm → Fr → Fh → Fm → M 沉积序列叠加。

为间歇性水流沉积产物，序列上部有时可见 Mb → Mg → C 序列，为水道间封闭泥沼沉积成煤环境。这种序列多发育于山西组山 2 段沉积中［图 4-7（c）］。

2）反旋回型

由下到上沉积物粒度逐渐变粗，岩性由旋回底部的泥岩向上变为粉砂岩 - 细砂岩 - 中砂岩，颜色由深灰色向上逐渐过渡为灰色。泥岩中可见炭屑和植物碎片，砂岩中可见流水沙纹、交错层理和平行层理等。主要是三角洲前缘河口坝、远砂坝微相的沉积产物，另外决口扇沉积也可以出现此种剖面结构。该类型在研究区内主要分为两种情况。

（1）典型的前三角洲泥上叠加前三角洲沉积。

以 M → Fm → Fr → Sp 叠加序列为典型［图 4-8（a）］，反映出三角洲不断向前进积的垂向叠加序列。这种序列多发育在研究区中部，在山 2 段、山 1 段均可观察到。

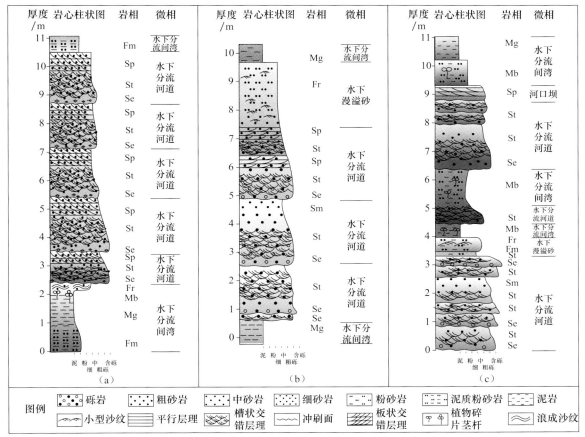

图 4-7 典型正旋回岩相组合

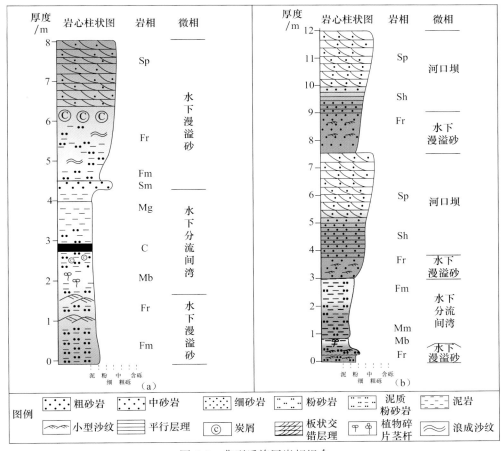

图 4-8 典型反旋回岩相组合

（2）多期河口坝向上叠加。

岩性由泥岩、粉砂岩逐渐过渡为中、细粒砂岩［图4-8（b）］，研究区内远源沉积环境及缓坡三角洲性质，典型的河口坝不多见，在盒8段、山1段局部可以观察到，该种沉积为多期水下分流河道在同一河口处间断卸载所形成的。

3）均一型

均一型是指垂向上岩相特征变化不大，整体上呈现出均一的厚层沉积特点。包括两种类型。

（1）由粗粒沉积物组成，通常由中砂、粗砂或含砾粗砂组成，很少含有泥岩或粉砂岩。沉积构造主要为大型的交错层理或平行层理。这种剖面结构主要在辫状（分流）河道的下部、潮汐水道或者障壁环境［图4-9（a）］。

（2）由细粒沉积物组成，通常由泥岩、泥质粉砂或粉砂岩组成，一般由大段厚层泥岩沉积形成，间或中夹薄层Fm或Fr细粒粉砂质沉积。岩石色深质纯，部分含有植物碎片和炭屑，局部夹有煤层［图4-9（b）］。主要为泛滥平原沼泽、水下分流间湾环境或典型的前三角洲背景下的沉积产物。

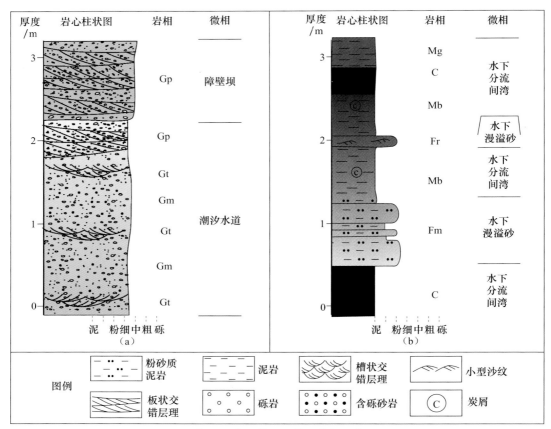

图4-9　典型均一型旋回岩相组合

4）复合型

是指由两个或两个以上旋回类型组成的剖面结构类型。正反不同的旋回类型按照一定的顺序组合在一起，可以形成正-正旋回叠加、正-反旋回叠加、反-正旋回叠加、反-反旋回叠加。

（1）正-正旋回叠加：正-正旋回叠加主要形成于（辫状）河道的垂向叠置，这在盒8段表现地尤为明显［图4-10（a）］。

（2）正-反旋回叠加：正-反旋回主要出现在三角洲沉积中，是由水下分流河道、水下分流间湾与河口坝在垂向上叠置而成。一般情况下以下部水下分流河道和上部河口坝构成的"河上坝"组合为主，另外潮坪环境也可以出现这种组合序列［图4-10（b）］，岩性由下向上变细再变粗，反映了完整了水进-水退旋回。

（3）反-正旋回叠加：反-正旋回主要出现在三角洲环境中，下部由较细粒的远砂坝、河口坝构成，向上变为正韵律分流河道沉积，构成下部河口坝上部分流河道的"坝上河"组合。在剖面上表现为正、反粒序组合的完整剖面结构，是基准面下降的响应［图 4-10（c）］。

（4）反 - 反旋回叠加：反 - 反旋回叠加表示三角洲前积砂体的不断向前推进，表示物源的持续供给和稳定的水退沉积背景。主要由水下漫溢砂或河口坝与前三角洲泥或分流间湾泥叠加组成［图 4-10（d）］，为三角洲前缘至前三角洲的产物。

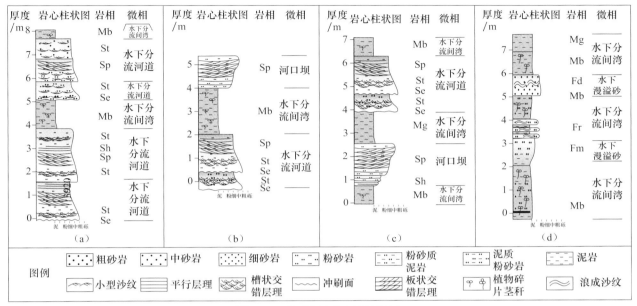

图 4-10　典型复合旋回岩相组合

二、古生物标志

（一）盆地古生物标志

在乡宁甘草山剖面的硅质底部的泥灰岩中，有大量广盐性腕足类化石发现（陈洪德等，2001）。主要种属为：*Dictyoclostustaiyuanensis*（太原网格长身贝）、*Chonetescarbonifera*（石炭戟贝）、*Juresaniajuresanensis*（朱里桑朱里桑贝）等晚古生代常见种属，在硅质岩中，发现有 *Bucania sp.*（丰颐螺）存在。而在靠近北部的太原西山及柳林龙门塔剖面中，上部（仅见于西山）及中下部黑色页岩中均发现有 *lingulasp* 存在（李明瑞，2011）。

在盆地东部榆 48 井山 2 段的泥岩中（井深 2566～2568m），发现有棘皮类化石碎片存在，大小为 1～2mm，边缘部分已被菱铁矿交代，但棘皮类化石的单晶结构特点，仍清晰可见，碳酸盐矿物的菱形解理特征也基本保留，确系棘皮类化石碎片。

此外，在盆地北部大牛地气田的大 12 井和大 13 井山 2 段（大牛地气田划分方案）中发现海百合和有孔虫（其中有始瘤虫、骨屑）［图 4-11（a）、（b）、（c）］。海百合、有孔虫骨屑的存在无疑说明山西组时期研究区为海相或海陆过渡沉积（刘家铎等，2006）。据叶黎明等（2008）研究，长江口处为中等潮差环境，口门附近平均潮差为 2.67m，潮流界可伸及距口门约 200km 的江阴，一些正常海相的生物化石可被潮流带入长江河道沉积下来。

因此，从生态环境来看，榆 48 井的棘皮类化石可能是原地沉积的，而北部的大牛地气田的化石应该是由涨潮流带入的。与此同时，在盆地东缘河南境内山西组下段亦有蜓类、腕足、牙形类化石大量出现。在盆地东部的榆 31 井山 2 段泥岩中，发现有硅质放射虫、太阳虫古生物化石［图 4-11（d）］。此外，在盆地东北部长北气田的陕 212 井山 2 段暗色泥岩中，亦发现丰富的腕足类［图 4-11（e）、（f）］和棘皮类化石。其中，腕足类化石保存较完整，经鉴定为 *Dictyoclostustaiyuanfuensis*（太原网格长身贝）和 *Compressoproductusmongolicus*（蒙古扁平长身贝）2 个属种。该类属种中的腕足类化石在晋东南山西组下段灰岩中非常丰富，亦在中国南方早二叠世海相地层中有广泛地发育。上述古生物化石的发现，无论其生态环境是原生沉积还是异地潮流搬运，都可作为盆地山 2 段海相地层存在的重要证据（陈洪德等，2011）。

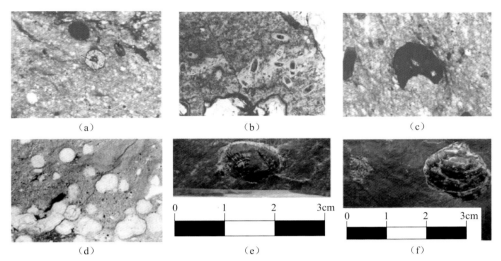

（a）　　　　　　　　　（b）　　　　　　　　　（c）

（d）　　　　　　　　　（e）　　　　　　　　　（f）

图 4-11　山西组下部（山 2 段）古生物化石（陈洪德等，2011）

（二）研究区古生物特征

华北的二叠系是湿热气候条件下的产物，植物化石是其中得以保存的最繁盛的生物。研究区在山西组与下石盒子组沉积时期，动物化石相对稀少。在岩心观察过程中，在泥岩中可见植物茎秆、植物叶片化石碎片、炭屑等（图 4-12），类型多样。这在一定程度上反映了滨岸平原的泥炭沼泽沉积环境。

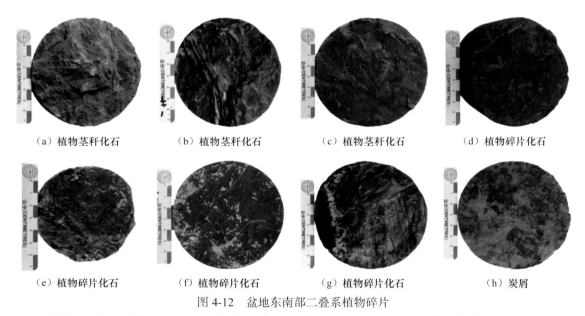

（a）植物茎秆化石　　　（b）植物茎秆化石　　　（c）植物茎秆化石　　　（d）植物碎片化石

（e）植物碎片化石　　　（f）植物碎片化石　　　（g）植物碎片化石　　　（h）炭屑

图 4-12　盆地东南部二叠系植物碎片

（a）延 635 井，山 1 段，2236.81m；（b）延 521 井，山 2 段，2585.68m；（c）延 424 井，本 1 段，2923.50m；
（d）延 336 井，山 2 段，2520.68m；（e）延 581 井，山 1 段，3912.70m；（f）延 356 井，山 2 段，3074.48m；
（g）延 567 井，山 1 段，2900.82m；（h）延 654 井，盒 8 段，4072.07m

崔璀等（2013）在研究盆地榆林气田山 2 段沉积微相时，发现咸水和淡水双壳类、鱼类、植物碎片化石和海相双壳类、海百合等化石均可作为该区沉积环境的识别标志。这些化石在暗色泥岩中广泛分布，并且在榆林气田山 2 段钻井剖面有发现。其显著特点为淡水陆相生物和咸水海相生物混生组合，与盆地海陆过渡的沉积环境相吻合（周祺等，2008）。

三、地球物理标志

依据单井岩心的精细描述，对鄂尔多斯盆地东南部 25 口取心井进行分析，总结了钻遇地层的主要沉积微相特征，依据测井相分析的四大基本原则（形态、幅度、接触关系及组合特征），总结了鄂尔多斯盆地东南部山 2 段—盒 8 段典型测井相特征（图 4-13）。

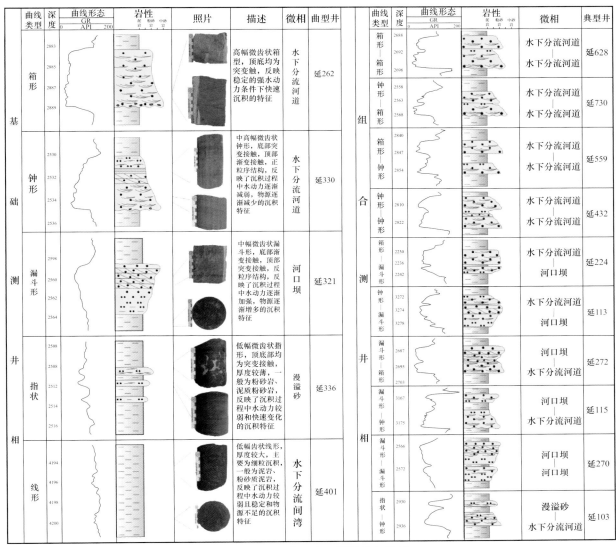

图 4-13　山 2 段—盒 8 段测井相模板

三角洲前缘：主要有水下分流河道、水下分流间湾、水下漫溢砂、前缘河口坝、远砂坝沉积。

（一）水下分流河道

在 GR 曲线上主要表现为箱形 - 钟形，顶部渐变底部突变，中 - 高幅锯齿，具有正序列结构，反映了沉积过程中水动力逐渐减弱或物源供给减少的沉积特征。

（二）前缘河口坝、远砂坝

GR 曲线以漏斗形为主，纺锤状也可见，中 - 高幅，顶、底部均为渐变接触，通常表现为反粒序特征，在测井曲线上二者不容易区分开，需要结合岩心及平面位置确定。

（三）水下漫溢砂

GR 曲线为指形，低幅、微齿，顶、底部与泥岩呈突变接触，砂岩厚度较薄。

（四）水下分流间湾

GR 曲线值在泥岩基线附近，低幅、微齿，相对较为平滑，厚度较大，主要以粉砂质泥岩或灰绿色泥岩为主的细粒沉积，反映了水动力条件很弱且稳定的沉积特征。

四、地球化学标志

地球化学指标是反映沉积环境最重要的指标，据刘岫峰等研究，泥岩中的微量元素特征可以很好地反映介质环境，其中对于海水和淡水环境的判别，常用的微量元素为：Sr、Ba、B、Ga、Rb 等。而通常用于判别环境的方法有单元素分析法、元素比值法、三角图解法等。

（一）单元素分析

陈洪德等（2011）通过古盐度计算结果显示，太原组—下石盒子组底部具有明显降低的变化趋势，其中，太原组变化范围为5.79‰～44.61‰，平均为24.18‰；整个山2段、山$_2^3$亚段8.32‰～39.78‰，平均为18.45‰；山$_2^2$亚段为4.52‰～15.00‰，平均为9.74‰；山$_2^1$亚段为2.41‰～12.92‰，平均为9.46‰。其古盐度整体变化趋势为减小，说明山2段存在一个古盐度旋回性变化；整个山1段、山$_1^3$亚段为6.39‰～30.80‰，平均为10.63‰；山$_1^2$亚段为5.79‰～27.64‰，平均为10.30‰；山$_1^1$亚段为6.58‰～14.22‰，平均为9.52‰。显示山1段同样存在一个古盐度旋回性变化；下石盒子组为6.43‰～10.36‰，平均为7.85‰，其古盐度变化范围和平均值都不及前一时期，并与下伏地层存在一个古盐度突变面。

根据古盐度大于35‰为超咸水、25‰～35‰为咸水、10‰～25‰为半咸水、小于10‰为微咸水-淡水的标准（吕炳全和孙国志，1997），太原组—山西组水体以混合水为主，而下石盒子组水体则以微咸水-淡水为主。以现代海水正常盐度35‰作为参照，太原组与山$_2^3$亚段都存在海相证据的不争事实（最大值分别为44.61‰与39.78‰）。而值得一提的是，前人曾指出华北晚古生代陆表海介质为半咸水-咸水条件，并非完全归结于正常浅海沉积，具有淡化海水的性质（尚冠雄，1995；张鹏飞等，2001）。因此，山$_1^3$亚段与山$_1^2$亚段同样存在淡化海水影响的可能性（最大值分别为30.80‰与27.64‰）。上述特征说明，在海退背景下的山西期确实存在着间歇性的海侵，并发生与之相伴随的海湖沟通事件。该时期明显存在2个较大级次的海侵-海退旋回，且山1期的海侵规模较山2期有所减小，而从下石盒子期开始，海水整体退出鄂尔多斯盆地，进入了陆相湖盆的沉积演化阶段。

根据山西组不同地区不同层位古盐度的对比分析。整个山西组由南向北、自西向东显示古盐度总体减小的变化趋势（图4-14、图4-15），山2段的这种差异性相对山1段表现得更为明显，且山1段上部地层基本消失的同时，尤其是在各段的下部地层差异性较强，而上部地层则趋于均一。

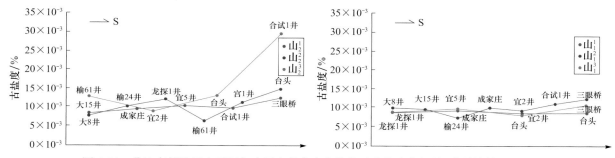

图4-14　盆地东部地区山西组各小层古盐度变化趋势（由北向南）（据陈洪德等，2011）

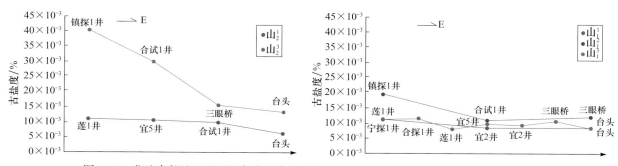

图4-15　盆地南部地区山西组各小层古盐度变化趋势（由西向东）（据陈洪德等，2011）

（二）Sr/Ba比值法

1. Sr/Ba比值法原理

Sr/Ba比值可作为古盐度判别的灵敏标志，是依据溶液中锶的迁移能力及其硫酸盐化合物的溶度远大于钡的地球化学性质。在自然界的水体中，锶和钡以重碳酸盐的形式出现，当水体矿化度即盐度逐渐加大时，钡以$BaSO_4$的形式首先沉淀，留在水体中的锶相对钡趋于富集。当水体的盐度加大到一定程度时，

锶亦以 $SrSO_4$ 的形式和递增的方式沉淀，因而记录在沉积物中的 Sr/Ba 比值与古盐度有明显的正相关关系。一般来说，淡水沉积物中 Sr/Ba 值小于 1（0.6～1.0 为半咸水相，小于 0.6 为微咸水相），而盐湖（海相）沉积物中 Sr/Ba 值大于 1。

2. 研究区 Sr/Ba 比值变化规律

对于鄂尔多斯中生代陆相地层的研究发现，大多数泥岩样的 Sr/Ba 为 0.54，由此可见，不同地区、不同时代的微量元素比值与盐度的对应界限并不相同，但是对于同一地区、相同地层微量元素比值的大小与盐度应具有相同的对应关系。以子洲地区为例，庞军刚等根据 B 元素的数据计算，判断该地区山西组平均盐度为 23.7‰，属海水沉积环境，而该地区榆 30 井 Sr/Ba 比值为：山$_2^3$ 为 1.084；山$_2^2$ 为 0.406；山$_2^1$ 为 0.220；榆 29 井山$_2^2$ 为 0.278，显然将 Sr/Ba 等于 0.4 作为淡水和混合水的界限是比较合理的。因此，本书所采用的标准为：Sr/Ba < 0.4 为陆相沉积；Sr/Ba 在 0.4～0.8 为海陆过渡相沉积；Sr/Ba > 0.8 为海相沉积。

依据上述对海相、陆相和过渡相的 Sr/Ba 划分标准，对研究区山西组不同层位的泥岩分析值分层统计，可以看出山 1 段所有泥岩样品、山$_2^1$、山$_2^2$ 中位于东北部泥岩样品的 Sr/Ba 绝大多数均小于 0.4，表明其大部分均为陆相沉积、过渡环境的产物；而山$_2^3$ 泥岩样品的 Sr/Ba 则变化范围较大，在三种取值范围均有出现，同时在有的样品中还出现同一层位不同部位比值上的波动，这种比值变化的特征表明了沉积环境的多样性和变化性，但大部分投点均位于过渡区（图 4-16）。

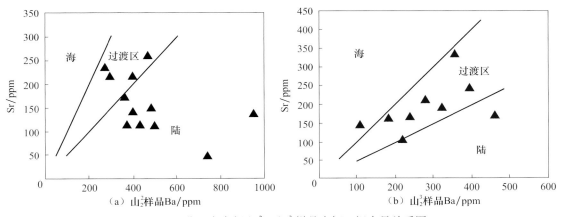

图 4-16　盆地东南部山$_2^2$、山$_2^3$ 样品中锶、钡含量关系图

从山$_2^3$ 泥岩样品 Sr/Ba 可以明显地看出，三个野外剖面的 Sr/Ba 也表现出由北向南比值增大的变化趋势（图 4-17），盆地钻井中，从西北向东南，Sr/Ba 逐渐增大（图 4-18），表明了沉积环境由陆相向过渡相再向海相转化的过程。同样也反映出沉积环境由北向南出现陆相向海相变化的特征。总的来看，研究区东南部山$_2^3$ 段 Sr/Ba 比值大多数在 0.4～0.8，有些甚至大于 1。这证明鄂尔多斯盆地东南部山$_2^3$ 段的确有海相地层存在或至少有海水的作用，且盆地东南部山$_2^3$ 段比山$_2^2$ 段海相性更强，证明山西期鄂尔多斯盆地是一个多期海退的沉积过程。

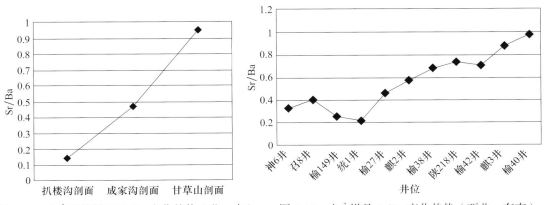

图 4-17　山$_2^3$ 野外剖面 Sr/Ba 变化趋势（北—南）　　图 4-18　山$_2^3$ 样品 Sr/Ba 变化趋势（西北—东南）

（三）Ba、Ga、Rb 三元素含量关系图解法

在黏土矿物结晶格架中的 B、Ga、Rb 三元素，随着沉积环境的不同，从淡水区向海水区，它们之间的相对含量发生有规律的变化。岛田等据此作出了这三种元素含量关系指示环境图。严钦尚等（1979）又曾将已知相的样品分析结果进行投点。发现通过此法得出的结论与实际相吻合，故用此法来作为环境分析的依据是可靠的（叶黎明等，2008）。

通过对泥岩样品中该类元素的分析结果进行投点（图4-19），发现山西组各层段均有投点数据明显位于海相沉积区，再次说明该时期有受海水影响的鲜明痕迹；而下石盒子组底部则有部分投点数据位于过渡相区，其原因可能是气候干热导致浅湖相区因蒸发量较大而局部咸化。上述表征随着沉积环境的变迁，山2段—山1段—下石盒子组底部，整体显示由海相逐渐向过渡相，最终演化为陆相的变化。

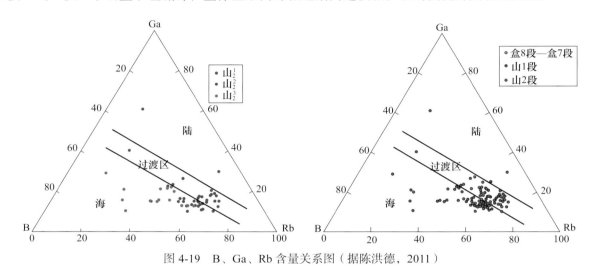

图 4-19　B、Ga、Rb 含量关系图（据陈洪德，2011）

第三节　沉积体系划分

盆地东南部上古生界本溪组—盒8段沉积体系发育齐全，根据岩石沉积组构、剖面序列等可划分为3种沉积体系。其中本溪组主要为陆源碎屑障壁海岸沉积体系，山西组发育海陆过渡-曲流河三角洲沉积体系，以曲流河三角洲前缘沉积为主；盒8段为陆相辫状河三角洲沉积体系，主要以辫状河三角洲前缘为主，并伴有少部分三角洲平原沉积（表4-3）。

表4-3　研究区上古生界沉积体系分类表

沉积体系	亚相	微相	主要分布层位
辫状河三角洲沉积体系	辫状河三角洲平原	水道、心滩、漫溢砂、泛滥泥	盒8段
	辫状河三角洲前缘	水下分流河道、水下分流间湾、水下漫溢砂、前缘河口坝	
	前辫状河三角洲		
海陆过渡-曲流河三角洲沉积体系	曲流河三角洲前缘	水下分流河道、水下分流间湾、水下漫溢砂、前缘河口坝	山西组
	前三角洲		
障壁海岸沉积体系	潮坪	砂坪、泥坪、混合坪	本溪组
	障壁-潟湖	障壁岛、潟湖	
	滨浅海	滨浅海	

一、障壁海岸沉积体系

该沉积体系在本溪组比较发育，区域上大致包括三个相带：潮坪、潟湖及障壁岛，并在其间发育潮沟、潮道及潮汐三角洲沉积。研究区自早奥陶世整体抬升，从而长期遭受风化剥蚀，至晚石炭世本溪期又开始缓慢下沉接受沉积，形成浅海泥质陆棚沉积和障壁海岸沉积；其中障壁海岸沉积发育在志丹—延长—清涧一带，形成潟湖 - 障壁岛沉积及潮坪沉积；至早二叠世太原期，海侵范围进一步扩大，形成浅海陆棚沉积和潮坪沉积。

（一）障壁 - 潟湖沉积

该沉积体系大致平行海岸线呈北北东向展布，至研究区南部转为北北西向，整体呈向东南方向开口的岸线形态。在漫长的地质年代中，障壁岛随着海平面的升降往返迁移摆动，垂向上形成障壁岛与潟湖或潟湖沼泽的交叉、重叠。潟湖沉积在研究区分布较广，是本溪组的主要沉积相类型之一（图 4-20）。

1. 障壁岛

研究区的障壁岛沉积物主要为灰白色、浅灰色细砂岩，中砂岩、粗砂岩次之，可含少量含砾粗砂岩。砂岩成分以石英为主，长石、岩屑次之，含少量暗色矿物及云母片，分选好 - 中等，颗粒圆 - 次圆状，泥质胶结为主，较疏松。砂岩发育浪成波痕、波状层理、沙纹层理及低角度交错层理。砂岩粒序变化不明显，一般呈反粒序，与下伏泥岩过渡接触。

2. 潟湖

在研究区的本溪组、太原组，潟湖沉积分布广泛，为一平行岸线的浅水盆地，与浅海陆棚以障壁岛相隔，又常以潮道与浅海陆棚相连。沉积物以灰黑色、深灰色泥岩、炭质泥岩和煤层为主，夹少量薄层粉砂岩、泥质粉砂岩或细砂岩，局部地区夹薄层灰岩。泥质岩类见较多植物化石及黄铁矿，泥岩质较纯；煤层结晶较好，解理发育。灰岩中可见蜓类、棘皮类、介形虫类、有孔虫、腕足类、苔藓虫、海百合等生物组合；化石种属单调，广盐性生物和窄盐性生物共生，个体较小，保存完好，常见水平状生物潜穴遗迹化石。主要发育水平层理、透镜状层理、小型交错层理等。相序上，潟湖与障壁岛密切共生，构成相互叠置的演化序列。

潟湖沉积因岩石类型以泥质岩为主，自然伽马曲线总体以高幅值为主；但在薄层砂岩、煤层等井段，自然伽马值为中、低幅的峰状，尤其在灰岩段自然伽马曲线呈现低幅峰状。

（二）潮坪沉积

潮坪也是研究区本溪组、太原组的主要沉积类型之一。由于鄂尔多斯地区是华北稳定克拉通盆地的一部分，其结晶基底稳定，地形平坦，在晚石炭世至早二叠世形成平坦宽阔的陆表海，水体又浅，因此微弱的地壳升降运动或冰川的消长都会使海平面产生显著变化，因此产生了大范围的潮坪沉积。本溪组的潮坪沉积主要发育在研究区西部，其中以碎屑岩潮坪最为发育。太原组的潮坪沉积在研究区西南、西北及北部地区较为发育，南部以碳酸盐潮坪为主，北部则为碎屑岩潮坪和碳酸盐潮坪的混合沉积；研究区中部以泥坪、泥灰坪等为主。

二、海陆过渡 – 曲流河三角洲沉积体系

该沉积体系主要发育于早二叠世山西期，其中海陆过渡体系包括滨浅海和三角洲沉积。

（一）滨浅海沉积体系

滨浅海是指三角洲以外的滨岸带，本区为地形平缓的泥质海岸，常发育泥滩；安静的浅海沉积内水动力弱，岩性以粉砂质泥岩、泥质粉砂岩为主，偶夹薄层海滩砂及粉砂岩透镜体；沉积构造则常见水平纹层、透镜状层理等。

细粒砂质沉积为主的滨浅海沉积序列，电性特征为低伽马；中幅指状、中幅尖峰状、高幅尖峰状伽马曲线则反映出典型的薄层砂岩 - 粉砂岩沉积；滨浅海沉积发育的大段泥岩沉积则具有低幅近平行于基线或低幅锯齿状伽马曲线特征。

（二）曲流河三角洲沉积体系

研究区山西组仅发育曲流河三角洲沉积体系，大范围处于水下环境中，三角洲平原亚相不发育。

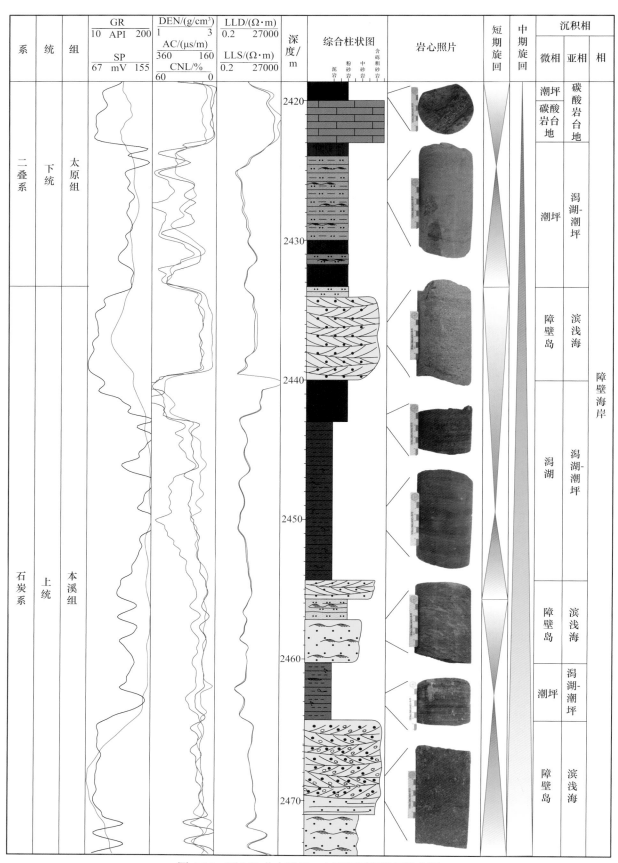

图 4-20　延 259 井本溪组 - 太原组沉积微相综合图

1. 三角洲前缘亚相

三角洲前缘亚相，作为三角洲沉积的主体组成部分，是三角洲分流河道进入海盆内的水下沉积，主要包括水下分流河道、水下分流间湾、水下漫溢砂、前缘河口坝等微相（图 4-21、图 4-22）。

（1）水下分流河道微相：水下分流河道是三角洲前缘的主体，与三角洲平原分流河道有着继承性；由于水下河流受海水阻滞，能量降低，携带的沉积物较水上分流河道粒级细、颜色深。研究区内水下分流河道沉积的岩性主要为含砾中砂岩、细砂岩。以岩屑砂岩为主，岩屑石英砂岩次之；多见冲刷面、板状交错层理、槽状交错层理、平行层理及波状层理等沉积构造。

剖面形态上，三角洲前缘水下分流河道砂体呈上平下凸的透镜体，而平面上则呈朵状或鸟足状向海盆内伸展。高幅自然伽马是水下分流河道最典型的电性特征，可见箱形、钟形。

（2）水下分流间湾微相：水下分流河道之间与海水相通的低洼地区即为水下分流间湾。由于水下分流河道的改道和不同期次沉积的叠加，分流间湾沉积在单井剖面上与水下分流河道密切共生、反复叠置。水下分流间湾的岩性为泥岩、粉砂质泥岩，可见水平层理和透镜状层理，电性特征为低幅齿状自然伽马曲线。

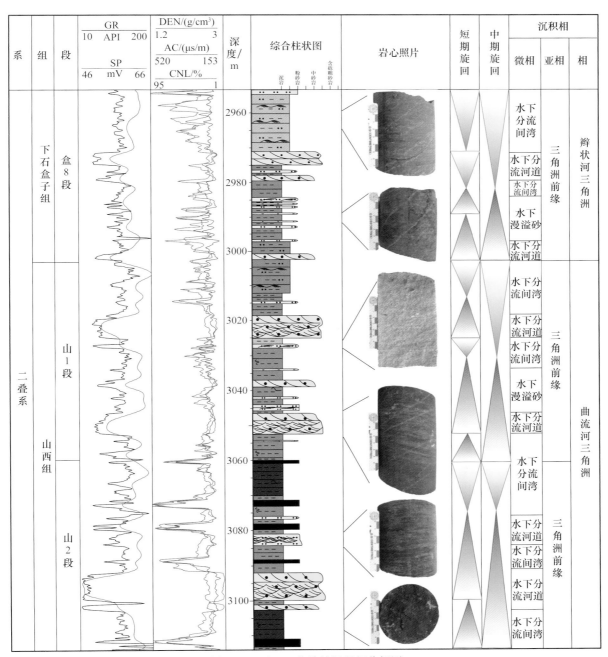

图 4-21　延 356 井单井沉积相分析图

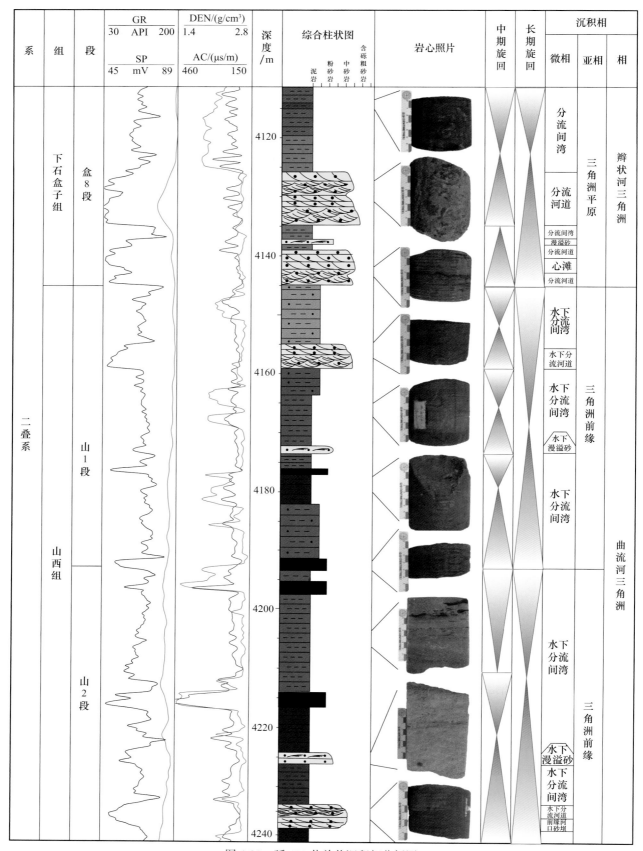

图 4-22　延 401 井单井沉积相分析图

（3）水下漫溢砂微相：是由水下分流河道漫溢发育而成，沿河道侧向宽缓铺开形成。特点是：无韵律、大多呈泥包砂的特点，发育水平层理，测井曲线上表现为中等幅值的尖峰状或指状。

（4）前缘河口砂坝微相：是河道入水后由于流速降低造成携带的碎屑物质沉积而成。

2. 前三角洲亚相

前三角洲与浅海泥岩呈过渡关系，二者很难区分。细粒沉积为主，深灰 - 黑色泥岩及粉砂质泥岩为主要岩性类型，偶见炭屑。水动力条件较弱，水平层理与纹层发育。其与水下分流河道及前缘席状砂呈互层产出，电性特征为近平直或弱齿状的泥岩基线。

三、辫状河三角洲沉积体系

早二叠世晚期至中二叠世早期，西伯利亚板块持续向南俯冲挤压，兴蒙海槽的关闭，加剧了盆地北隆南倾构造格局。这一构造上的巨大变化，造成了盆地北部的坡度增大，北部短时期内强物源供给使中二叠世盒 8 期盆内主要发育辫状河三角洲沉积。在研究区内西北部定边—靖边—子洲一带发育小范围的辫状河三角洲平原沉积，以南主要为辫状河三角洲前缘沉积。

1. 辫状河三角洲平原

岸线略呈北北东方向，沿定边—靖边—子洲一带延伸。河道充填以砾岩、砂岩为主，常见砾岩。横向砂坝或纵向砂坝相互叠置形成分布广泛、组成均一的地层单元，辫状河三角洲平原沉积物表现出河流体系的高河道化特征，具有高持续性的水流和侧向连续性较好的砂体（图 4-22）。

（1）分流河道：河道沉积在研究区内仅见于西北部，出现红色泥岩，剖面上呈顶平底凸的透镜状，底部见冲刷面，整体为正粒序，向上层理规模变小，反映了水动力逐渐减弱的过程。

（2）心滩：岩性相对较粗，单层厚度 0.2～5m 不等，充填沉积物从下向上粒度变细，是河道侧向迁移形成，见大型板状 - 槽状交错层理。

（3）漫溢砂：主要发育在水道两侧，以薄层状的灰色粉砂岩为主，成因是水体在洪水期漫越河道形成。

（4）分流间湾：发育于水道间的积水洼地，岩性为灰色粉砂岩、泥岩，局部地区被植被覆盖，发展为沼泽环境。

2. 辫状河三角洲前缘

盒 8 期沉积以辫状河三角洲前缘为主。沉积微相则以水下分流河道及水下分流间湾为主（图 4-21）。

（1）水下分流河道：该类沉积为富砂沉积微相，以灰白色、浅灰绿色含砾不等粒砂岩、粗砂岩为主，少见薄层细砂岩，单砂层厚 3～5m；发育大量的沉积构造，由下至上依次为冲刷面、大中型槽状交错层理、板状交错层理及平行层理。水下分流河道整体为正粒序，具有向上粒度变细，颜色变浅的特征。典型特征为中 - 高幅，箱形或钟形为主（图 4-22）。盒 8 期为南北物源向中部推进控制下的辫状河三角洲前缘沉积，南北河道在研究区内分叉、汇合交错发育，无法清晰地辨识出扇状或朵叶状，造成辫状河三角洲前缘发育广泛连片的叠合砂体。

（2）水下分流间湾：主要以灰色、灰绿色的细粒泥质沉积为主，自然伽马曲线为低幅微齿状。沉积构造主要发育块状层理、小型交错层理及波状层理等。

（3）水下漫溢砂：分布在水下分流河道两侧，韵律特征不明显，以泥包砂为主要特征，可见水平层理，测井曲线具有中幅指状或尖峰状的形态特征。

（4）前缘河口砂坝微相：在盒 8 期的岸线附近偶见，是河道入水后由于流速降低造成携带的碎屑物质沉积而成。自然伽马呈纺锤状或漏斗状，反韵律，多见板状交错层理。

3. 前三角洲亚相

多为深灰黑色 - 灰色厚层细粒泥质沉积，测井曲线呈低幅近平直的泥岩基线。

第四节　三级层序沉积体系展布特征

基于不同物源区的控制作用及影响范围，在单井沉积微相划分和连井沉积相对比的基础上，利用大量岩心及测井资料作为证据，并综合古地貌特征、沉积参数分布特征，对盆地东南部本溪组、山 2 段、山 1 段及盒 8 段的沉积体系平面展布格局进行研究。

一、Cb-Sq1 沉积体系展布与障壁的形成

该层序对应本溪期沉积，主要发育海岸沉积体系的障壁岛 - 潟湖及潮坪沉积。障壁岛沉积砂体是本溪组的主要沉积砂体。通常障壁岛基本平行于海岸线分布，而在本溪组沉积时期，海侵主要来自东南部，（郭英海等，1999；屈红军等，2011），从地层分布上也可看出本溪组的地层厚度东厚西薄，而南北方向变化不大，南部地层略厚于北部，表明本溪组沉积时期基底地形为西高东低，北高南低。因此本溪组的障壁岛展布主要为北北东方向。

障壁岛沉积分期特点明显，且本 2 时期障壁岛要较本 1 时期更为发育。这是因为本 2 沉积时期海侵还未具规模，碎屑物质供给相对充分，砂体沉积厚度及平面展布规模都大于本 1 段（图 4-23、图 4-24），砂体呈近连片条带状分布。而进入本 1 时期海水继续向盆地内部推进，碎屑物质供给受阻，砂体沉积范围相对局限，砂体多为孤立状。

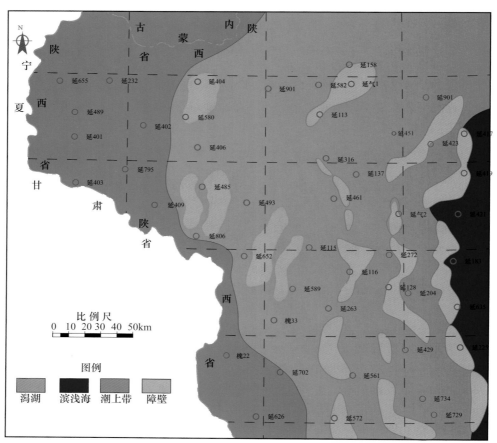

图 4-23　鄂尔多斯盆地东南部本 2 段沉积相展布平面图

二、P₁sh-Sq1（山 2 期）沉积体系展布与低位前积楔的形成

早二叠世晚期华北地块整体抬升，南北差异逐渐增强，成为当时的鄂尔多斯盆地的特征。同时，由于在石炭系控制沉积格局的中央古隆起被沉积物所覆盖，致使盆内沉积格局的东西差异消失，另一方面，相带分异在南北向上逐渐明显。整个鄂尔多斯盆地及邻区在此之后进入了海陆过渡沉积的全新演化阶段。盆地的沉降中心转移为吴起、延长地区，北部及南部的物源通过水道对沉降中心不断供源。在研究区内，供源渠道主要为水下分流河道，沉积中心发育滨浅海沉积，在远离沉积中心的区域则发育曲流河三角洲沉积。

从含砂率来看，山 2 时期 10%～20% 的范围峰值最高，研究区南北分异极其明显，北部的大多数高于南部。沉积微相平面展布上北部的水下分流河道较南部发育；北部的三角洲分为两支主要的朵体，从北向南延伸。西北部的朵体包含两支主要的水下分流河道砂体带，主要分布于吴起以北地区（图 4-25）。位

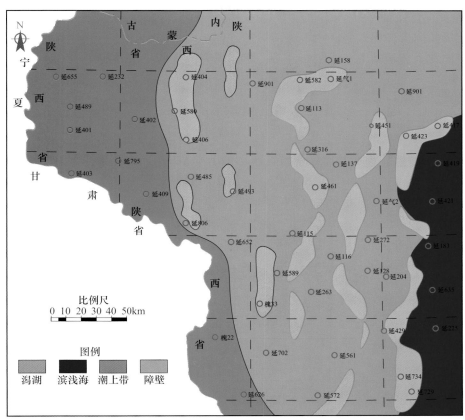

图 4-24　鄂尔多斯盆地东南部本 1 段沉积相展布平面图

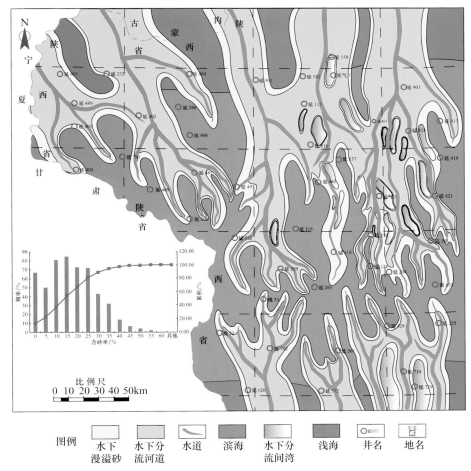

图 4-25　鄂尔多斯盆地东南部山 2 段沉积微相平面展布图

于东北部 - 中部的三角洲为研究区内山 2 段主力的砂体发育带，包括两支水下分流河道带，在研究区内鸟足状特征明显，反映河流作用较强，水下分流河道砂体向南延伸至甘泉一带。南部三角洲规模较小，两个较小的河道带向北延伸至黄龙、洛川、富县一带。研究区内的三角洲前缘水下分流河道微相为有利储层的优势相。

三、P₁-Sq2（山 1 期）曲流河三角洲沉积体系的展布

与山 2 期相比，山 1 期的含砂率值分布范围整体右移，最大峰值集中在 15%～20%，平面上条带状分布明显（图 4-26）。整体上，该期北部三角洲呈东北、北两个方向向中部延伸，而南部呈南、西南两个方向向中部延伸。由于南北物源供给的持续增加，与山 2 期沉积格局相比较，该期南北两向的三角洲水下分流河道均不断向前推移，其中，东北部的三角洲与南部的三角洲已部分交汇于甘泉—宜川一带，中部仍残留滨浅海亚相。西部三角洲向南进积十分明显，延伸至志丹以南的大片面积。由于物源的交汇，南部及北部同一主力物源方向的分异作用在平面上的控制作用减弱。

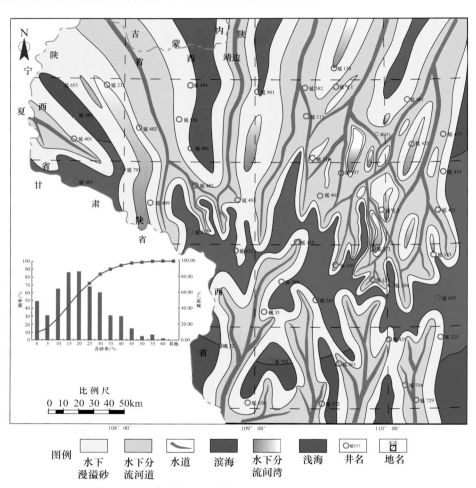

图 4-26　鄂尔多斯盆地东南部山 1 段沉积相平面展布图

四、P₂sh-Sq3（盒 8 期）辫状河三角洲沉积体系的展布

与山 1 期比较，盒 8 期的含砂率出现急剧增加的现象，峰值整体强烈右移，以 30% 的百分比段分布最多，强物源供给在含砂率上反映十分明显，砂体平面上连片分布。含砂率高值分布，单条带效应减弱（图 4-27）。在研究区内，物源从南北两个方向不断供给，研究区的西北部见小面积的辫状河三角洲平原沉积，其余为辫状河三角洲前缘沉积（图 4-27）。较山 1 期，该期三角洲规模不断加大，南北三角洲朵体在中部完全混源，水下分流河道发育，并在北部三角洲岸线以南沿线发育少量的河口坝，水下分流河道与河口坝为该层段有利储层发育优势相。

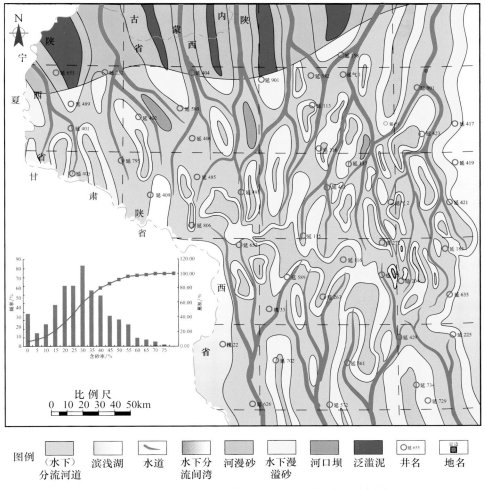

图 4-27　鄂尔多斯盆地东南部盒 8 段沉积相平面展布图

第五节　沉积演化模式

沉积盆地的演化过程是区域和局部构造演化的沉积响应，也是在区域和局部的不同构造环境下沉积盆地的充填过程。受构造沉降、海平面变化、沉积物供给影响，晚古生代鄂尔多斯盆地沉积相及其组合类型多样化，多种沉积体系共存。除西缘晚石炭世早期为活动背景下的海湾沉积外，盆地充填主要形成于陆表海背景，碎屑堡岛 - 陆表海碳酸盐台地 - 浅水三角洲复合沉积体系是上古生界重要的古地理格局。

一、晚石炭世本溪期

晚石炭世，受区域构造背景、基底沉降和盆缘断裂控制，区域古地理格局以中央古隆起为界分为东西两个海域，裂陷海湾与陆表海浅陷共存，古地形南隆北倾，沉积相呈东西向相分异。

晚石炭世早期，西缘地区裂陷下沉形成一向西南开口的喇叭状海湾，水动力条件以潮汐水流为主，潮汐沉积发育，盆地充填类型以发育小型扇三角洲、潮坪和薄层障壁岛砂岩及厚层潟湖海湾相泥岩为特征，边缘扇三角洲沉积发育。

随地台整体沉降，海水从东、西两侧侵入本区，以中央古隆起为界分为东西两个海域（图 4-28、图4-29）。西部祁连海域向地台超覆，向东扩展至环县石板沟—乌海卡布其地区，北缘扇三角洲持续发育，障壁岛分布在银川以东地区，潮坪展布于中部地区，其他地区为潟湖浅海占据。中央古隆起以东地区同步下沉，形成向东开口的受限陆表海，在古风化壳之上形成了一套陆表海碳酸盐台地 - 碎屑堡岛 - 浅水扇三角洲复合体系沉积，扇三角洲展布在东北缘的东胜地区，障壁岛分布于东部延长—延川—宜川地区，中央古隆起两侧主要为潮坪沉积。

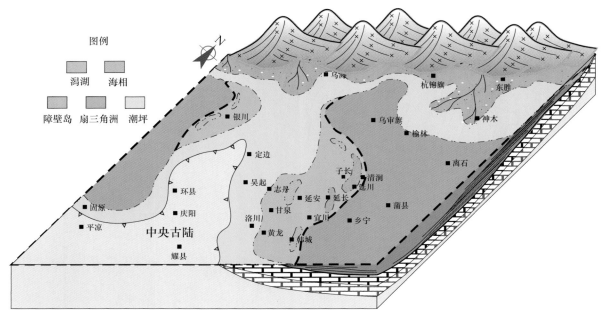

图 4-28　鄂尔多斯盆地晚石炭世本溪组 2 段沉积模式

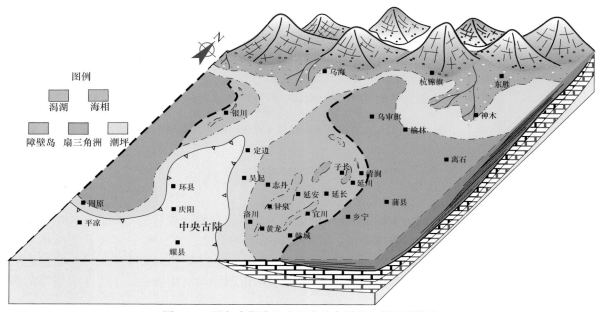

图 4-29　鄂尔多斯盆地晚石炭世本溪组 1 段沉积模式

二、早二叠世太原期

太原组早期，盆地总体为北高南低，自北往南发育冲积扇、扇三角洲和陆表海碳酸盐台地。此时中央古隆起为潮上带占据，但东西宽度比本 1 期窄。在中东部地区（临县—吴堡—延川—安塞—吉县地区），以滨岸和浅水陆棚环境的微晶灰岩、生物碎屑灰岩和煤层沉积为主，沉积速率低、补偿慢，沉积厚度较小、潮汐发育。在东部地区，碎屑海岸沉积较为典型，即由海向陆依次为浅海陆棚沉积、障壁岛 - 潟湖沉积、三角洲沉积。太原期末，发生区域性海退，为之后的山西期河流 - 三角洲发育提供了古地理基础。研究区太原组主体发育一套碳酸盐岩沉积，多数夹少量泥质成分，纯度不及奥陶系碳酸盐岩，部分形成泥灰岩。研究区东部的延 110 井发育浅海陆棚沉积，至西部延 113 井～延 112 井一线转为潮坪（灰坪）沉积。

三、早二叠世山西期

早二叠世晚期，受海西构造活动影响，华北地台北缘逐渐抬升，南北差异升降显著。西缘裂陷经羊虎沟期和太原期的填平补齐，以渐变形式结束，中央古隆起亦被沉积物覆盖全区成为统一拗陷。沉积格局的东西差异完全消失，南北差异和相带分异增强。盆地北部明显抬升，海水向两侧（南及东南）撤退，研究区进入了海陆交互的全新演化阶段。由于盆地北部兴蒙海槽的关闭并隆起及西缘贺兰拗拉槽完全停止活动并填平补齐，陆地面积扩大，为盆地充填提供了丰富的物源及广阔的沉积物容纳空间。总体沉积面貌为：以吴起、富县、宜川、延长地区为盆地沉降中心，发育滨浅海沉积，周缘滨海区则以三角洲沉积为特征（图4-30、图4-31）。

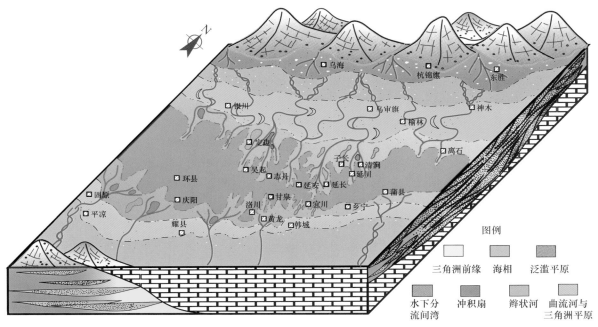

图 4-30　鄂尔多斯盆地早二叠世山 2 段沉积模式

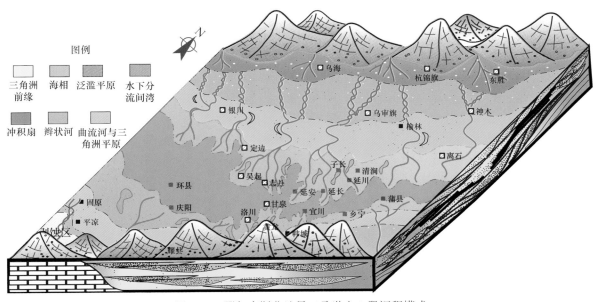

图 4-31　鄂尔多斯盆地早二叠世山 1 段沉积模式

研究区山西组沉积环境为三角洲与滨浅海共存，沉积格局已完全由本溪组和太原组的东西分异转为南北分异。垂向上以三角洲前缘水下分流河道与水下分流间湾（滨浅海）相互叠加为主，其中下部含较多间湾沼泽相煤。由于山西期整体处于滨浅海环境，沉积主体为水下还原环境的三角洲沉积，砂体颜色较深，其中山 2 段、山 1 段底部常发育一套分布较稳定的砂体，成为主要储集层。

早二叠世山西组时期适宜的古气候、古地理条件，在河流岸后边缘沼泽及三角洲体系各部位的泥炭沼泽环境中形成了区域分布广泛的煤层，与石炭系煤层一起构成上古生界的主要气源岩。

四、中二叠世石盒子组盒 8 段时期

中二叠世时期古地理承袭了早二叠世晚期的基本格局，古气候向半干旱 - 干旱转变，聚煤作用不复再现。海水撤出研究区，盆地南北向差异沉降幅度加大，北部源区进一步抬升，陆源碎屑供给充足，形成了一套巨厚的陆源碎屑岩沉积建造。

三角洲沉积体系进一步扩展，其中盒 8 段主要为冲积扇 - 辫状河 - 辫状河三角洲沉积格局（图 4-32），南北两大物源控制的三角洲体系汇聚一起，砂体连片发育，厚度大，分布较为广泛；其中河道砂体分布在北部地区，冲积扇砂体自北而南展布于北缘杭锦旗地区。

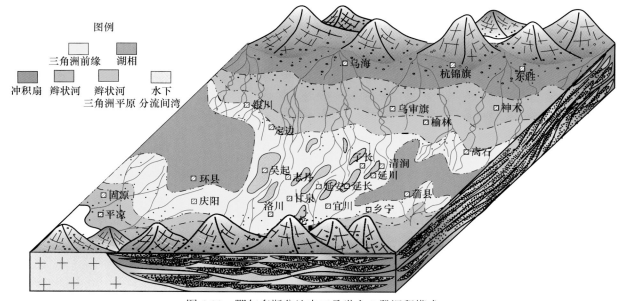

图 4-32　鄂尔多斯盆地中二叠世盒 8 段沉积模式

第五章 储层特征与成岩演化

储层地质研究的核心问题是储层孔隙的形成与演化，储层形成受沉积作用和成岩作用的双重控制，沉积作用是形成储层的基础，直接控制着储层形状、大小和分布规律，成岩作用则是影响储层质量的关键因素。成岩作用概念应用于沉积学中始于 1894 年（Walther，1984），是指碎屑沉积物在沉积到变质作用发生之前，这一漫长阶段所发生的各种物理、化学及生物化学变化，而不仅仅指沉积物的石化和固结作用，即研究储层中储集空间的形成和演化。初期成岩作用并未受到地质学界的重视，从 20 世纪中期开始，由于世界性能源的出现和对深部次生孔隙带的发现和认识，促使石油地质学家和沉积学家对成岩作用进行广泛而深入的研究，并重新评价油气地质演化过程和油气储层储集的形成和演化历史。

第一节 储层岩石学特征

储层岩石学特征是储层成岩作用研究的重要内容之一，它是控制储层成岩作用的内在因素。岩石作为成岩作用的对象，其组分和结构必然会对成岩作用的类型和强度产生重要影响，直接控制着原生孔隙的保存、次生孔隙的发育、胶结强度及孔隙结构，从而对储层的储集性能产生间接的影响（朱国华，1985）。本书以砂岩的组分和结构特征为核心，采用岩石薄片、扫描电镜、X 衍射等观察分析手段，主要阐述砂岩的岩石类型、矿物颗粒、填隙物、粒度、分选性、磨圆度、接触关系、支撑类型、胶结类型等特征。

一、岩石类型

通过鄂尔多斯盆地东南部本溪组—盒 8 段储层砂岩分类三角图可以看出，盆地东南部上古生界砂岩绝大部分数据点都集中在 QR 线段上，但各目的层段岩石类型有所差异。其中本溪组砂岩岩石类型主要为石英砂岩、岩屑质石英砂岩，总体石英含量较高，具有高石英、低岩屑、低长石的特征；山西组砂岩石类型主要为岩屑质石英砂岩、岩屑砂岩；盒 8 段砂岩岩石类型主要为岩屑质石英砂岩和岩屑砂岩，石英含量低（图 5-1）。

二、组分构成

砂岩的组分是指砂岩的物质组成，包括碎屑颗粒和填隙物，其中碎屑颗粒是主体，填隙物是补充，碎屑成分包括陆源矿物碎屑（石英、长石）和岩石碎屑（岩屑），填隙物根据其性质与成因的不同，进一步划分为杂基和胶结物，其性质主要由碎屑组分的性质决定的。

（一）碎屑颗粒

1. 本溪组

石英是沉积岩中除重矿物外最稳定的矿物，随着搬运距离的增加，其相对含量呈上升的趋势，因此石英是反映砂岩成分成熟度的重要矿物之一。岩屑是母岩岩石的碎块，是保持母岩结构的矿物集合体。因此岩屑是提供沉积物来源区岩石类型的直接标志。一般随着搬运距离的增加，其相对含量呈下降的趋势，因此岩屑也是反映砂岩成分成熟度的重要组分之一，岩屑含量高，成熟度低，反映沉积时期物源较近，沉积物未经长距离搬运。一般长石的稳定性次于石英，好于岩屑，也是反映砂岩成分成熟度的重要矿物之一（于兴河，2008）。

本溪组岩石类型主要为灰色细砂岩、中 - 粗砂岩，少量砾岩；整体以石英砂岩为主，岩石碎屑颗粒中石英含量较高。

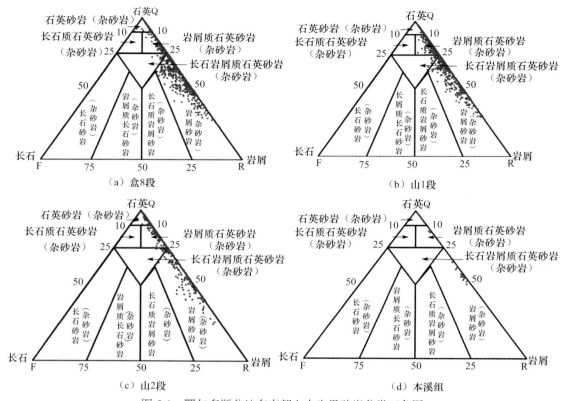

图 5-1　鄂尔多斯盆地东南部上古生界砂岩分类三角图

本溪组石英含量平均为 84.4%，岩屑含量平均为 15.1%，长石含量平均为 0.5%。以中 - 粗粒为主，含细粒，少量细砾岩，粒径主要为 0.43～1.0mm，分选较差，磨圆以次圆状为主、次为次棱状，颗粒支撑，接触方式凹凸 - 镶嵌接触为主，次为点 - 线接触（表 5-1）。

2. 山 2 段

石英含量平均为 79.9%，岩屑含量平均为 19.4%，长石含量平均为 0.7%。以中 - 粗粒为主，含细粒，粒径主要为 0.29～0.6mm，分选中 - 好，磨圆以次棱、次圆状为主，颗粒支撑为主，偶见杂基支撑，接触方式凹凸接触为主，次为点状、镶嵌状（表 5-1、表 5-2）。

3. 山 1 段

石英含量平均为 72.4%，岩屑含量平均为 26.5%，长石含量平均为 1.1%。以中粒为主，少量粗粒、细粒，粒径主要为 0.26～0.52mm，分选中 - 好，磨圆以次棱、次圆、次棱 - 次圆状为主，颗粒支撑为主，偶见杂基支撑，接触方式凹凸接触为主，次为点状、线状接触（表 5-1、表 5-2）。

4. 盒 8 段

石英含量平均为 71.4%，岩屑含量平均为 27.2%，长石含量平均为 1.4%。以中粒为主，含粗粒、细粒，粒径主要为 0.28～0.6mm，分选中 - 好，磨圆以次棱为主，次为次棱 - 次圆状，颗粒支撑为主，偶见杂基支撑，接触方式为凹凸接触为主，次为点状、线状接触（表 5-1、表 5-2）。

（二）填隙物

填隙物是指充填于碎屑颗粒之间的物质，包括杂基和胶结物。杂基是指与碎屑颗粒同时沉积的较细粒物质，它是机械沉积成因，其粒级以泥质为主，可包括一些粉细砂。最常见的杂基成分是高岭石、水云母、绿泥石等黏土矿物。胶结物是指沉积—同生期或成岩后生期由孔隙水中沉淀出来的化学胶结物，它是化学沉淀成因，充填于碎屑颗粒之间的孔隙内，对碎屑颗粒起胶结作用，根据胶结物的成分可分为碳酸盐、硅质和铁质胶结等（冯增昭等，1994）。

本溪组砂岩的填隙物含量平均为 12.6%；杂基含量较低；胶结物中主要为硅质、铁白云石、铁方解石，少量菱铁矿，偶见磁铁矿。山西组山 2 段砂岩的填隙物含量平均 15.3%，含量相对较高；山 1 段砂岩的填隙物含量平均为 13.7%。山西组杂基成分主要以高岭石、水云母为主，少量绿泥石，少量炭屑；胶结物中以硅质、碳酸盐占多数，主要为方解石、白云石、铁方解石；硅质中石英为主，可见石英加大。盒 8

表 5-1 鄂尔多斯盆地东南部石炭—二叠系岩石学类型及岩石学特征一览表

| 组/段 | 主要岩石类型 | 粒度 | 碎屑组分含量/% | | | 填隙物含量% | 填隙物类型与成分 | | 粒径/mm | 结构特征 | | | | 胶结类型 |
			Q	F	R		杂基	胶结物		分选性	磨圆度	支撑类型	接触方式	
盒8段	主要为岩屑砂岩、岩屑质石英砂岩,少见石英砂岩	中粒为主,含粗粒、细粒	74.1	27.2	1.4	13	以高岭石、水云母、绿泥岩为主,少量凝灰岩	以铁质、铁白云石为主,少量菱铁矿、铁方解石	0.28~0.6	中-好	次棱为主,其次为次棱-次圆	颗粒支撑为主,偶见杂基支撑	凹凸状接触为主,其次为点-线状接触	主要为孔隙式,次为再生孔隙式,偶见基底式
山1段	石英砂岩、岩屑质石英砂岩、岩屑砂岩	中粒为主,少量粗粒、细粒	72.4	26.5	1.1	13.7	以水云母、高岭石为主,含绿泥石	以硅质、铁白云石为主,方解石、少量菱铁矿	0.26~0.52	中-好	次棱、次圆,次为次圆	颗粒支撑为主,偶见杂基支撑	凹凸状接触为主,其次为点-线状接触	主要为孔隙式,次为再生孔隙式,偶见孔隙加大式
山2段	石英砂岩、岩屑质石英砂岩,少量石英砂岩	中-粗粒为主,含细粒	79.9	19.4	0.7	15.3	以高岭石、水云母为主,少量绿泥石、凝灰岩	以硅质、铁白云石为主,少量凝铁矿、偶见铁方解石	0.29~0.6	中-好	次棱、次圆	颗粒支撑为主,偶见杂基支撑	凹凸状接触为主,其次为点-线状接触	主要为孔隙式,次为再生孔隙式,见孔隙加大式
本溪组	石英砂岩、岩屑质石英砂岩	中-粗粒为主,少量细粒	84.4	15.1	0.5	12.6	以高岭石、水云母为主,少量绿泥石	以硅质、铁白云石为主,方解石、偶见磁铁矿	0.43~1.0	差-中	次圆状为主,其次为次棱状	颗粒支撑	凹凸状接触为主,其次为点-线状接触	孔隙式,再生孔隙式

表 5-2 鄂尔多斯盆地东南部上古生界各层段储层结构特征

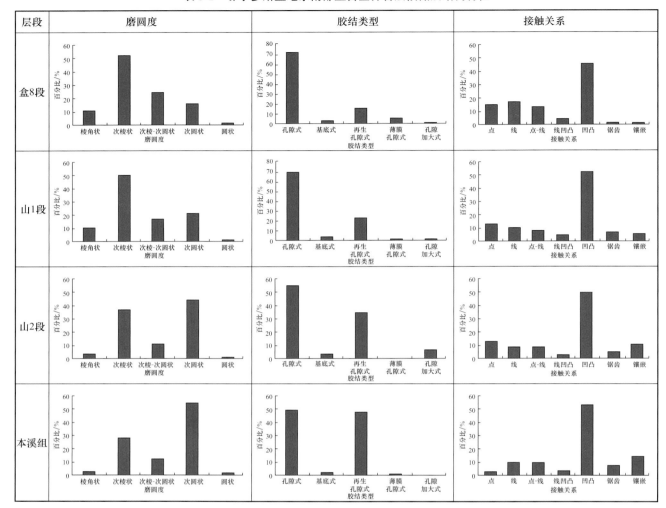

段砂岩的填隙物含量平均为 13.0%；杂基成分主要为高岭石和水云母，少量绿泥石；胶结物中以硅质、铁白云石为主，少量菱铁矿、铁方解石（表 5-1）。

三、结构特征

碎屑岩的结构特征是指碎屑颗粒的大小、分选和磨圆程度，以及它们之间的关系。鄂尔多斯盆地东南部上古生界主力产层段（本溪组、山西组、盒 8 段）储层总体以孔隙式与再生孔隙式胶结为主，且不同层段，二者比例有所不同，其中山 1 段再生孔隙比例最高，其总贡献率近 70%，而本溪组孔隙式胶结比例最低，不足 50%。磨圆碎屑颗粒磨圆度一般介于次棱角状—次圆状，本溪组碎屑颗粒磨圆度最高，次圆状所占比例近 55%，而盒 8 段中，次棱角状颗粒占主体，其贡献率超过 50%；碎屑颗粒之间整体以凹凸接触为主，其次为线接触、镶嵌接触等，指示上古生界储层砂岩经历了强烈的压实作用改造。

第二节 储层微观特征和物性特征

储层微观特征和物性特征是油气储层研究的重要基础内容，储层微观特征包括储集空间特征和孔隙结构特征、储层孔隙形成、演化和孔隙结构特征受多重地质因素控制，有构造作用和沉积作用，也有成岩作用。成岩作用是改造储集空间和孔隙结构的重要因素之一，进而导致储层物性的变化（赖锦等，2013）。基于岩石薄片、扫描电镜、压汞和物性测试等分析化验手段方法，对盆地东南部本溪—盒 8 段致密砂岩储层孔隙类型、孔隙组合类型、孔隙结构和物性特征进行详细研究。

一、储集空间

储集空间是指岩石中能够存储流体的空间，包括孔、洞、缝三种类型。通过常规薄片、铸体薄片和扫描电镜观察，鄂尔多斯盆地东南部本溪—盒 8 段储集空间类型有原生孔、残余原生粒间孔、粒间溶蚀孔、粒内溶蚀孔、填隙物内溶蚀孔、自生矿物晶间孔和少量的微裂缝。并根据不同储集空间发育的成因与产状特征进一步细分为原生孔隙、次生孔隙和微裂缝三大类。

（一）原生孔隙

原生孔隙是指经压实作用和胶结作用后仍保留下来的孔隙，根据孔隙所经历的成岩作用和孔隙发育位置（Schmidt，1979），原生孔隙可进一步分为残余粒间孔和填隙物内微孔。研究区上古生界埋藏较深，普遍大于 2000m，压实作用及后期成岩作用强烈，原生孔

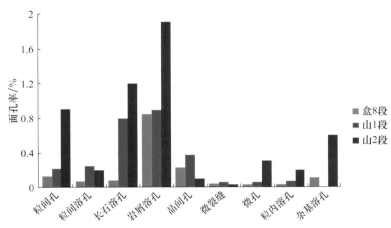

图 5-2 鄂尔多斯盆地东南部上古生界致密砂岩孔隙类型直方图

隙基本消失，平均面孔率小于 0.4%，山 2 段残余粒间孔较山 1 段、盒 8 段发育（图 5-2）。

1. 残余粒间孔

原生粒间孔在经受了机械压实或胶结作用破坏后保留的孔隙称为残余粒间孔。研究区主力产气层段砂岩中的残余粒间孔一般在石英砂岩中较发育，其中盒 8 段残余粒间孔面孔率为 0.13%，山 1 段面孔率仅为 0.22%，山 2 段为 0.9%，以分选较好的中 - 粗砂岩为主，颗粒边缘无明显溶解痕迹，颗粒之间主要为点接触，石英加大边或自形石英晶边所限的角状孔，呈三角形、多边形等，孔壁平直 [图 5-3（a）]。

2. 填隙物内微孔

砂岩中与碎屑颗粒同时沉积的泥质杂基内的微孔隙经机械压实后仍保留下来的孔隙称为填隙物内微孔。研究区盒 8 段砂岩中此类孔隙发育较少，仅可见于泥质杂基含量较高的粉 - 细砂岩中，盒 8 段、山 1 段面孔率小于 0.1%，山 2 段为 0.3%，砂岩的成分成熟度和结构成熟度均较低，颗粒呈点接触，甚至漂浮状，孔隙个体小，分布不均匀且连通性差 [图 5-3（b）]。此类孔隙主要受泥质杂基和机械压实的控制，胶结作用的影响有限。

（二）次生孔隙

次生孔隙是指在成岩过程中由溶解作用、破裂作用、成岩收缩作用等次生作用而形成的孔隙。根据其成因和发育位置的不同可进一步分为粒间溶孔、粒内溶孔和晶间孔。岩石微观薄片显示，次生孔隙是研究区产气层段主要的孔隙类型之一，其平均面孔率达到 1.0%，盒 8 段的次生孔隙主要为岩屑溶孔、晶间孔、长石溶孔、杂基溶孔，山 1 段的次生孔隙主要为长石溶孔、岩屑溶孔、晶间孔和粒间溶孔；山 2 段的次生孔隙主要为岩屑溶孔、长石溶孔、杂基溶孔、粒间微孔。

1. 粒间溶孔

铝硅酸盐颗粒、柔性岩屑、胶结物等易溶组分在原生粒间孔或剩余粒间孔的基础上被溶蚀而形成的孔隙称为粒间溶孔。盆地东南部上古生界砂岩中的粒间溶孔通常不规则、孔隙较小，岩屑和长石边缘被溶蚀后呈港湾状、长条状、蚕食状和半球状，溶蚀粒间孔隙形态多样，所形成的溶孔通常不规则，颗粒间残留较多的未完全溶解的杂基或胶结物，孔径范围大多在 5～50μm，分布不均匀 [图 5-3（c）]。被溶蚀的岩屑主要是火山岩岩屑，岩屑与基质的接触面往往首先被溶蚀，地层水沿着溶蚀面逐渐向岩屑内部渗透，使得孔隙进一步加大。大量碳酸盐胶结物也被溶蚀，硅质胶结物虽然较常见，然而其溶蚀作用微弱，对储层的性能贡献不大。

2. 粒内溶孔

碎屑颗粒被部分溶蚀所形成的孔隙称为粒内溶孔，在薄片上表现为颗粒内部的溶蚀孔隙。盆地东南

部上古生界部砂岩的粒内溶孔主要是长石溶孔和岩屑溶孔，同时可见少量石英溶孔［图5-3（d）］。长石沿解理面、火山岩岩屑内的易溶组分被溶蚀后形成树枝状、网格状、条状、蜂窝状或窗格状的粒内溶孔，溶蚀强烈时碎屑颗粒被完全溶蚀则形成铸模孔或与粒间溶孔连通。

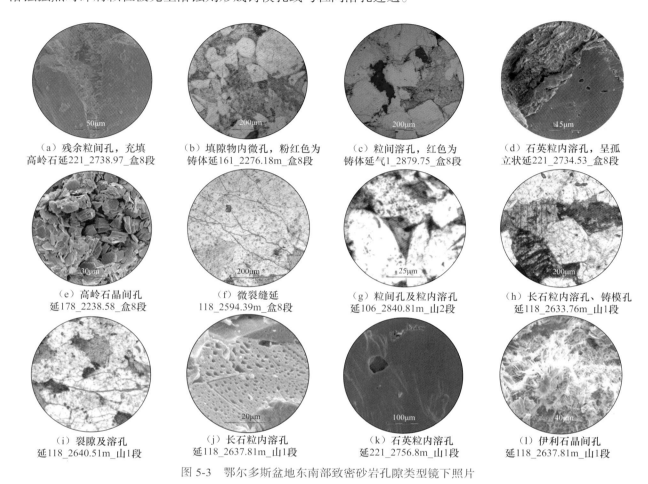

（a）残余粒间孔，充填高岭石延221_2738.97_盒8段

（b）填隙物内微孔，粉红色为铸体161_2276.18m_盒8段

（c）粒间溶孔，红色为铸体延气1_2879.75_盒8段

（d）石英粒内溶孔，呈孤立状延221_2734.53_盒8段

（e）高岭石晶间孔延178_2238.58_盒8段

（f）微裂缝延118_2594.39m_盒8段

（g）粒间孔及粒内溶孔延106_2840.81m_山2段

（h）长石粒内溶孔、铸模孔延118_2633.76m_山1段

（i）裂隙及溶孔延118_2640.51m_山1段

（j）长石粒内溶孔延118_2637.81m_山1段

（k）石英粒内溶孔延221_2756.8m_山1段

（l）伊利石晶间孔延118_2637.81m_山1段

图5-3　鄂尔多斯盆地东南部致密砂岩孔隙类型镜下照片

3. 晶间孔

自生矿物晶体间的孔隙称为晶间孔。研究区石盒子组砂岩的晶间孔主要是高岭石晶间孔，它是天然气的主要储集空间之一［图5-3（e）］。高岭石晶间孔有两种类型，一种晶间孔内不含杂基，这类高岭石充填在粒内溶孔内；另一种晶间孔内含有杂基，这类高岭石属重结晶高岭石，来自长石蚀变或火山岩岩屑的溶蚀。当高岭石晶体被溶蚀后则形成晶间溶孔。由于高岭石晶间孔孔细喉微，储层物性很差。

（三）裂缝

根据可观测到的裂缝的开度大小，将储层中天然存在的裂缝分为宏观裂缝和微观裂缝两种，宏观裂缝主要是构造成因缝，而微观裂缝主要是成岩作用影响而形成的裂缝。裂缝本身虽然不一定含大量油气，但它对储层内的流体流动产生重要影响，不仅可以提高储层的孔渗能力，也可以增强储层渗透率的非均质性。盆地东南部上古生界砂岩中不仅发育有宏观缝，还可见微观缝。岩心上见多组裂缝，以高角度裂缝或垂直裂缝为主，长度5～30cm不等，且各组裂缝都不同程度地被方解石充填。薄片中见多条微裂缝，呈弯曲状或锯齿状，大部分具开启性，有利于天然气的运移，只有少部分被后期黏土矿物或方解石胶结物充填［图5-3（f）］。

（四）孔隙组合

微观镜下显示各类储集空间既可以相对单一发育，也可以以两种或两种以上类型的集合的形式出现，但以后者占明显优势。

1. 单一型

（1）微孔型：岩石经历强烈的压实作用和胶结作用，原生孔隙消失殆尽，孔隙类型以杂基溶孔和晶间孔为主，面孔率＜1%，平均孔径＜5μm。一般在粗 - 极粗砂岩中发育，杂基含量高，颗粒分选差，成分成熟度和结构成熟度均较低，以点 - 线接触、孔隙式和加大 - 孔隙式胶结为主，此类岩石孔渗性能较差，盒8段砂岩中常见。

（2）溶孔型：岩石经历强烈的压实作用和溶蚀作用，原生孔隙和裂缝不发育，孔隙类型以粒间溶孔、粒内溶孔为主，面孔率＞1%，最大值达到6.55%，盒8段平均孔径约为20μm，山1段平均孔径约为50μm，山2段平均孔径约为30μm，最大值可达100μm。一般在中 - 粗粒岩屑砂岩、岩屑石英砂岩和岩屑长石砂岩中发育，岩屑含量高，并且大量溶蚀，岩石成分成熟度较低，以点接触、孔隙式和加大 - 孔隙式胶结为主，部分基底式胶结。此类岩石具有较高的孔隙度和渗透率，山1段和山2段中均较常见。

（3）微裂缝型：岩石经历强烈的机械压实和胶结作用，原生孔隙不发育，孔隙类型以微裂缝为主，面孔率＜1%，平均孔径＜5μm。一般在中 - 粗粒石英砂岩中发育，石英含量高，性脆易裂，岩石成分成熟度和结构成熟度均较高，以线接触、孔隙式胶结为主。此类岩石的孔隙度较低，但渗透率较高，多见于山西组砂岩中。

2. 组合型

（1）残余粒间孔 - 溶孔型：残余粒间孔与溶孔配套发育，面孔率普遍＞3%，平均面孔率为5.0%左右，山西组平均孔径高达200μm。一般在中 - 粗粒石英砂岩中发育，石英含量高，岩石抗压实能力强，原生孔隙得以保存下来，岩石成分成熟度和结构成熟度均较高，以点接触、加大 - 孔隙式胶结为主。此类岩石储渗性能良好，多见于山西组砂岩中。

（2）晶间孔 - 溶孔型：晶间孔与溶孔配套发育，平均面孔率为1.6%，平均孔径为22μm。一般在粗 - 极粗粒岩屑石英砂岩和岩屑砂岩中发育，岩屑含量高，并大量溶蚀形成溶蚀孔隙，成分成熟度较差，结构成熟度中等，以点 - 线接触、加大 - 孔隙式胶结为主，后期胶结作用强烈，大量高岭石位于溶蚀孔隙中，形成晶间孔，并导致渗透率显著降低。此类岩石具有较高的孔隙度，但渗透率较低，多见于盒8段砂岩中。

（3）晶间孔 - 微孔型：晶间孔与微孔配套发育，面孔率＜1%，平均孔径＜5μm。一般在粗粒岩屑石英砂岩中发育，杂基含量高，岩石成分成熟度较低，而结构成熟度较高，以点接触、加大 - 孔隙式胶结为主，杂基中含大量微孔，自生高岭石中含大量晶间孔。此类岩石孔渗性能较差，多见于盒8段砂岩中。

二、孔隙结构

碎屑岩孔隙结构是指孔隙和喉道的大小、形状、分布及其相互连通关系（罗蛰潭和王允诚，1986）。孔隙和喉道是影响砂岩储集渗流能力的两个基本因素，并最终决定气藏的产能（唐海发等，2006）。对孔隙结构研究的技术手段主要有压汞测试、恒速压汞、扫描电镜、铸体薄片，可以获取吼喉半径、分选系数、偏态及孔隙图像等信息，使孔隙结构研究实现半定量 - 定量化表征（何涛等，2013），压汞法是孔隙结构研究最常用的方法，为了研究多相流体在岩石中的流动情况，把岩石中的孔道简化为毛细管模型，将单个小孔道看做是变断面且表面粗糙的毛细管，毛管压力则定义为由一弯曲接口分开的两种流体之间的压力差，这两种流体可以是两种液体，也可以是一种气体和一种液体。

（一）定量参数

定量表征储层孔隙结构的参数很多，例如反应孔喉大小的参数最大连通孔喉半径、中值半径等，反应孔喉分布的参数喉道分选系数、偏态和峰态，反应孔喉连通性及流体运动特征的参数结构系数、最大进汞饱和度、退汞效率等（朱永贤等，2008）。

碎屑岩孔喉结构是指孔隙和喉道的大小、连通情况、配置关系。定量表征储层孔隙结构的参数，主要包括孔喉大小、分选、连通性及控制流体运动的参数。据延106井、延112井和延118井87块压汞样品，现对石盒子组（35个样品）、山西组（52个样品）和本溪组（13个样品）储集层的孔隙结构特征进行分析（表5-3）。反映孔喉大小的参数特征表明，大部分砂岩样品储集性能较差；相对而言，本溪组较好，其次为石盒子组、山西组。表征孔喉分选的参数特征表明，本溪组、山西组砂岩的孔喉分选性好于石盒子组。反映孔喉连通性及控制流体运动的参数特征表明，整体上毛管压力参数变化较大，砂岩储集层的孔隙结构具有较强的非均质性（表5-3）。总体来看，上古生界储层普遍具有毛细管压力偏高、大孔隙、小喉道、微裂缝不发育、孔喉连通性差的孔隙结构，为低孔低渗致密储层。

表 5-3　鄂尔多斯盆地东南部二叠系储层砂岩孔隙结构特征参数表

层位	样品数	参数	排驱压力/MPa	中值压力/MPa	最大孔喉半径/μm	平均孔喉半径/μm	中值孔喉半径/μm	孔喉半径均值/μm	进汞迂曲度	退汞迂曲度	相对分选系数	歪度	分选系数	结构系数
下石盒子	35	MAX	9.51	24.58	1.88	2.51	0.24	1.37	1.92	42.04	2.76	4.31	0.42	1.81
		MIN	0.02	3.09	0.08	0.03	0.031	0.01	0.26	0.28	0.74	1.12	0.01	0.09
		AVG	1.98	10.05	0.61	0.23	0.11	0.17	1.29	11.85	1.1	1.78	0.12	0.88
山西	52	MAX	9.59	28.72	1.24	0.93	0.53	0.37	2.77	38.43	2.48	3.35	0.89	4.24
		MIN	0.61	1.43	0.08	0.03	0.03	0.01	0.17	0.13	0.64	0.86	0.01	0.05
		AVG	2.97	9.09	0.44	0.16	0.14	0.10	1.19	5.77	1.09	1.94	0.09	1.22
本溪	13	MAX	4.10	19.89	5.84	1.12	0.78	0.90	5.05	29.13	1.05	2.07	0.95	9.21
		MIN	0.13	0.97	0.18	0.06	0.04	0.04	0.64	1.48	0.81	1.15	0.03	0.28
		AVG	0.94	4.46	1.86	0.46	0.34	0.37	2.16	9.75	0.95	1.51	0.36	2.83

（二）压汞曲线

由于不同岩石的孔隙结构不同，由注汞压力方法所得到的毛管压力曲线形状也有较大的差别，常见的是台阶形，有时呈不规则状，主要受孔隙歪度和分选性的控制。根据毛管压力曲线形态和参数特征，可将上古生界砂岩的毛管压力曲线特征划分为以下四种类别。

Ⅰ类（低排驱压力 - 粗喉型）：该类毛管压力曲线位于中部，基本无明显平直段，拐点较低，进汞曲线水平长度大。说明最大连通孔喉半径大，最大进汞饱和度高，岩石小孔喉所占体积小（图 5-4）。孔喉半径直方图呈现双峰分布，分选差。该类样品的孔隙度为 6%～10%，渗透率为 0.34×10^{-3}～$6.62 \times 10^{-3} \mu m^2$；排驱压力普遍小于 0.8MPa，平均孔喉半径介于 0.05～0.525μm。该类储层物性好，储集性能强，属于最有利的储层（图 5-4）。

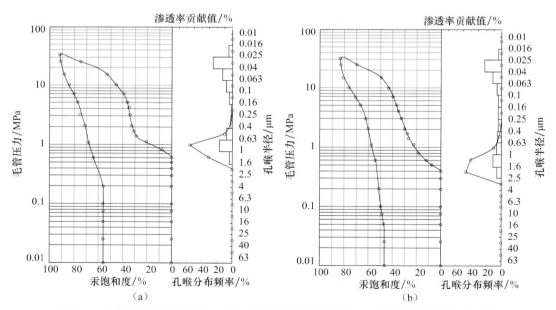

图 5-4　鄂尔多斯盆地东南部上古生界储层砂岩低排驱压力 - 粗喉型毛管压力曲线图

Ⅱ类（较低排驱压力 - 中粗喉道型）：该类毛管压力曲线呈现明显平直段，拐点较高，曲线斜度较小，水平长度大；说明排驱压力较大，产出能力较低，最大进汞饱和度较高，岩石中小孔喉所占体积较小。

孔喉半径直方图多呈单峰分布，分选好，一般粗偏（图 5-5）。该类样品的孔隙度介于 3%～8%，渗透率介于 0.06×10^{-3}～$1.14 \times 10^{-3}\mu m^2$；排驱压力介于 0.8～2MPa，平均孔喉半径介于 0.1～0.35μm。此类储层的物性仅次于 I 类，储集性能较强，属于本区较有利储层。

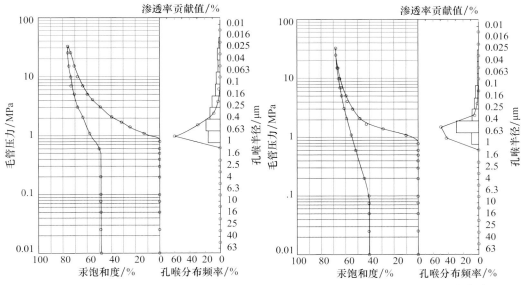

图 5-5　鄂尔多斯盆地东南部上古生界储层砂岩较低排驱压力 - 中粗喉道型毛管压力曲线图

III类（中排驱压力 - 中细喉道型）：毛管压力曲线位于右上方，曲线拐点高，斜度大，进汞曲线水平长度中等；说明最大连通孔喉半径小，分选一般，岩石中小孔喉所占体积大。孔喉半径直方图上直方较低，呈现单峰分布，但峰顶较宽，一般为细偏（图 5-6）。该类样品的孔隙度介于 2%～5%，渗透率介于 0.03×10^{-3}～$0.49 \times 10^{-3}\mu m^2$；排驱压力介于 2～5MPa，平均孔喉半径介于 0.07～0.1μm。

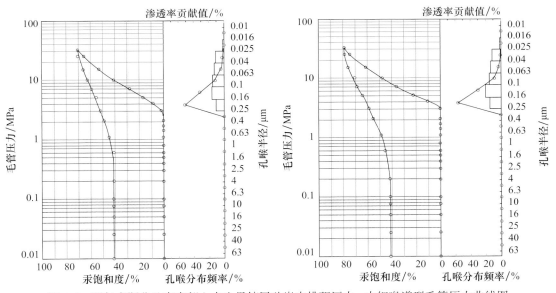

图 5-6　鄂尔多斯盆地东南部上古生界储层砂岩中排驱压力 - 中细喉道型毛管压力曲线图

IV类（较高排驱压力 - 细喉道型）：毛管压力曲线位于右上方，曲线拐点高，斜度大，进汞曲线水平长度小；说明最大连通孔喉半径较小，分选差，岩石以小孔喉为主（图 5-7）。孔喉半径直方图上直方特低，分选差。该类样品的孔隙度小于 4%，渗透率小于 $0.05 \times 10^{-3}\mu m^2$；排驱压力大于 5MPa，平均孔喉半径小于 0.05μm。

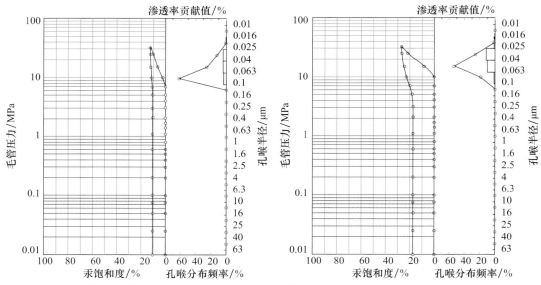

图 5-7 鄂尔多斯盆地东南部上古生界储层砂岩较高排驱压力～细喉道型毛管压力曲线图

综上所述，盒 8 段砂岩的储集性能整体比山西组好，排驱压力低，粗孔喉占比例较大，Ⅰ类和Ⅱ类孔隙结构的储层较为发育；山西组则以Ⅱ类和Ⅲ类孔隙结构的储层为主。

三、孔渗特征

利用收集的 1808 块岩心物性分析样品，对鄂尔多斯盆地东南部的盒 8 段、山 1 段、山 2 段、本溪组储层物性特征开展了研究。

（一）盒 8 段

1. 样品统计

共收集样品 824 块；孔隙度介于 0.10%～18.95%，平均为 5.66%；从孔隙度分布频率看，孔隙度小于 10% 的占 91.0%，大于 10% 的仅占 9.0%；小于 10% 的各区间均有分布，分布频率呈递减趋势；孔隙度主要分布在 4%～10%，占 58%。渗透率介于 $0.0003 \times 10^{-3} \sim 172.02 \times 10^{-3} \mu m^2$，平均 $0.49 \times 10^{-3} \mu m^2$；从渗透率分布频率看，介于 $0.04 \times 10^{-3} \sim 1.0 \times 10^{-3} \mu m^2$ 的占 63.8%；小于 $0.04 \times 10^{-3} \mu m^2$ 的占 32%，大于 $1.0 \times 10^{-3} \mu m^2$ 的占 4.2%（图 5-8）。

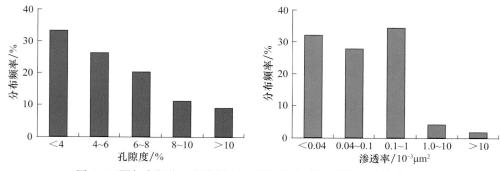

图 5-8 鄂尔多斯盆地东南部盒 8 段孔隙度、渗透率频率分布直方图

2. 平面上

盒 8 段孔隙度在大部分地区大于 6%；其中东南部、中东部地区的孔隙度较好，大于 8%；孔隙度小于 6% 的储层主要分布在研究区东北部和西南部。渗透率一般大于 $0.1 \times 10^{-3} \mu m^2$，仅东北部、西南部偏低，小于 $0.05 \times 10^{-3} \mu m^2$，东南部、中东部渗透率局部高达 $1.0 \times 10^{-3} \mu m^2$ 以上（图 5-9、图 5-10）。

（二）山 1 段

1. 样品统计

山 1 段共收集样品 362 块；孔隙度介于 0.07%～13.96%，平均为 4.99%，从孔隙度分布频率看，孔隙

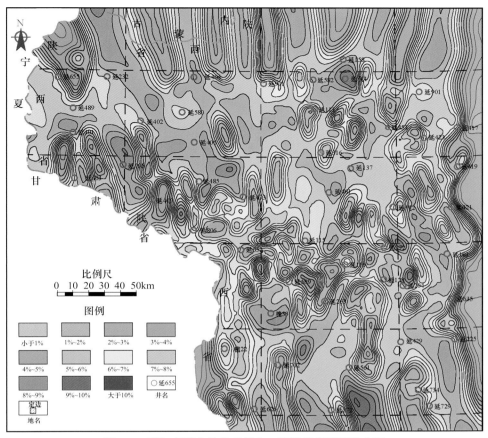

图 5-9　鄂尔多斯盆地东南部盒 8 段孔隙度平面分布图

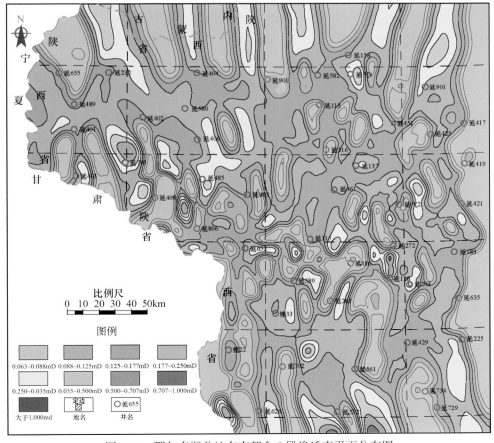

图 5-10　鄂尔多斯盆地东南部盒 8 段渗透率平面分布图

度小于 10% 的占 88.7%，大于 10% 的仅占 12.3%；小于 10% 的各区间均有分布，分布频率呈递减趋势；孔隙度主要分布在 4%～10%，占 57.9%。渗透率介于 $0.0004 \times 10^{-3}\sim 83.17 \times 10^{-3} \mu m^2$，平均为 $0.52 \times 10^{-3} \mu m^2$；从渗透率分布频率看，介于 $0.04 \times 10^{-3}\sim 1.0 \times 10^{-3} \mu m^2$ 的占 62.7%；小于 $0.04 \times 10^{-3} \mu m^2$ 的占 34.4%，大于 $1.0 \times 10^{-3} \mu m^2$ 的占 2.9%（图 5-11）。

2. 平面上

山 1 段孔隙度小于 6% 的储层分布在研究区中部、西南部；东南部、东北部、中东部、西北部地区孔隙度较好，一般大于 8%；仅西南部、东北部局部地区偏低，小于 $0.05 \times 10^{-3} \mu m^2$；东南部、北部渗透率局部高达 $1.0 \times 10^{-3} \mu m^2$ 以上，总体比盒 8 段低（图 5-12、图 5-13）。

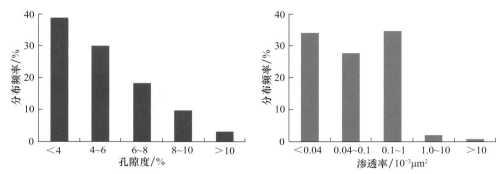

图 5-11　盆地东南部山 1 段孔隙度、渗透率频率分布直方图

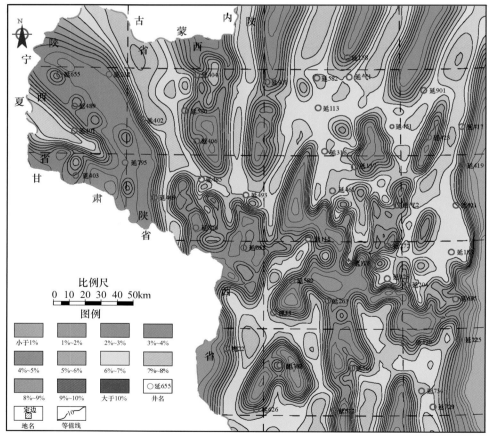

图 5-12　鄂尔多斯盆地东南部山 1 段孔隙度平面分布图

（三）山 2 段

1. 样品统计

山 2 段共收集样品 374 块；孔隙度介于 0.18%～13.94%，平均为 4.94%，从孔隙度分布频率看，孔隙度小于 10% 的占 96.3%，大于 10% 的仅占 3.7%；小于 10% 的各区间均有分布，分布频率呈递减趋势；

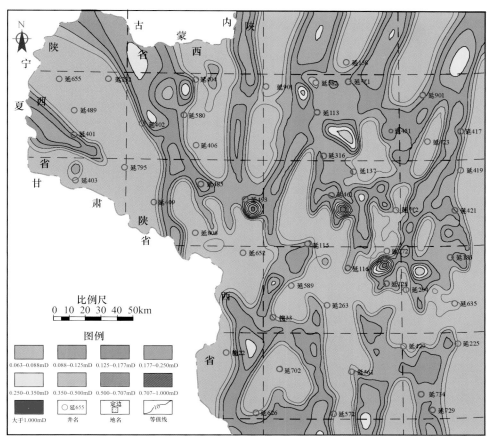

图 5-13　鄂尔多斯盆地东南部山 1 段渗透率平面分布图

主要分布在 4%～10%，占 55.9%。渗透率介于 $0.0007 \times 10^{-3} \sim 265.43 \times 10^{-3}\,\mu m^2$，平均为 $2.98 \times 10^{-3}\,\mu m^2$；从渗透率分布频率看，介于 $0.04 \times 10^{-3} \sim 1.0 \times 10^{-3}\,\mu m^2$ 的占 53.9%；小于 $0.04 \times 10^{-3}\,\mu m^2$ 的占 34.6%，大于 $1.0 \times 10^{-3}\,\mu m^2$ 的占 11.5%（图 5-14）。

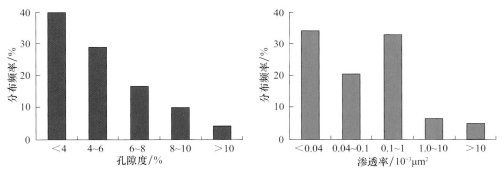

图 5-14　盆地东南部山 2 孔隙度、渗透率频率分布直方图

2. 平面上

山 2 段孔隙度小于 6% 的储层占 69%，分布在研究区中部偏南及西北部局部地区；北部地区孔隙度较好，一般大于 8%。渗透率一般大于 $0.1 \times 10^{-3}\,\mu m^2$，仅西北部、中部偏南地区偏低，小于 $0.05 \times 10^{-3}\,\mu m^2$；中北部局部地区，渗透率高达 $1.0 \times 10^{-3}\,\mu m^2$ 以上；总体比山 1 段偏低（图 5-15、图 5-16）。

（四）本溪组

1. 样品统计

本溪组共收集样品 206 块；孔隙度介于 0.24%～14.22%，平均为 4.72%；孔隙度主要分布在 4%～10%，占 56.0%；小于 4% 的占 42%，大于 10% 的仅占 2.0%。渗透率介于 $0.0025 \times 10^{-3} \sim 104 \times 10^{-3}\,\mu m^2$，平均为 $1.22 \times 10^{-3}\,\mu m^2$；从渗透率分布频率看，介于 $0.04 \times 10^{-3} \sim 1.0 \times 10^{-3}\,\mu m^2$ 的占 58.7%；小于 $0.04 \times 10^{-3}\,\mu m^2$ 的占 23.3%，大于 $1.0 \times 10^{-3}\,\mu m^2$ 的占 18%（图 5-17）。

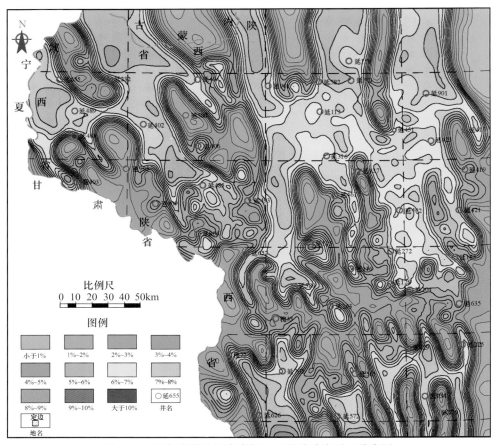

图 5-15 鄂尔多斯盆地东南部山 2 段孔隙度平面分布图

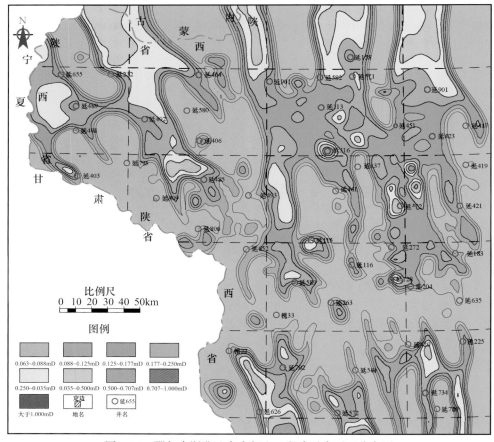

图 5-16 鄂尔多斯盆地东南部山 2 段渗透率平面分布图

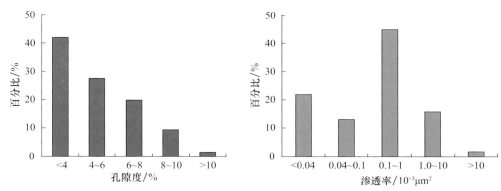

图 5-17 盆地东南部本溪组孔隙度、渗透率频率分布直方图

2. 平面

平面上，本溪组孔隙度小于 6% 的储层占 69%，分布在探区东南部、西部、西南部；东北部、西南部的条带地区、中东部局部地区孔隙度较好，一般大于 7%。渗透率一般小于 $1.0 \times 10^{-3} \mu m^2$，仅西北部、南部、东南部、中部局部地区偏低，小于 $0.05 \times 10^{-3} \mu m^2$（图 5-18～图 5-21）。

综合表明，孔隙度以盒 8 段最好，平均为 5.66%；其次为山 2 段、山 1 段、本溪组，平均为 4.72%～4.99%；渗透率以山 2 段最好，平均为 $2.98 \times 10^{-3} \mu m^2$；其次为本溪组，平均为 $1.22 \times 10^{-3} \mu m^2$；山 1 段较差，平均为 $0.52 \times 10^{-3} \mu m^2$；盒 8 段最差，平均仅有 $0.49 \times 10^{-3} \mu m^2$。

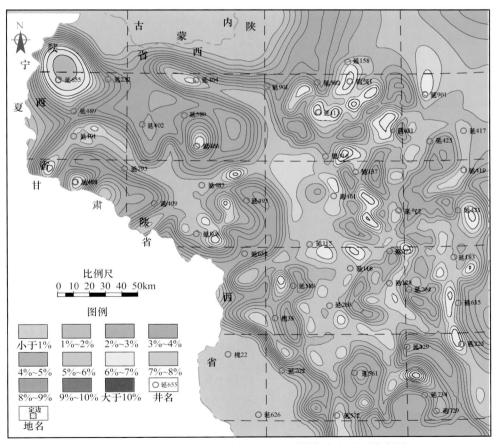

图 5-18 鄂尔多斯盆地东南部本溪组 2 段孔隙度平面分布图

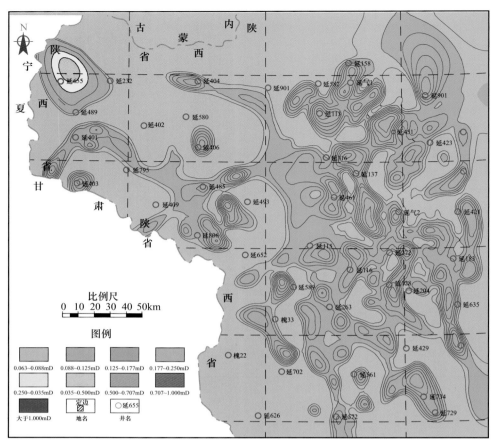

图 5-19　鄂尔多斯盆地东南部本溪组 2 段渗透率平面分布图

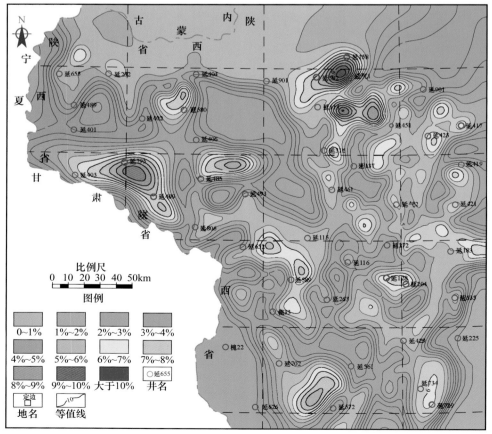

图 5-20　鄂尔多斯盆地东南部本溪组 1 段孔隙度平面分布图

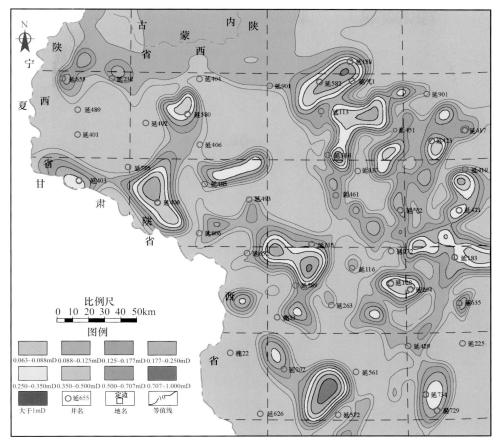

图 5-21 鄂尔多斯盆地东南部本溪组 1 段渗透率平面分布图

第三节 成岩作用及其演化序列

广义的成岩作用是指沉积物沉积以后，在由松散的堆积物转变成坚硬的沉积岩的过程中，以及由坚硬的沉积岩转变为变质岩或因构造运动重新抬升到地表遭受风化作用之前，岩石所经受的一系列漫长的物理—化学—生物演变的统称，其实质是沉积物与周围环境之间物质与能量的动态平衡过程（Curtis et al.，1977；Burley et al.，1995）。碎屑岩孔隙的形成、破坏和保存受成岩作用的控制作用明显。国内成岩作用研究始于 20 世纪七八十年代，研究重点为次生孔隙的形成机理，逐步转变为孔隙的保存机理，研究内容主要包括成岩作用类型、划分成岩作用阶段、建立成岩作用序列等（寿建峰与郑兴平等，2006）。本书以镜下特征为核心，采用普通薄片、铸体薄片、扫描电镜、阴极发光、能谱分析等观察分析手段，阐明研究区上古生界砂岩储层的成岩作用特征。

一、成岩作用类型

岩性、温度、压力和流体是控制成岩作用演化路径的四个基本要素，它们决定了可能发生的各种成岩作用。成岩过程是孔隙形成与消亡的交替过程，因此根据成岩作用对储集空间的影响，可以把成岩作用分为破坏性成岩作用和建设性成岩作用两类。

（一）破坏性成岩作用

1. 机械压实作用

机械压实作用是指沉积物沉积后在上覆重力及静水压力作用下，发生水分排出，碎屑颗粒紧密排列而使孔隙体积缩小、孔隙度降低、渗透性变差的成岩作用。沉积物经机械压实作用后，会发生多种变化，主要有：①碎屑颗粒的重新排列，从游离状到接近或达到最紧密堆积状态；②塑性岩屑挤压变形；③软矿物颗粒弯曲进而发生成分变化；④刚性颗粒压碎或压裂。通过对薄片的观察，盆地东南部上古生界砂岩经历压实作用，碎屑颗粒的特征发生相应变化，如长条形颗粒（如长石）的定向排列、韧性颗粒（如云母）的变形、刚性颗粒（如石英）的破裂和碎屑颗粒间的线接触（图 5-22）。随着压实强度的增加，颗粒间接触关系的演化序列可以概括为悬浮状→点接触，胶结类型相应为基底式胶结→孔隙式胶结。

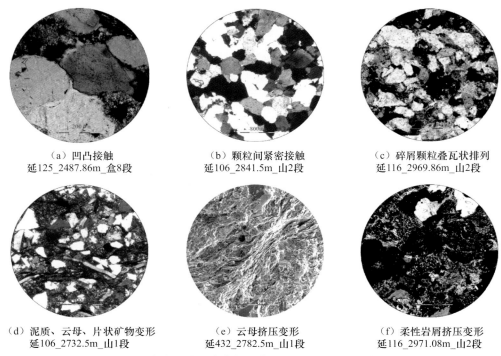

（a）凹凸接触
延125_2487.86m_盒8段

（b）颗粒间紧密接触
延106_2841.5m_山2段

（c）碎屑颗粒叠瓦状排列
延116_2969.86m_山2段

（d）泥质、云母、片状矿物变形
延106_2732.5m_山1段

（e）云母挤压变形
延432_2782.5m_山1段

（f）柔性岩屑挤压变形
延116_2971.08m_山2段

图 5-22　鄂尔多斯盆地东南部上古生界致密砂岩压实作用现象

压实作用的主要控制因素是埋深，同时受岩石学特征的影响。埋深控制着沉积物所承受上覆物重力的大小，进而决定压实作用的强度，压实作用的强度可以用压实率来衡量，计算公式为：压实率 =（原始孔隙体积—压实后粒间体积）/ 原始孔隙体积 ×100%。原始孔隙度可以通过砂岩的分选性，应用 Beard 和 Weyl 所建立的公式估算：原始孔隙体积 =（20.91+22.9）分选系数，根据上式计算，山西组砂岩的原始孔隙度，最高为 42.85%，最低为 36.22%，平均为 40.78%。盒 8 段砂岩的原始孔隙度最高为 41.05%，最低为 31.12%，平均为 38.71%。压实后粒间体积包括两类，分别为填隙物体积和孔隙体积，可以通过薄片估算。研究区主要含气层段砂岩的压实强度受埋深的控制作用明显，随着埋深的增加，压实率增大。另外颗粒接触类型也可以反映压实强度，山西组砂岩点接触的比例仅为 13%，盒 8 段砂岩点接触的比例仅为 16%，反映了受深度的影响压实强度不同。岩石学特征主要是指粒度、颗粒类型、分选性和磨圆度，石英含量越高、岩屑含量越低、粒度越细、分选和磨圆越好的砂岩压实强度越弱（图 5-23、图 5-24）。

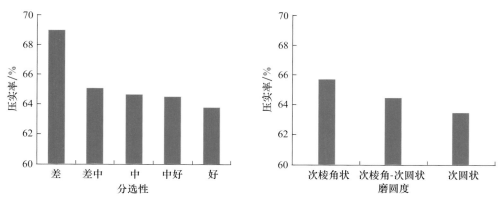

图 5-23　鄂尔多斯盆地东南部山西组致密砂岩分选性、磨圆度与压实率关系直方图

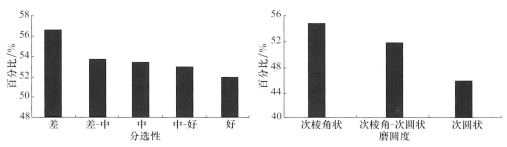

图 5-24　鄂尔多斯盆地东南部盒 8 段致密砂岩分选性、磨圆度与压实率关系直方图

2. 压溶作用

随着埋深的增加，压实作用的增强，碎屑颗粒由漂浮状转变为点接触，当颗粒接触处承受的压力超过正常孔隙流体压力时，引起碎屑颗粒接触点处晶格变形和溶解作用，这种现象称为压溶作用。压溶作用可以通过碎屑颗粒的接触关系来反映，线接触→凹凸接触→缝合接触，反映压溶作用依次增强。

压溶作用的强度可以用碎屑颗粒的接触关系来反映，上覆层的压力或构造应力可以用压实率来反映。通过统计研究区盒 8 段砂岩碎屑颗粒的接触关系，发现碎屑颗粒间的接触关系与压实率成正相关关系，点 - 线接触的样品压实率平均值仅为 52%，当颗粒间为线接触时，压实率迅速增大，达到 61.9%，说明压溶作用是造成砂岩储集空间降低的因素，当碎屑颗粒间的接触关系由线接触变为凹凸接触时，压实率仅仅增大 0.5%，达到 62.4%，表明此时砂岩已经致密，很难再压实，山西组样品呈现出类似特征（图 5-25）。

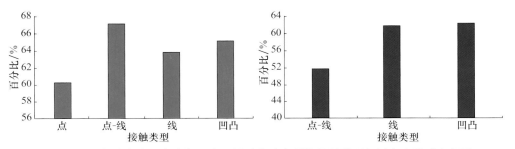

图 5-25　鄂尔多斯盆地东南部上古生界致密砂岩颗粒接触类型与压实率关系直方图

强烈的压实作用造成石英颗粒间相互穿插，呈凹凸接触、缝合线、镶嵌接触（图 5-26）。石英颗粒的压溶对储层物性造成极大的破坏作用，不仅导致岩石格架体积缩小，进而导致储集空间降低，而且它形成的 SiO_2 在石英颗粒表面沉淀形成石英次生加大或微晶石英，它们不仅充填孔隙，还会堵塞喉道。

（a）缝合线接触
延365_2979.75m_山2段
　　（b）颗粒间镶嵌状结构
延106_2841.6m_山2段
　　（c）石英颗粒间压溶作用
延432_2815.9m_山2段

图 5-26　鄂尔多斯盆地东南部上古生界致密砂岩压溶作用现象

3. 胶结作用

胶结作用是指沉积物沉积后自生矿物从孔隙水中沉淀出来导致沉积物固结的作用。这些自生矿物主要有石英、方解石和各种自生黏土矿物等，它们主要来源于孔隙水。孔隙水中的物质主要有四个来源：一是原生咸水提供，二是地下水渗流，三是页岩及其他岩石发生矿物有机质反应提供，四是砂岩内部矿物溶解再沉淀（孙海涛等，2011）。在成岩作用的各个时期均可发生胶结作用，它是导致碎屑岩孔隙度和

渗透率降低的主要原因之一。盆地东南部上古生界砂岩的胶结作用主要有硅质胶结、碳酸盐胶结及黏土矿物胶结三种类型。

1）硅质胶结

硅质胶结是最为常见的胶结物，它可以呈晶粒状附着于孔隙边缘上，也可以以石英次生加大边的形式环绕石英颗粒，特征分述如下。

（1）晶粒状石英。晶体表面洁净、晶形完整、晶棱清晰，主要有两种产出状态，一是附着在原生粒间孔边缘上，二是附着在溶孔边缘上（图 5-27）。前者多为它形微 - 粉晶晶粒，单层展布，常交代黏土杂基；后者多为自形细 - 中晶晶粒，沿孔壁生长，多见单层展布，少见多层叠盖。

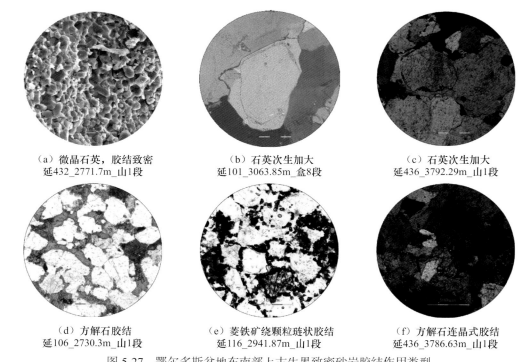

(a) 微晶石英，胶结致密
延432_2771.7m_山1段

(b) 石英次生加大
延101_3063.85m_盒8段

(c) 石英次生加大
延436_3792.29m_山1段

(d) 方解石胶结
延106_2730.3m_山1段

(e) 菱铁矿绕颗粒琏状胶结
延116_2941.87m_山1段

(f) 方解石连晶式胶结
延436_3786.63m_山1段

图 5-27   鄂尔多斯盆地东南部上古生界致密砂岩胶结作用类型

（2）石英次生加大边。碎屑石英表面上沉淀出孔隙水中溶解的 SiO_2，从而形成石英次生加大。当砂岩处于封闭的成岩环境中时，SiO_2 有三个来源：石英颗粒的压溶作用、钾长石的溶解及蒙脱石或高岭石的伊利石化。早期石英次生加大与压实作用同期，当压实作用较弱时，颗粒周围存在可生长空间，则石英次生加大围绕整个石英颗粒分布，当压实作用较强时，仅在颗粒局部存在可生长空间，则石英次生加大仅在颗粒边缘局部分布；晚期石英次生加大形成于压溶作用之后或同期，主要分布于石英颗粒的局部，砂岩内矿物的物理化学变化是 SiO_2 的重要来源。此种次生加大石英往往为自形晶，因而其生长更有利，也更稳定。黏土矿物和微晶石英抑制石英次生加大边形成的因素主要是由于次生加大边的形成要求早期析出的 SiO_2 形成的晶体近垂直于石英颗粒表面，而黏土矿物和微晶石英常于石英颗粒表面杂乱分布，不利于 SiO_2 的析出。

盆地东南部上古生界砂岩中石英的次生加大现象较普遍（图 5-27），阴极发光下次生加大不发光，而充填的硅质发靛蓝色光。石英次生加大在不同类型的砂岩中发育程度不同，岩屑质石英砂岩中最发育，这是因为一方面火山岩岩屑溶解可以提供大量 SiO_2，另一方面石英含量高，抗压实能力强，可以保留大量粒间孔来形成石英胶结物，而岩屑砂岩虽然含有大量的岩屑，但其抗压实能力弱，岩屑被挤压变形后形成假杂基，充填在粒间孔中，不利于石英次生加大的形成。石英次生加大还与杂基含量有关，当杂基含量较少时，石英次生加大较发育，这是因为杂基，尤其是黏土矿物能有效抑制石英次生加大的形成〔图 5-27（a）、（b）、（c）〕。

2）碳酸盐胶结

碳酸盐胶结物主要为方解石、铁方解石和铁白云石，它们主要呈星散状分布于粒间孔中，局部呈连晶胶结［图 5-27（d）～（f）］。根据碳酸盐胶结物形成时间的先后，可以把它分为早期碳酸盐胶结物和晚期碳酸盐胶结物，前者主要形成于压实作用早期，随着埋深的增加，温度和压力相应升高，pH 也相应增加，原生咸水或渗流地下水中溶解的 $CaCO_3$ 溶解度降低，不断从孔隙水中沉淀析出，这类碳酸盐主要是方解石，铁氰化钾和茜素红混合液染色后呈红色，阴极发光下发橙黄色光，呈连晶式充填在粒间孔中，一方面抑制砂岩的压实，有利于原生孔隙的保存，另一方面由于粒间孔被充填，不利于石英次生加大的形成，因此只有极少量的石英颗粒边部发育次生加大边，这类碳酸盐胶结物在成岩后期可以被溶蚀形成次生孔隙，有利于改善储层物性；而后者主要形成于溶蚀作用后，蒙脱石伊利石化、火山岩岩屑、黑云母、钙长石的溶蚀等均可以提供 Ca^{2+}、Mg^{2+} 和 Fe^{3+}，伴随有机质的成熟会生成大量 CO_2，促使碳酸盐的形成，这类碳酸盐主要是晚期方解石、铁方解石和铁白云石，铁氰化钾和茜素红混合液染色后铁方解石呈紫色，铁白云石呈蓝色，阴极发光下铁方解石发橙色光，铁白云石不发光，它们充填在溶孔和裂缝中，有时还交代长石和火山岩岩屑，这类碳酸盐胶结物对储层的物性破坏很大。

3）黏土矿物

对于黏土矿物的研究采用 X 射线衍射确定黏土矿物的组成，扫描电镜确定黏土矿物在孔隙中的分布和成岩特征，对于黏土矿物的扫描电镜鉴定主要是依据其单晶形态和聚合状态特征（王行信，1992）。盆地东南部上古生界砂岩储层中黏土矿物主要为高岭石、伊利石、绿泥石及伊/蒙混层。

（1）高岭石。在薄片下较易辨认，常呈假六边形单晶，书页状或蠕虫状集合体，主要是由长石的蚀变形成，主要有两种产出状态，分别为孔隙充填和交代长石、岩屑和杂基。高岭石虽然占据大量的粒间孔和溶孔，但高岭石的晶间孔发育，是天然气重要的储集空间。高岭石形成的埋深通常小于 1400m，当温度低于 120～130℃时，长石或蒙脱石与酸性孔隙流体反应生成高岭石和少量石英［式（5-1）～式（5-4）］，并形成次生孔隙，酸性物质进入砂岩中受砂岩渗透率的控制。当温度高于 120～130℃时，高岭石开始伊利石化，伊利石化所需要的 K^+ 由钾长石溶蚀提供。综上可以推断高岭石的含量受酸性物质、砂岩渗透性和长石溶蚀程度的控制（王行信，1992）。

$$2KAlSi_2O_2(\text{钾长石})+2CO_2+11H_2O{=\!=\!=}Al_2Si_2O_2(OH)_4(\text{高岭石})+2K^++4H_4SiO_4(\text{硅酸})+2HCO_2^- \qquad (5\text{-}1)$$

$$2NaAlSi_2O_2(\text{钠长石})+2CO_2+11H_2O{=\!=\!=}Al_2Si_2O_2(OH)_4(\text{高岭石})+2Na^++4H_4SiO_4(\text{硅酸})+2HCO_2^- \qquad (5\text{-}2)$$

$$2CaAlSi_2O_2(\text{钙长石})+2CO_2+3H_2O{=\!=\!=}Al_2Si_2O_2(OH)_4(\text{高岭石})+2Ca^++2HCO_2^- \qquad (5\text{-}3)$$

$$H_4SiO_4(\text{硅酸}){=\!=\!=}SiO_2(\text{石英})+2H_2O \qquad (5\text{-}4)$$

（2）伊利石。在扫描电镜下呈丝缕状、鳞片状，附在高岭石之上，表明伊利石形成于高岭石之后。根据伊利石的形态可以把它分为丝状伊利石和片状伊利石，两者的形成过程不同。伊利石开始形成的温度一般 > 70℃，主要有两种形成方式：①酸性条件下高岭石或蒙脱石伊利石化，主要形成片状伊利石［式（5-5）、式（5-6）］。当温度为 70～120℃时，富 K^+ 的偏碱性环境中蒙脱石伊利石化形成伊/蒙混层，这个转化过程需要的 K^+ 和 Al^{3+} 来自长石的溶蚀，转化后形成少量伊利石、SiO_2、Fe^{2+} 等，K^+ 的含量控制着蒙脱石的伊利石化；温度达到 120～140℃时，伊利石大量形成。②孔隙流体过饱和时沉淀出伊利石，主要为丝状伊利石。这种伊利石往往形成于成岩后期，温度 > 130℃，晚于蒙脱石伊利石化的主要阶段，因为它需要的 K^+ 浓度较低。伊利石呈搭桥式生长在孔隙边缘上，极大地降低砂岩的渗透性。

$$Al_2Si_2O_5(OH)_4(\text{高岭石})+0.75KAlSi_2O_2(\text{钾长石}){=\!=\!=}K_{0.75}Al_4(Si_{2.22}Al_{0.75}O_{20})(OH)_2(\text{伊利石})+SiO_2(\text{石英})+H_2O$$

$$(5\text{-}5)$$

$$4.5K^++8Al^{3+}+\text{蒙脱石}{=\!=\!=}\text{伊利石}+Na^++2Ca^{2+}+2.5Fe^{2+}+2Mg^{2+}+3Si^{4+}+10H_2O \qquad (5\text{-}6)$$

（3）绿泥石。集合体呈针叶状、叶片状，一般以颗粒包膜或孔隙衬边的形式产出，呈集簇状堵塞喉道，后期形成的绿泥石往往充填在长石溶孔中。绿泥石是抑制石英次生加大的重要黏土矿物，还是促使石英颗粒压溶的催化剂，使得过剩的 SiO_2 在粒间孔中沉淀出来形成硅质胶结物。绿泥石对储层物性造成极大的破坏作用，颗粒包膜的绿泥石堵塞喉道，降低储层渗透率，后期形成的绿泥石又充填次生孔隙，降低储层孔隙度。早期绿泥石为富铁绿泥石，主要来自蒙脱石绿泥石化和钾长石蚀变绿泥石，呈颗粒包膜形式产出［式（5-7）］；晚期绿泥石为富镁绿泥石，在富 Fe^{2+} 和 Mg^{2+} 的碱性地层水介质中由伊利石、高岭石和钾长石蚀变而成［式（5-8）~式（5-10）］。

$$KAlSiO_8(钾长石)+0.4Fe^{2+}+0.3Mg^{2+}+1.4H_2O \Longrightarrow 0.3(Fe_{1.4}Mg_{1.2}Al_{2.5})(Al_{0.7}Si_{3.3})O_{10}(OH)_8(绿泥石)$$
$$+2SiO_2+0.4H^++K^+ \qquad (5-7)$$

$$3Al_2Si_2O_5(OH)_4(高岭石)+4Mg^{2+}+4Fe^{2+}+9H_2O \Longrightarrow Fe_4Mg_4Al_6Si_6O_{20}(OH)_{16}+14H^+ \qquad (5-8)$$

$$KAl_4(AlSi_7O_{20})(OH)_4(伊利石)+1.64Mg^{2+}+1.89Fe^{2+}+8.24H_2O$$
$$\Longrightarrow 0.82Fe_4Mg_4Al_6Si_6O_{20}(OH)_{16}+0.6K^++1.37H_4SiO_4+6.46H^+ \qquad (5-9)$$

$$伊利石+1.64Mg^{2+}+1.89Fe^{2+}+8.24H_2O=0.82 绿泥石+0.6K^++1.37H_4SiO_4+6.46H^+ \qquad (5-10)$$

（4）伊/蒙混层集合体。在扫描电镜下呈蜂窝状，以颗粒包膜的形式产出。伊/蒙混层来自蒙脱石伊利石化，而这个转化过程需要的 K^+ 由钾长石溶蚀提供，因此其含量受蒙脱石和 K^+ 的控制。蒙脱石既可以转化为伊利石，也可以转化为伊/蒙混层，这取决于 K^+ 的浓度，实验证明，当溶液中含有 5% 的 KCl 和适量 Na^+、Mg^{2+}、Fe^{2+} 时，则蒙脱石转化为无序伊/蒙混层；当溶液中含有 ≥ 10% 的 KCl 和适量 Na^+、Mg^{2+}、Fe^{2+} 时，则蒙脱石基本转化为伊利石。伊/蒙混层对储层物性的影响主要表现为它可以堵塞喉道，降低储层渗透率。

从各种黏土矿物的垂向分布可以看出，高岭石的含量随埋深的增大不断减少，当山西组埋深为 2900m、盒 8 段埋深为 2300m 时高岭石急剧减少；山西组埋深小于 2600m、盒 8 段埋深小于 2300m 时，伊利石含量很少（< 2%），山西组埋深为 2600~3500m、盒 8 段埋深为 2300~2600m 时，伊利石大量形成，之后伊利石逐渐减少；绿泥石和伊/蒙混层随埋深的增加不断增多，但当山西组埋深大于 2600m、盒 8 段埋深大于 2400m 时，含量急剧增大。黏土矿物以上分布特征说明，温度能促进黏土矿物间的转化，各种黏土矿物的含量存在此消彼长的特点，尤其是黏土矿物含量的突变点埋深都相似，可以推测出黏土矿物间的转化关系，即高岭石转化为伊利石，伊利石又转化为绿泥石（图 5-28、图 5-29）。

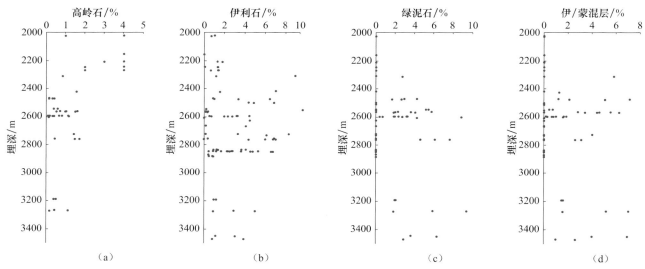

图 5-28 鄂尔多斯盆地东南部盒 8 段致密砂岩黏土矿物含量与埋深关系散点图

（二）建设性成岩作用

1. 溶蚀作用

溶蚀作用是一种重要的建设性成岩作用，尤其是对致密储层，后期的溶蚀可产生大量的次生孔隙，改善储层物性。溶蚀作用发生的温度窗为 80~140℃，钾长石溶解不仅可以形成次生孔隙，改善储层的孔渗能力，还会生成 K^+、伊利石和 SiO_2，K^+ 可以参与到其他反应中。水 - 岩平衡反应是溶解作用的另一种机制，长石的溶解和交代作用是随埋深和温度增加的自然现象，不需要酸类，但酸类会加速这一过程（肖林萍等，1996）。

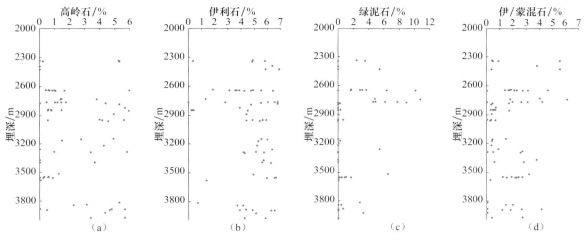

图 5-29　鄂尔多斯盆地东南部山西组致密砂岩黏土矿物含量与埋深关系散点图

盆地东南部上古生界砂岩溶蚀作用较普遍，硅酸盐矿物、碳酸盐矿物和二氧化硅均遭受不同程度的溶蚀，溶蚀作用受岩石矿物类型的影响较大。长石和岩屑颗粒的可溶组分在地下流体参与下发生溶蚀，颗粒内部溶蚀时多呈现蜂窝状或条带状，形成粒内溶孔，颗粒边缘溶蚀时呈现港湾状或锯齿状，形成粒间溶孔，颗粒完全溶蚀呈现空洞状，形成铸模孔。充填在粒间孔中的早期碳酸盐胶结物在晚成岩初期被溶蚀，形成粒间溶孔。石英的溶蚀不同于长石的溶蚀，仅沿其边缘进行溶蚀，扫描电镜下可见石英颗粒表面的溶蚀坑，石英颗粒的溶蚀表明成岩环境由酸性向碱性的转化（杨仁超等，2012），整体来说石英的溶蚀较弱，所形成的溶蚀孔隙较少。

2. 交代作用

交代作用的过程可以分解为溶解作用和沉淀作用，一种矿物在被溶解的过程中沉淀出另一种矿物，而且可以保持矿物晶形或集合体形态不变。交代作用服从体积守恒定律，即交代过程中体积不变，交代顺序受孔隙水中离子浓度的控制。

研究区上古生界砂岩的交代作用主要表现为碳酸盐矿物（包括方解石、铁方解石和铁白云石）交代长石、云母、火山岩岩屑和高岭石，高岭石交代长石和岩屑，以及碳酸盐矿物之间的交代作用（图 5-30），交代作用最为强烈的是高岭石交代长石，其结果是形成大量的晶间孔，它是致密砂岩气的重要储集空间。

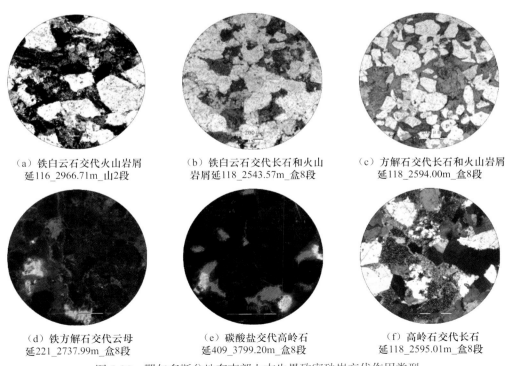

（a）铁白云石交代火山岩屑
延116_2966.71m_山2段

（b）铁白云石交代长石和火山
岩屑延118_2543.57m_盒8段

（c）方解石交代长石和火山岩屑
延118_2594.00m_盒8段

（d）铁方解石交代云母
延221_2737.99m_盒8段

（e）碳酸盐交代高岭石
延409_3799.20m_盒8段

（f）高岭石交代长石
延118_2595.01m_盒8段

图 5-30　鄂尔多斯盆地东南部上古生界致密砂岩交代作用类型

3. 破裂作用

岩石在上覆压力或构造应力作用下，由于岩石自身的脆性而产生各种裂缝，包括宏观裂缝和微观裂缝。宏观裂缝是指岩心及以上级别的裂缝，即毫米级以上；微观裂缝是指薄片及以下级别的裂缝，即微米以下。裂缝的发育程度和分布规律具有很大不确定性，但脆性矿物的含量是重要控制因素之一。裂缝发育程度与岩石类型有关，钙质砂岩及含钙粉砂质泥岩刚性强，裂缝最发育；较纯的砂岩或粉砂岩裂缝也比较发育，而质纯的泥岩塑性强，裂缝最少。裂缝所起的储集作用有限，但裂缝的发育可以较好地沟通原本孤立的孔隙，改善储层的孔隙连通性，同时作为流体的运移优势通道，有利于有机酸等对储层的溶蚀改造，从而在一定程度上改善储层的渗流能力（Beard and Weyl, 1973；杨帆等，2005）。

二、成岩阶段和成岩序列

碎屑岩成岩阶段是指沉积物沉积后直至变质前或抬升剥蚀前的时期，这一时期沉积物先后经历了不同强度、不同类型的成岩作用，储集空间也经历了的了破坏→改善→破坏的单循环状态。由于这一时期跨度太长，成岩特征复杂，且表现出明显的阶段性，因此成岩阶段划分势在必行。成岩共生序列是在成岩作用过程中，成岩作用方式及成岩自生矿物形成的先后顺序（赵澄林，2001），它是细致研究成岩作用的必经阶段。

（一）成岩阶段划分

碎屑岩成岩阶段可划分为同生成岩阶段、早成岩阶段、中成岩阶段、晚成岩阶段和表生成岩阶段，划分依据主要为岩矿特征、孔隙特征、地化特征等，如自生矿物形成顺序和垂向分布特征；黏土矿物组合类型、伊/蒙混层的演化和转化程度及伊利石结晶程度；岩石结构、构造特点和孔隙类型；流体包裹体均一温度或自生矿物形成温度反映的古地温、有机质成熟度等。而根据沉积水介质性质的不同，可分为淡水 - 半咸水介质、酸性水介质（含煤地层）和碱性水介质（盐湖）。

鄂尔多斯盆地东南部现今构造为东南高、西北低，西北部最大埋深达 4500m，东南部最小埋深仅为 1400m，这一特点决定了成岩阶段跨度较大。研究区上古生界砂岩颗粒之间以点接触和点 - 线接触为主，部分线接触和凹凸接触。硅质胶结以石英次生加大为主，多为 II 期次生加大，少量晶粒状石英；碳酸盐胶结物分早期方解石（以孔隙式胶结为主）和晚期铁方解石和铁白云石（充填溶蚀孔和交代其他矿物）。X 衍射黏土矿物分析表明，盒 8 段砂岩不含蒙脱石和绿/蒙混层，伊/蒙混层中蒙脱石的体积分数为 0～55%，绝大部分小于 20%。镜下鉴定和扫描电镜分析表明，自生黏土矿物以伊利石和绿泥石为主。包裹体取样深度为 2023～3827m，均一温度为 70～150℃。镜质体取样深度为 2101～3807m，R_o 为 1.6%～2.6%。受强烈压实作用的影响，砂岩中原生孔隙消失殆尽。根据以上成岩特征，结合该地区埋藏史、地热史、有机质演化史、黏土矿物演化史等，按照陆相盆地碎屑岩成岩阶段划分标准（SY/T5477-2003），综合分析判断东南部砂岩处于中成岩阶段，横跨中成岩阶段 A 期和 B 期，主体处于中成岩阶段 A 期。

（二）成岩序列

通过镜下薄片观察、扫描电镜分析、阴极发光分析等，结合自生矿物的共生组合关系及其形成条件，确定了东南部上古生界的成岩序列。

1. 同生期

同生期古地温为古常温，碎屑沉积物刚刚沉积，尚未脱离沉积水体。沉积物中发生的化学反应主要有两种，一是水化反应，即长石和火山岩岩屑的水化；二是有机质分解反应，即沉积有机质在细菌有氧呼吸作用下氧化分解。

2. 早成岩阶段

（1）早成岩 A 期。对应的古地温为古常温～65℃，埋深小于 2000m，有机质处于未成熟阶段，主要产物为生物甲烷，黏土矿物主要为蒙皂石，伊/蒙混层为无序混层（$S\% > 70\%$）。沉积层不断沉降，上覆沉积物不断增加，上覆压力相应增大，沉积物经历早期压实作用，孔隙水大量排出，随着温度压力的升高，孔隙水中溶解的 $CaCO_3$ 溶解度降低，在粒间孔中沉淀形成早期方解石胶结；随着温度压力的继续升高，沉积有机质在向干酪根的转化过程中生成 CO_2，使孔隙水呈弱酸性（杨仁超等，2012），不仅溶解方解石胶结物，还会导致云母和火山岩岩屑被溶蚀，一方面形成蒙脱石，另一方面使孔隙水中的 SiO_2、Fe^{2+} 和 Mg^{2+} 浓度升高，但温度 $< 60℃$ 时，不会形成石英胶结物，因此，此时并没有石英晶粒或石英次生加大形成；随着碳酸的消耗，孔隙水的 pH 升高，Fe^{2+} 和 Mg^{2+} 与蒙脱石反应，形成早期富铁绿泥石（图 5-31）。此阶段是压实作用最为明显的阶段，碎屑颗粒由悬浮状转为点接触，原生粒间孔隙大量减少，理论孔隙度降至 28% 左右，实际值应该更低。

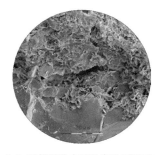

（a）片状伊利石覆盖在早期方解石　　（b）长石高岭石化，　　　　　　（c）石英颗粒表面的富铁绿泥石，
　之上，延221_2736.81m_盒8段　　　延125_2563.33m_山1段　　　　　延221_2737.99m_盒8段

图 5-31　鄂尔多斯盆地东南部上古生界致密砂岩成岩序列（图版一）

（2）早成岩 B 期。对应的古地温为 $65\sim85℃$，埋深为 $2000\sim2500m$，有机质处于半成熟阶段，烃类产物为生物气，黏土矿物主要为伊/蒙混层（$50\% < S\% < 70\%$）。古地温达到 SiO_2 沉淀的最低温度后，早成岩 A 期溶解在孔隙水中的 SiO_2 会首先沉淀出来形成石英晶粒；蒙脱石和钾长石与碳酸反应不仅形成高岭石，还提高孔隙水中的 SiO_2 和 K^+ 浓度；蒙脱石还可吸附 K^+ 转化为伊/蒙混层，同时生成 Fe^{2+} 和 Mg^{2+}（图 5-32）；高温高压引起石英颗粒接触处溶解，造成石英颗粒的压溶作用，补给孔隙水中的 SiO_2；当孔隙水中的 SiO_2 浓度达到饱和时，就会在石英颗粒未相互接触处的低压区形成早期石英次生加大。此阶段是压溶作用最为显著的阶段，石英颗粒间出现大量线接触，接触类型总体表现为点-线接触，理论孔隙度降低至 26% 左右，实际值应该更低。

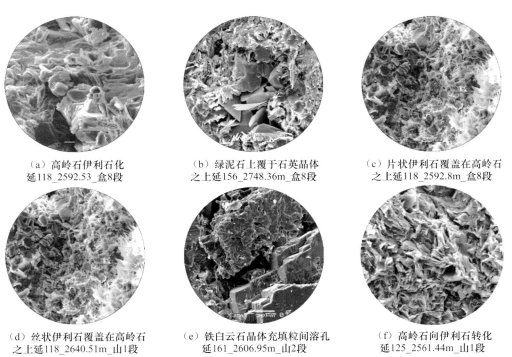

（a）高岭石伊利石化　　　　　（b）绿泥石上覆于石英晶体　　　　（c）片状伊利石覆盖在高岭石
　延118_2592.53_盒8段　　　　之上延156_2748.36m_盒8段　　　　之上延118_2592.8m_盒8段

（d）丝状伊利石覆盖在高岭石　　（e）铁白云石晶体充填粒间溶孔　　（f）高岭石向伊利石转化
　之上延118_2640.51m_山1段　　　延161_2606.95m_山2段　　　　延125_2561.44m_山1段

图 5-32　鄂尔多斯盆地东南部上古生界致密砂岩成岩序列（图版二）

3. 中成岩阶段

（1）中成岩 A 期。对应的古地温为 $85\sim140℃$，埋深为 $2500\sim4000m$，有机质处于低成熟-成熟阶段，烃类产物主要为热降解气，黏土矿物主要为高岭石，伊/蒙混层为有序混层（$15\% < S\% < 50\%$）。

大量有机酸进入砂岩中，造成早期方解石被溶蚀，以及长石、岩屑被溶蚀，不仅形成高岭石，还使孔隙水中的 SiO_2、K^+、Fe^{2+}、Mg^{2+} 和 Ca^{2+} 等浓度急剧升高；在早期石英次生加大的基础上发育Ⅱ期石英次生加大，如果早期石英次生加大边缘不存在孔隙空间时，则Ⅱ期石英次生加大不发育；黏土矿物中已不含蒙脱石，蒙脱石已全部转化为高岭石或伊/蒙混层；随着温度的升高，无序伊/蒙混层转化为有序伊/蒙混层；长石、岩屑和泥质杂基在酸的作用下高岭石化，阴极发光下可见大量被溶蚀后的长石、岩屑和泥质杂基高岭石化；在中成岩 A 期的晚期，有机质已成熟，生成的有机酸大量减少，并且砂岩中的有机酸被长石、岩屑等物质消耗，孔隙水 pH 升高，开始向弱碱性转变；高岭石开始与孔隙水中的 K^+ 反应形成片状伊利石；在偏碱性的环境下，石英颗粒开始被溶蚀，扫描电镜下可见到石英颗粒表面的溶蚀坑；孔隙水中的 Ca^{2+} 和 CO_3^{2-} 开始交代长石和岩屑，当离子浓度降低后，则在孔隙中沉淀形成晚期方解石；随着温度的升高，铁方解石和铁白云石沿晚期方解石的边缘交代或在粒间溶孔中沉淀（图 5-33）；当古地温达到 $120\sim130℃$ 时，孔隙水中的 Fe^{2+} 和 Mg^{2+} 与高岭石和钾长石反应形成晚期富镁绿泥石（图 5-34）。

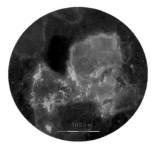

（a）Ⅰ期石英次生加大，环绕石英颗粒分布，晚期方解石交代高岭石和长石延，223_2202.81_盒8段

（b）含铁方解石交代岩屑，长石粒内溶孔和粒间溶孔中沉淀有含铁方解石。延125_2506.63m_盒8段

（c）晚期方解石交代长石，石英次生加大发育，粒间杂基高岭石化，延125_2546.61m_盒8段

（d）燧石发暗棕色光、紫红色光；见少量石英具破裂愈合现象，延223_2351.2_山1段

（e）Ⅲ期石英次生加大充填粒间溶晚期方解石交代高岭石和长石，延125_2546.61_盒8段

（f）杂基高岭石化，晚期方解石胶结物充填粒间溶孔，延125_2416.90m_盒8段

图 5-33　鄂尔多斯盆地东南部上古生界致密砂岩成岩序列（图版三）

（a）丝状伊利石和晶粒状石英充填石英溶蚀坑。延221_2737.99m_盒8段

（b）绿泥石充填石英溶蚀坑，表明绿泥石形成于石英溶蚀之后。延221_2739.40m_盒8段

（c）石英颗粒表面的绿泥石，抑制石英次生加大的形成。延221_2738.97m_盒8段

图 5-34　鄂尔多斯盆地东南部上古生界致密砂岩成岩序列（图版四）

（2）中成岩 B 期。对应的古地温为 $140\sim175℃$，埋深大于 4000m，有机质处于高成熟阶段，烃类产物主要为热裂解气，黏土矿物主要为伊利石，伊/蒙混层为超点阵有序混层（$S\% < 15\%$）。地层水呈弱碱性，随着 K^+ 的消耗，当其浓度低至不足以形成片状伊利石时，孔隙水中开始沉淀出丝状伊利石；伊利石向绿泥石转化。

综上所述，研究区山西组—盒 8 段的成岩序列为早期压实→早期方解石→蒙脱石→早期富铁绿泥石→石英晶粒→高岭石→伊/蒙混层→压溶作用→I期石英次生加大→长石、岩屑和早期方解石等溶蚀→II期石英次生加大→长石、岩屑和泥质杂基高岭石化→石英颗粒溶蚀→片状伊利石→晚期方解石交代长石和岩屑→晚期方解石胶结→铁方解石和铁白云石交代晚期方解石和高岭石→铁方解石和铁白云石胶结→晚期富铁绿泥石→丝状伊利石（图 5-35）。在漫长的地质历史过程中，发生着各种成岩作用。因此，上述成岩序列仅仅反映某一成岩时间首次出现的相对早晚。

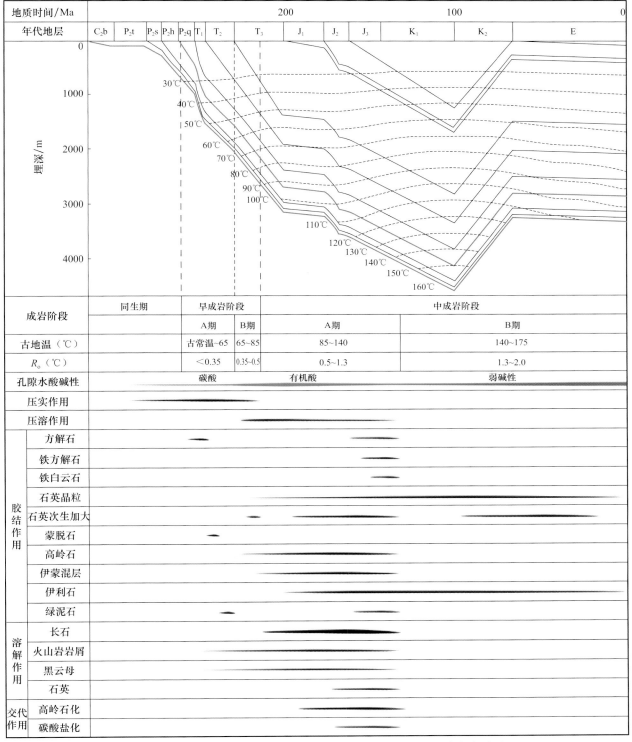

图 5-35　鄂尔多斯盆地东南部上古生界致密砂岩成岩阶段和成岩序列图

三、砂岩致密的主控因素

砂岩致密化的过程，同时也是储层物性变差的过程。确定盆地东南部主力含气层段砂岩致密化的主要成岩作用需从成岩作用对砂岩孔隙的破坏入手。

$$COPL = P_i - \{[(100-P_i) \times P_{mc}]/(100-P_{mc})\} \tag{5-11}$$

式中，COPL 为压实作用损失的孔隙度；P_i 为原始孔隙度；P_{mc} 为孔隙体积和胶结物体积。应用 Lundegard（1992）公式计算压实作用损失的孔隙度 [（式 5-12）]。当埋深 > 2200m 时，压实作用损失的孔隙度基本不变，平均值为 30.58%，表明压实作用不再是控制砂岩孔隙演化的主要成岩作用。而此时砂岩中的胶结物才开始大量增加，胶结物平均含量达到 3.25%，表明胶结作用开始成为控制砂岩孔隙演化的主要成岩作用。埋深为 2200m 时，压实作用损失的孔隙度约为 32.85%，原始孔隙度为约 38.71%，说明经压实作用后剩余的孔隙度约为 5.86%，与物性测试数据 5.56% 相吻合（图 5-36、图 5-37）。

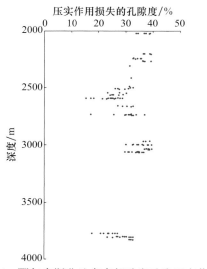

图 5-36　鄂尔多斯盆地东南部致密砂岩压实作用
损失孔隙度与埋深关系散点图

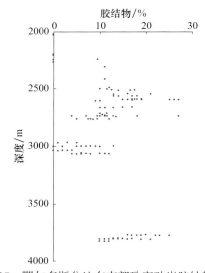

图 5-37　鄂尔多斯盆地东南部致密砂岩胶结物含量
与埋深关系散点图

二叠纪之后，鄂尔多斯盆地经历了四次抬升过程，分别为三叠世 / 早侏罗世、中侏罗世 / 晚侏罗世、晚侏罗世 / 早白垩世和晚白垩世 / 古近纪，但前三次构造抬升剥蚀量较小（小于 300m）（陈瑞银等，2006），且后期又沉降接受沉积，第四次构造抬升剥蚀量大（1000～1300m），且盆地持续抬升至今，因此现今在某一深度观察到的成岩现象是经抬升后的，古埋深应更大。古地温研究显示，研究区石炭纪—三叠纪古地温梯度仅为 2.3℃/100m（吴雪超等，2012），较低的地温梯度导致胶结作用推迟到来。综上所述，埋深达到 3300～3500m 时，即晚三叠世—早侏罗世，研究区上古生界砂岩已经致密化，压实作用是储层致密的主要成岩作用，I 期石英次生加大具有一定的贡献，后期的胶结作用使砂岩进一步致密化。

四、成岩作用与含气性关系

探究成岩作用与含气性的关系时，首先需确定成藏期。运用包裹体均一温度，结合埋藏史和热史确定天然气的成藏期次及成藏期。压实作用作为储层致密化的主要成岩作用受多种因素影响，首先石盒子组砂岩下伏山西组—本溪组烃源岩是一套含煤层系，有机质在热演化过程中生成 CO_2 和有机酸，使地层水呈酸性，不仅使早期碳酸盐胶结物缺乏（陈全红，2007），而且还可以溶解不稳定硅酸盐、岩屑和生成的少量方解石等物质；其次砂岩中岩屑含量较高，在早期成岩过程中被挤压，发生扭曲、膨胀或塑性变形，以假杂基的形式充填到粒间孔隙中，导致砂岩物性变差。

研究区上古生界砂岩中的流体包裹体有以下 4 种类型，分别为盐水包裹体、含气态烃包裹体、气态烃包裹体和 CO_2 包裹体。通过测试与含烃类包裹体共生的盐水包裹体的均一温度，发现山西组（山 2 段、山 1 段）、盒 8 段均为 3 期成藏（图 5-38、图 5-39），其中盒 8 段第一期成藏的古地温为 70℃ 左右，且含烃包裹体数量较少，说明生成的天然气较少，表明下伏山西组的烃源岩在该时期仍处于未成熟-低成熟阶段仅生成少量甲烷，运移至盒 8 段被捕获形成的。由于第一期成藏生成的天然气较少，结合盆地埋藏史和热史可知，第二期和第三期成藏期分别为中侏罗世和晚侏罗世至早白垩世，其中第三期成藏是最主要的成藏期（陈全红，2007）。因此，石盒子组岩性气藏属先致密后成藏类型。

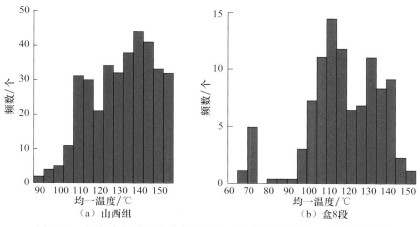

图 5-38　鄂尔多斯盆地东南部致密砂岩流体包裹体均一温度直方图

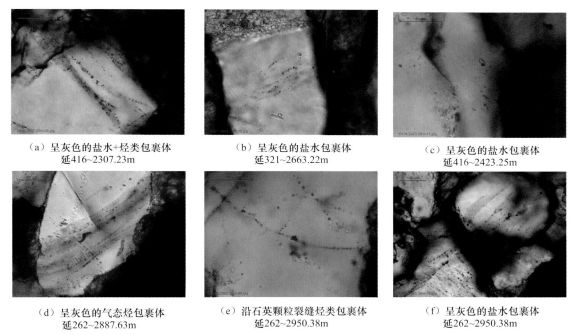

（a）呈灰色的盐水+烃类包裹体
延416~2307.23m

（b）呈灰色的盐水包裹体
延321~2663.22m

（c）呈灰色的盐水包裹体
延416~2423.25m

（d）呈灰色的气态烃包裹体
延262~2887.63m

（e）沿石英颗粒裂缝烃类包裹体
延262~2950.38m

（f）呈灰色的盐水包裹体
延262~2950.38m

图 5-39　盆地东南部本溪组—盒 8 段上古生界流体包裹体特征

溶蚀作用是影响砂岩储层物性的另一重要成岩作用，有机酸是主要的溶解介质，其形成温度为 85~140℃，早于天然气的主要充注期，但仍有大量有机酸与天然气同期充注，很有可能会影响溶蚀作用与含气性的关系。

致密砂岩储层的孔喉细小，储层的非均质性较强，天然气运移的主要动力不再是浮力而是超压，天然气开始运移时需要一定的启动压力梯度，而常规气砂岩不需要（范俊佳等，2014），渗流方式为非达西渗流。当天然气大量持续充注时，可以在致密砂岩中形成连续相，输导体系的类型及输导效率是影响天然气成藏的重要因素。致密砂岩中天然气的充注受渗透率的控制作用明显，渗透率高的砂岩储层天然气充注的起始压力较低，天然气容易驱替水进行充注，而渗透率较低的砂岩储层则相反，天然气勘探开发实践也表明天然气主要富集于渗透率较高的砂岩储层中。孔隙度是影响天然气充注的另一因素，它决定了气层与非气层的分布。压实作用是导致致密砂岩储层孔渗降低的主要成岩作用，胶结作用进一步破坏储层物性，溶蚀作用显著改善储层物性。

$$胶结率 = \frac{胶结物体积}{胶结物体积+粒间孔隙体积} \times 100\% \qquad （5-12）$$

$$溶解率 = \frac{溶解孔隙体积}{总孔隙体积} \times 100\% \qquad （5-13）$$

用成岩定量参数压实率、胶结率和溶解率分别来衡量压实作用、胶结作用和溶蚀作用的强度［式（5-12）、式（5-13）］。胶结物体积和粒间孔隙体积主要是通过岩石薄片进行估算，溶解孔隙体积包括粒间溶孔体积和粒内溶孔体积，总孔隙体积包括原生孔隙体积、溶解孔隙体积。溶解孔隙体积和总孔隙体积主要是通过镜下薄片进行估算。根据压实作用、胶结作用和溶蚀作用的相对强弱，可以分别把三者分为极弱、弱、中、强和极强 5 种类型。

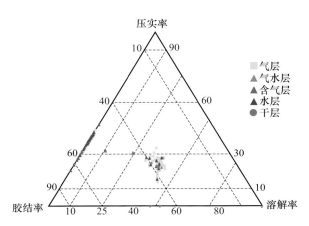

图 5-40　鄂尔多斯盆地东南部致密砂岩成岩作用与含气性三角图

东南部砂岩成岩作用对含气性控制作用明显，气层表现为弱压实弱胶结中溶蚀的特点，压实率、胶结率和溶解率三角图表现为压实率为 20%～30%，胶结率为 30%～40%，溶解率为 35%～45%；非气层表现为中压实强胶结极弱溶蚀，压实率、胶结率和溶解率三角图表现为压实率为 30%～45%，胶结率为 50%～80%，溶解率＜ 1%（图 5-40）。较弱的压实作用不仅有利于原生孔隙的保存，而且有利于后期有机酸进入砂岩中，溶蚀碎屑颗粒、胶结物和杂基，进一步改善储层物性，进而有利于天然气的充注；压实作用增强，不仅极大地破坏了砂岩的孔渗性，而且不利于有机酸的进入，造成大量胶结物和其他岩石物质不能被溶蚀，最终导致砂岩孔喉较小、孔喉结构复杂，孔渗性较差，不利于天然气的充注。

第四节　储层质量控制因素分析

鄂尔多斯盆地上古生界天然气优质储层的形成主要受物源区母岩性质、沉积相及其空间展布、沉积作用与水动力条件、成岩作用等因素的共同控制（罗静兰等，2010）。

鄂尔多斯盆地上古生界天然气藏总体呈大面积、低丰度的特点，在这种背景上仍存在高产、储量丰度较大与气层分布稳定的富集区块。以 $0.5 \times 10^{-3} \mu m^2$ 渗透率为下限值的相对高渗储层是天然气富集与高产的关键因素。在岩心观察、包裹体分析及大量钻井资料研究基础上，明确优质储层形成的 4 种机理：①物源区母岩以变质岩和花岗岩为主，为原始孔隙保持创造条件；②低 A/S 值条件下，由多期河道叠加充填所形成的复合砂体粒度粗、分选好、泥质含量低、物性条件好；③烃类早期充注，使压实和胶结作用受到限制，有利于原生孔隙保存；④基底断裂后期活动，产生微裂缝，既有利于提高致密砂岩的渗透率，又为烃类垂向运移提供了通道。

一、沉积作用奠定物质基础

低渗透致密砂岩储层一般形成于大面积持续缓慢沉积的过渡相环境，其可容纳空间低，物源持续供给且稳定，古地形较为平缓，沉降速率缓慢是形成较为平稳的水动力能力分异和沉积物均匀分布的主要原因，而过渡背景相对较高的 A/S 使得岩石粒度整体较细，塑性组分含量较高，易于形成泥夹煤层的互层结构（于兴河等，2015）。沉积作用控制下的储层岩石的原始组分和结构不仅奠定了储层的物质基础，而且对后期成岩作用产生深刻的影响。当沉积水动力能力较强时，沉积的岩石颗粒粒径一般相对较粗，储层岩性以中 - 细砂为主，杂基含量低，原始孔渗性较好，有利于后期酸性流体的流通与次生孔隙的形成；

而弱水动力条件下沉积的岩石粒径一般较细，岩性以粉砂岩、泥质粉砂岩为主，细粒度和高泥质含量不仅造成储层原始储集性能较差，还加剧了压实作用对储层的破坏。

（一）水动力条件分析

岩性、粒度、分选性、泥质含量、垂向序列、砂体的形态及分布等都是地质历史时期水动力作用能量的直观地质体现，它们是确定沉积时期水动力的重要地质要素。强水动力条件下，冲洗和淘洗作用强烈，沉积物粒度粗，杂基含量低，形成粗粒纯净的石英砂岩，储层物性好；弱水动力条件，砂体泥质夹层多，储层物性相对差，反映河道断流和改道频繁多变的一种弱水动力环境。水动力强的砂体结构石英砂岩明显纯净且储层相对均质，流体流动通道相对更加通畅也为岩石溶蚀改造提供了更多优势通道。

（二）沉积方式与过程

碎屑物质在流体的作用下，将进入搬运状态向他处转移；在一定条件下，还会从搬运状态转变为沉积状态。依据碎屑物质堆积成砂体的方式的不同，一般将沉积方式划分为六大沉积作用，即垂向加积、前积作用、侧向加积、漫积、选积、填积（图 5-41）（于兴河和陈永峤，2004）。

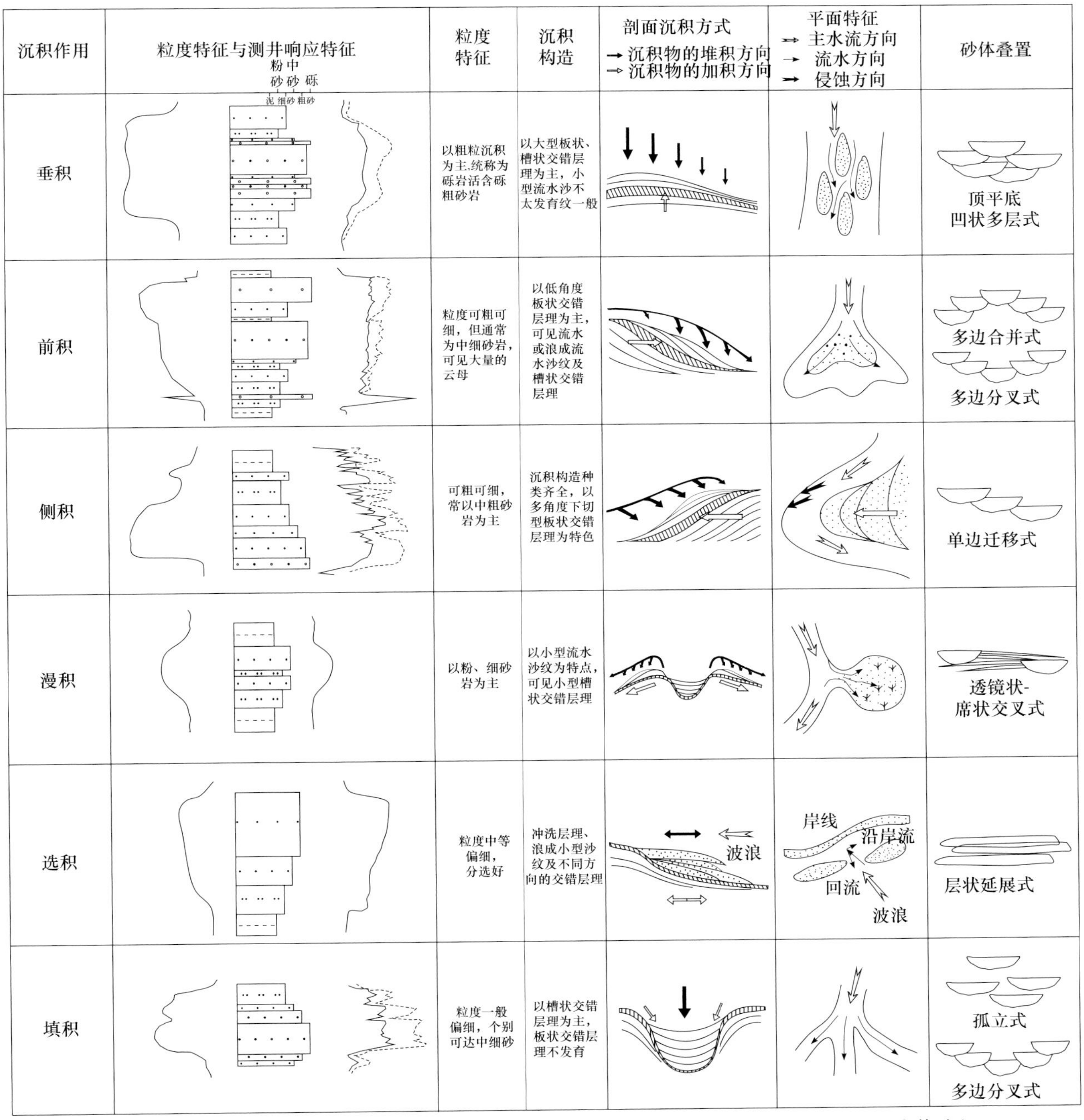

图 5-41　碎屑岩六大沉积作用储层响应的三维构形与非均质特征（据于兴河，2008，有修改）

二、成岩作用是关键因素

（一）岩石类型与填隙物

上古生界砂岩压实作用普遍较强，但具有相同埋深的储层，其压实作用可能具有较大的差别，分析其本质原因，主要表现为塑性颗粒的含量不同，塑性颗粒含量越高，压实越强。而塑性颗粒与砂岩的粒度有一定的关系，粒度越粗，塑性颗粒含量相对减小；而粒度越细，情况正好相反。这也是薄片下观察到的，粒度粗的砂岩压实作用明显弱于粒度细的砂岩。

（二）建设性成岩作用

由于本溪组—山西组属于煤系地层，富含水生和陆生植物，埋藏后易产生腐殖酸，形成酸性水的成岩环境。带酸性的层间水或孔隙水主要对石英、长石、碳酸盐岩屑及其他岩屑进行轻微的溶蚀，形成早期的碳酸盐胶结及绿泥石环边或绿泥石薄膜。在早成岩阶段，有机酸未形成之前，主要是带酸性的层间水和孔隙水对可溶组分进行选择性溶蚀，这时期的溶蚀并不会形成建设性孔隙，因为此时尚处于成岩压实作用阶段，孔隙度急剧降低。但溶蚀物质充填粒间孔隙，使部分砂岩层段变得致密，尤其是早期的碳酸盐胶结物，呈基底式 - 孔隙式胶结，使细砂岩、中 - 粗粒岩屑砂岩的顶、底部甚至整个砂岩层变得致密，增强了岩石抗压实能力，使部分砂岩层段的原生粒间孔隙能更好地保留而不至于直接变得致密，对厚层砂岩中部的原生粒间孔隙形成保护层。当随着有机质的逐渐成熟，会慢慢产生少量的有机酸，对碳酸盐胶结物、长石、石英等进行溶蚀，产生少量的次生溶蚀孔隙。同时，绿泥石环边或绿泥石黏土膜的形成也对储层原生孔隙的保存起到了积极的保护作用。它也可以提高岩石强度抵抗压实作用，还可以抑制石英在颗粒表面成核的数量来抑制硅质胶结物在孔隙内的生长。因此，经过早期压实作用之后，仍能使厚层砂岩层的部分原生粒间孔隙保存下来，未完全致密。

进入中成岩阶段 A 期，当煤系地层中的有机质在成熟阶段（$0.5 < R_o < 1.3$）早期达到有机酸热液释放高峰的温度 $80 \sim 100$℃时，有机质裂解产生大量有机酸使地层水介质呈酸性，从而使岩石中的石英和不稳定组分如长石、岩屑及碳酸盐胶结物等组分发生强烈溶蚀，产生大量的粒间溶孔、铸模孔、晶间溶孔、粒内溶孔等，使残余的原生粒间孔隙溶蚀扩大，甚至使不同的孔隙类型被溶蚀孔或溶蚀缝连通。石英的次生加大边、石英颗粒边缘和内部形成形态各异的溶蚀港湾、溶蚀坑、溶蚀弧等，形成部分溶蚀孔隙，以铸模孔、粒内溶孔为主，也可能是后期水介质碱性化的产物。对于邻近生烃中心和处于深埋状态的砂岩层，有机酸溶蚀作用极强。在深埋藏地层中，有机酸的溶解作用对次生孔隙的形成至关重要。岩屑砂岩有机酸溶蚀开始于早成岩阶段 B 期中期，溶蚀作用一直持续到中成岩阶段 B 期中期。随着成岩环境变为碱性，随后溶蚀作用减弱，转向以压溶和方解石的充填胶结作用为主。

在显微镜下，长石被部分或完全溶蚀，溶蚀孔被黏土矿物（高岭石等）充填或者被碳酸盐交代充填。石英也有弱 - 中等的溶蚀，在石英加大边、石英颗粒边缘有形态各异的溶蚀港湾、溶蚀坑、溶蚀弧等系后期水介质碱性化的产物。在砂岩中形成大量的粒间孔隙、粒内溶孔、晶间溶孔、铸模孔等。其中碳酸盐岩屑、长石类骨架颗粒及不稳定岩屑的溶解是本区次生孔隙形成的主要途径。

（三）次生孔隙的形成

1. 酸的来源

上古生界砂岩溶蚀作用相对较弱，长石等易溶颗粒在酸性水的作用下发生不同程度的溶蚀。根据酸性水的形成条件，可分为大气淡水的溶蚀和有机酸的溶蚀。大气淡水的溶蚀作用主要出现在上古生界内部的不整合面处，溶蚀作用较强烈，自上而下，受大气淡水淋滤作用形成次生孔依次减少，而由于溶蚀形成的高岭石则依次增加。

对于有机酸的溶蚀，情况比较复杂。临界烃源岩的地层见不同程度的有机酸溶蚀，次生孔隙较发育，总溶蚀程度并不强，这主要是因为鄂尔多斯盆地总体上是一个冷盆，古地温梯度一直较低，在经历了中侏罗世晚期的热事件后进入生烃门限，低地温梯度导致有机质成熟较晚，在有机酸发生溶蚀时，砂岩储层已致密化，使得水 - 岩反应的不彻底。通过大量的薄片观察，发现次生孔隙发育的砂岩具有以下特征：砂岩储层分选好、粒度粗、压实作用相对较弱、粒间孔发育。以上特征说明原始孔隙为后期酸性水的流动提供了通道，干酪根生烃过程中，生成的油气及有机酸主要沿高孔渗带进行运移，而那些相对致密的砂岩并不能很有效地与有机酸接触。所以，原始储层物性较好的砂岩，后期的次生孔隙也相对发育。综上所述，对于大气淡水的溶蚀，古地貌斜坡及主河道发育是次生孔隙发育带；而对于有机酸的溶蚀，位于主河道，以刚性颗粒为主的砂岩储层是次生孔隙发育带。

2. 易溶组分的溶解

由不稳定的骨架颗粒溶解而形成的孔隙是次生孔隙中最重要的成因类型，而长石又是分布最广泛的易溶骨架颗粒。研究区上古生界砂岩中含有 0%～4% 以上的长石等不稳定的碎屑颗粒组分，这为次生孔隙的广泛发育创造了必要的条件。

长石溶解作用发育状况，在很大程度上取决于长石颗粒的溶解速度，它主要受长石成分（类型）、粒度、沉积前蚀变状况、孔隙流体性质、运动状况和有机酸类型、含量，以及温度效应和砂岩原始孔渗条件等多种因素控制。对长石溶解过程的热力学状态分析，有助于阐明长石溶解作用发育状况与长石类型及温度的关系。

斜长石、钠长石和钾长石在溶解过程中，最常见的反应产物是自生高岭石，具体反应方程式如下：

$$2Na_{0.6}Ca_{0.4}Al_{1.4}Si_{2.6}O_8+1.4H_2O+2.8H^+=1.4Al_2Si_2O_5(OH)_4+1.2Na^++0.8Ca^{2+}+2.4SiO_2$$
（斜长石，An=30）　　　　　　（高岭石）　　　　　（石英）（5-14）

经计算得出标准状态下的反应自由能（ΔG^o）、生成热（ΔH^o）和熵（ΔS^o）

$$\Delta G^o= -162.8kJ/mol, \Delta H^o= -192.72kJ/mol, \Delta S^o= -100.5J/mol \cdot K$$

$$2NaAlSi_3O_8+2H^++H_2O=Al_2Si_2O_5(OH)_4+4SiO_2+2Na^+$$
（钠长石）　　　　　　（高岭石）　　（石英）　　　　　　（5-15）

$$\Delta G^o= -78.74kJ/mol, \Delta H^o= -87.38kJ/mol, \Delta S^o= -30.04J/mol \cdot K$$

$$2KaAlSi_3O_8+2H^++H_2O=Al_2Si_2O_5(OH)_4+4SiO_2+2K^+$$
（钾长石）　　　　　　（高岭石）　　（石英）　　　　　　（5-16）

$$\Delta G^o= -67.70kJ/mol, \Delta H^o= -45.97kJ/mol, \Delta S^o= -72.91J/mol \cdot K$$

自由能判据是（恒温、恒压、不作其他功）：$\Delta G < 0$，不可逆过程；$\Delta G > 0$，不可能发生过程；$\Delta G = 0$，平衡态标志或可逆过程。

以上热力学计算可以看出，在标准状态下斜长石、钠长石和钾长石都自发地向高岭石转化，并且斜长石反应的 ΔG^o 远小于钠长石和钾长石，这说明在地表条件下，斜长石比钠长石和钾长石更易蚀变和溶解。随着温度的升高（假设压力不变），反应自由能将发生变化，利用公式 $\Delta G_T^o=\Delta H^o-T\Delta S^o i$。可计算出温度从 25℃ 升高到 175℃ 时，斜长石的 ΔG 从 –162.81kJ/mol 升高到 –147.70kJ/mol，钠长石的 ΔG 从 –78.74kJ/mol 升高到 –73.93kJ/mol，相反钾长石的 ΔG 则从 –67.70kJ/mol 降到 –78.64kJ/mol，可见温度升高对钠长石溶解影响不大，使斜长石的溶解有明显减弱的趋势，而使钾长石的溶解能力有较大的提高。

上古生界的溶蚀较为明显，见大量格子双晶发生溶蚀，溶蚀强烈时则形成蜂窝状溶孔，甚至铸模孔。岩屑溶蚀主要发生在火山岩岩屑中，被溶解部分多为岩屑中的不稳定组分。

三、裂缝发育时有利条件

岩石由于其基本性质，在构造或非构造作用力的影响下均可产生裂缝，裂缝的发育对于低渗透致密储层的勘探与开发起着重要的作用（曾大乾等，2003；曾联波，2004）。低渗透储层在沉积后经历强烈的成岩作用改造以致致密。岩石刚性较强，裂缝发育程度高。裂缝所起的储集作用有限，其对孔隙度的贡献率通常小于 5%，但裂缝的渗透率通常是基质渗透率的 1～2 个数量级（曾联波，2004）。在一定程度上可以改善储层的渗透性，其与有利储集砂体在空间上的组合构成了天然气运移的有效通道，同时天然裂缝的发育特征也是拟定压裂方案进行气田高效开发的重要因素。

第六章 储层四性关系与非均质特征

第一节 储层"四性"关系与气层识别

储层"四性"关系是指储层的岩性、物性、含气性及测井响应之间的内在联系，他们之间既有内在联系又相互制约，其中岩性起主导作用（王润好等，2006）。岩石颗粒的粗细、分选的好坏、粒序纵向变化特征及泥质含量、胶结类型等直接控制着储层物性（孔隙度、渗透率）和含气性（含油气饱和度）的变化，储层电性则是岩性、物性、含气性的综合反映。运用测井资料，既可以对储层的孔隙度、渗透率、原始含气饱和度作出定量解释，也可以对渗透性砂岩的有效厚度和隔层进行定性判别，还可对气、水层进行定性识别。

一、储层四性关系

（一）岩性与物性关系

本溪组—盒8段岩心分析统计资料表明：随着砂岩粒度的增加，储层物性呈现变好的趋势，但物性分布范围较大（图6-1）；各种岩性中，以（砂）砾岩、中粗砂岩的物性最好，细砂岩次之，粉砂岩和泥质砂岩较差。

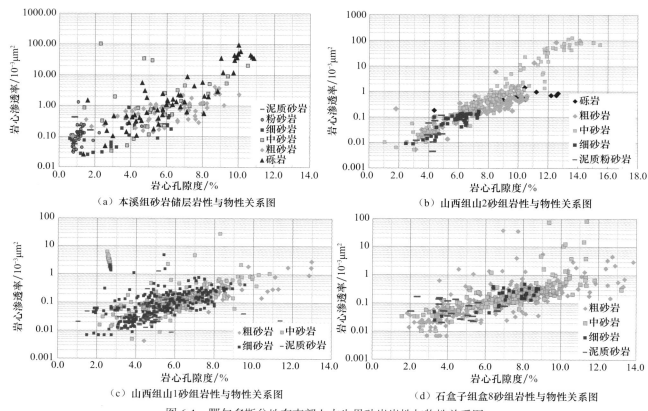

（a）本溪组砂岩储层岩性与物性关系图　　（b）山西组山2砂组岩性与物性关系图

（c）山西组山1砂组岩性与物性关系图　　（d）石盒子组盒8砂组岩性与物性关系图

图6-1　鄂尔多斯盆地东南部上古生界砂岩岩性与物性关系图

储层的泥质含量对物性影响较为明显。当泥质含量大于15%时，储层物性明显变差；孔隙度一般小于7.0%，渗透率小于$0.1 \times 10^{-3} \mu m^2$（图6-2）。

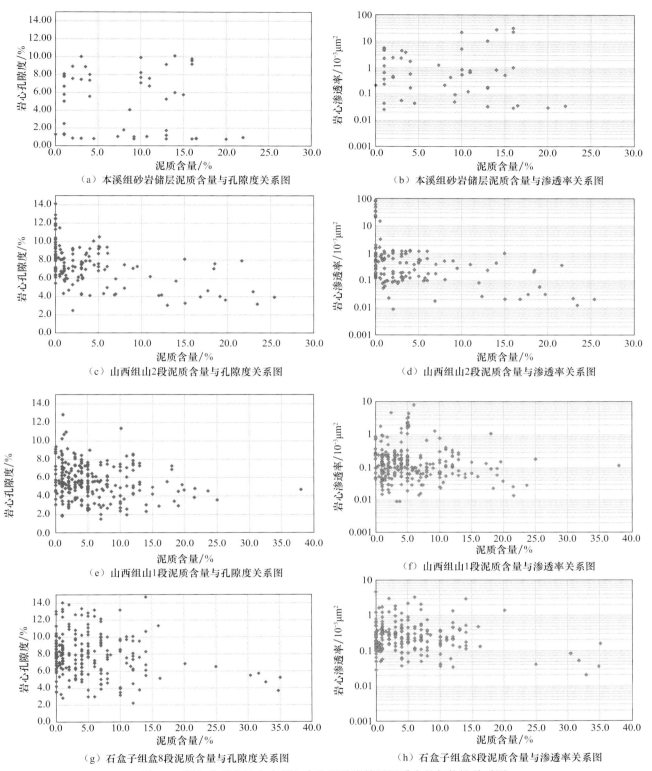

图 6-2　鄂尔多斯盆地东南部上古生界砂岩储层泥质含量与物性关系图

（二）岩性与含气性关系

通过统计试 215 井等 12 口既有岩心数据又有含气性级别描述的砂岩和砾岩岩心分析资料，表明：盆地东南部本溪组—盒 8 段含气岩心中的粉砂岩与不含气岩心段比例较大，整体含气性较差；在细 - 中砂岩、粗砂岩、砾岩中，以砾岩含气岩心的比例较高，其次为粗砂岩。

据延 161、延 177 井等密闭取心资料统计表明（图 6-3），中 - 粗砂岩储层的原始含气饱和度大，细砂岩、粉砂岩、泥质砂岩储层的原始含气饱和度低。

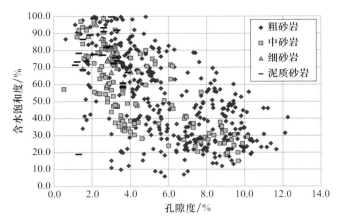

图6-3 鄂尔多斯盆地东南部上古砂岩储层岩性、物性与含气性关系图

（三）物性与含气性关系

鄂尔多斯盆地上古生界烃源岩分布广泛，具有"广覆式"、近源充注特点。油气在充注成藏时，优先充注孔隙度较高、毛细管阻力较低的优质储层。因此，储层物性与含气性具有密切关系。

据延长地区的相渗分析资料，储层的束缚水饱和度随储层物性变好，具有变小的趋势（图6-4）；该区密闭取心资料也显示，储层的含水饱和度随储层物性变好也有减小的趋势（图6-5）。本溪组砂岩中，孔隙度低于3.0%，渗透率低于$0.6 \times 10^{-3} \mu m^2$ 时，对应的含水饱和度多大于50%。山2段砂岩中，孔隙度低于3.0%、渗透率小于$0.06 \times 10^{-3} \mu m^2$，储层的含水饱和度一般大于50%；山1段砂岩中，孔隙度低于4.0%、渗透率小于$0.08 \times 10^{-3} \mu m^2$，储层的含水饱和度一般大于50%；盒8段砂岩中，孔隙度低于6.0%、渗透率小于$0.1 \times 10^{-3} \mu m^2$，储层的含水饱和度一般大于50%。

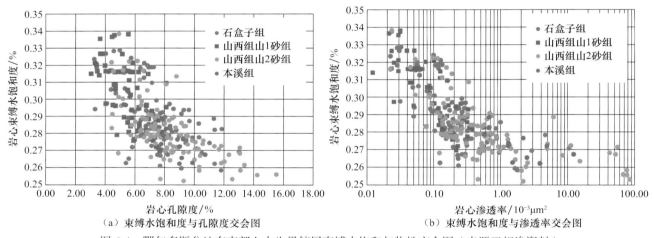

（a）束缚水饱和度与孔隙度交会图 （b）束缚水饱和度与渗透率交会图

图6-4 鄂尔多斯盆地东南部上古生界储层束缚水饱和与物性交会图（来源于相渗资料）

（四）岩性、物性、含气性与电性关系

一般而言，测井曲线的电性特征能很好地反映储层的岩性、物性和含气性。常规测井系列中，反映岩性的测井曲线有自然伽马、电阻率、声波时差、密度、中子，反映储层物性的测井曲线有自然电位、声波时差、补偿密度（岩性密度）和补偿中子，反映储层含气性的测井曲线有深、浅侧向电阻率和深、中感应电阻率。

1. 岩性与电性关系

据取心井的岩心描述，鄂尔多斯盆地东南部上古生界本溪组—盒8段岩性主要有灰岩、煤岩、泥岩（粉砂质）、粉砂岩、砂岩与砾岩6种。其中：本溪组和太原组的深灰色泥晶灰岩，孔隙和裂缝不发育，属致密岩层，其电阻率、声波时差、自然伽马曲线特征与煤岩、泥岩、粉砂岩、砂岩及砾岩区别明显（图6-6）。

本溪组—盒8段的砾岩、砂岩和粉砂岩在自然伽马-电阻率图版上表现为随岩石粒度的增加，自然伽马降低，其中砾岩与砂岩的自然伽马值一般低于70API，粉砂岩的自然伽马在70～110API。电阻率则随岩石粒度的增加呈增加的趋势。煤岩在声波时差-电阻率交会图版上表现为高声波时差、高电阻，与其他岩性区别明显。泥岩在声波时差-电阻率图版上与砂岩、砾岩具有重叠分布特征，但在自然伽马-电阻率图版上，具有显著的高伽马特征。

2. 物性与电性关系

储层物性与补偿密度（岩性密度）、补偿中子及声波时差相关性较好，但相关程度因地区和资料情况

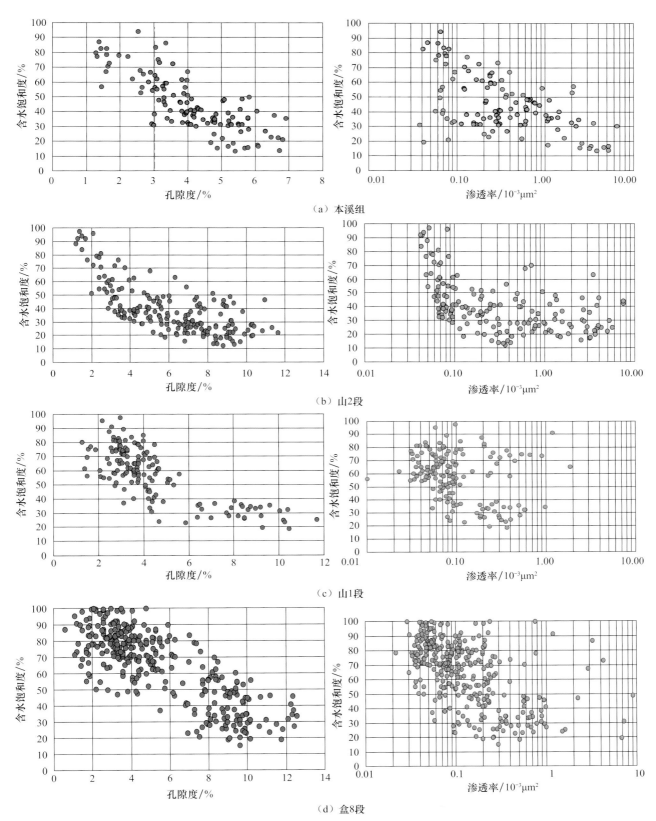

图 6-5　鄂尔多斯盆地东南部上古生界储层含水饱和度与物性关系图

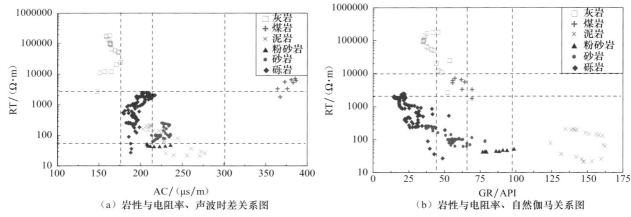

（a）岩性与电阻率、声波时差关系图   （b）岩性与电阻率、自然伽马关系图

图 6-6   鄂尔多斯盆地东南部上古生界地层岩性识别图版

而定。一般来说，补偿密度因易受井径影响，与储层物性参数的相关性相对较差；补偿中子易受储层流体性质的影响，与储层物性参数的相关性也相对较差；声波时差受井径和储层流体性质的影响相对较小，与储层物性参数的相关性最好。在岩性较纯的储层内，随物性变好，声波时差增大、补偿密度减小、补偿中子由于受含气性影响减少或变化不明显（图 6-7）。

3. 含气性与电性关系

（1）气层：岩性较纯，录井见气显示，物性较好；典型测井响应特征表现为"三低两高"特征，即：低自然伽马、低补偿中子、低密度和高声波时差、高电阻率（图 6-8）。

（2）低产气层：岩性不纯，物性较好，录井显示较差；中低伽马，中低声波时差（$AC < 235\mu s/m$），中低电阻率、深浅电阻率呈负差异或重合（图 6-9）。

（3）水层：录井无显示或显示较差；随物性变好，电阻率降低，电阻率曲线与声波时差曲线在反向刻度情况下呈"同向变化"特征（图 6-8、图 6-9）。

（4）干层：录井无显示或显示较差，泥质含量较高，物性较差；电阻率低，电阻率曲线与孔隙度曲线呈"同向变化"特征（图 6-8、图 6-9）。

二、储层参数模型

（一）泥质含量模型

储层评价中，泥质含量 V_{sh} 是一个重要的地质参数。泥质含量 V_{sh} 既反映储层的岩性，也影响储层的有效孔隙度 Φ_e、渗透率 K、含水饱和度 S_w 和束缚水饱和度 S_{wb} 等参数。根据以下公式，用自然伽马曲线计算泥质含量。

$$I_{gr} = \frac{GR_{目的} - GR_{min}}{GR_{max} - GR_{min}} \tag{6-1}$$

$$V_{sh} = \frac{2.0^{GCUR \cdot I_{gr}} - 1}{2.0^{GCUR} - 1} \tag{6-2}$$

式中，GR_{min} 为纯砂岩的自然伽马值；GR_{max} 为纯泥岩的自然伽马值；GCUR 为与地层有关的系数，新地层（古近系）GCUR=3.7，老地层 GCUR=2。

（二）孔隙度解释模型

孔隙度是反映储层物性的重要参数，也是储量、产能计算不可缺少的参数之一，要求计算精度较高。从研究区的实际资料状况出发，采用已进行岩电归位好、取心较全的岩心分析孔隙度与声波时差关系建立孔隙度统计解释模型。

1. 本溪组

选用研究区 9 口井 120 个层点，建立了实测孔隙度与声波时差回归分析式（图 6-10）：

$$\Phi = 0.1223 \times \Delta t - 19.247 \quad (R=0.7521，N=120) \tag{6-3}$$

　　用孔隙度测定值对上述公式进行验证，绝对误差小于 1.5% 的层点占 72.2%，平均绝对误差为 1.06%（图 6-11 ）。

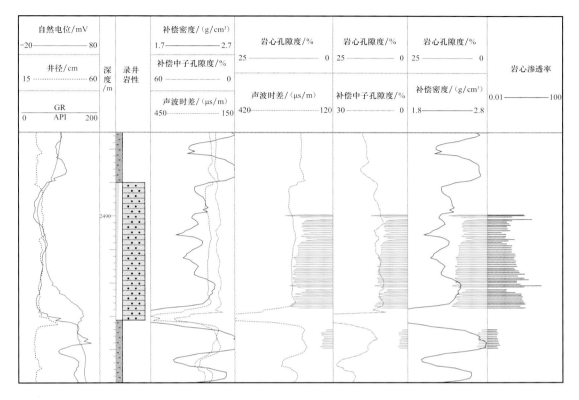

（a）延161井，盒8段

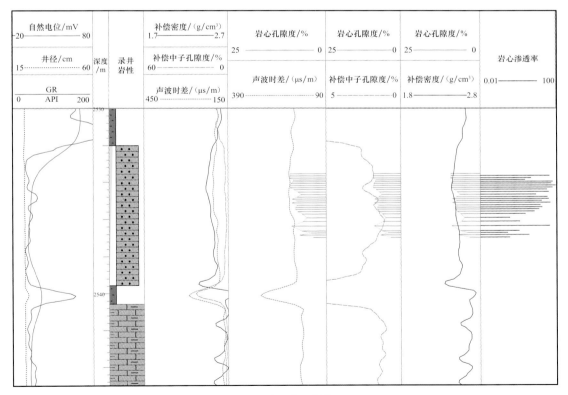

（b）延145井，山2段

图 6-7　鄂尔多斯盆地东南部上古生界储层物性与电性关系图

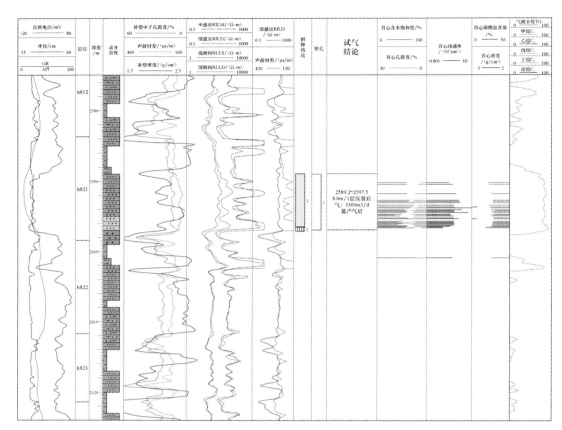

（a）延118井盒8段

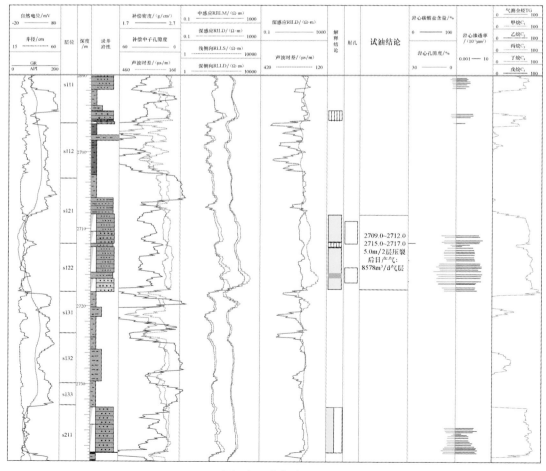

（b）延152井山1段

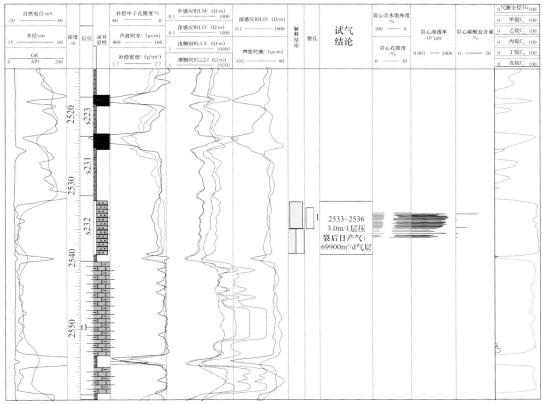

（c）延145井山2段

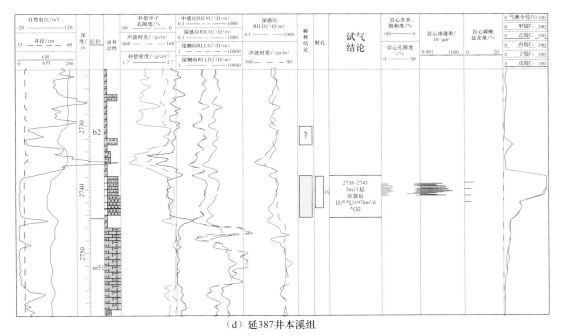

（d）延387井本溪组

图 6-8 鄂尔多斯盆地东南部上古生界气层四性关系图

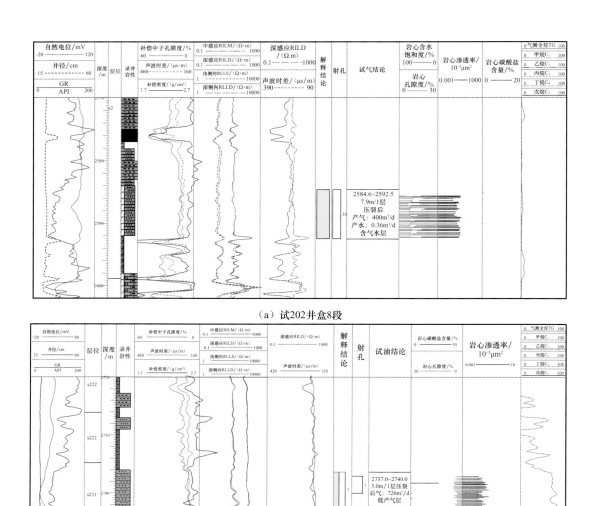

（a）试202井盒8段

（b）延141井山2段

图6-9　鄂尔多斯盆地东南部上古生界低产气层四性关系图

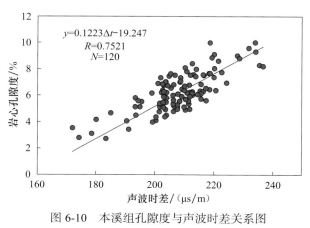

图6-10　本溪组孔隙度与声波时差关系图

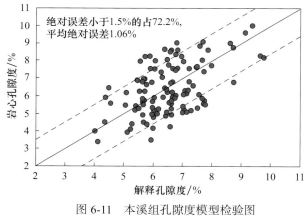

图6-11　本溪组孔隙度模型检验图

2. 山 2 段

选用研究区 16 口井 328 个层点，建立了实测孔隙度与声波时差回归分析式（图 6-12）：

$$\Phi=0.1146*\Delta t-19.838 \qquad (R=0.7598,N=328) \qquad (6-4)$$

用孔隙度测定值对上述公式进行验证，绝对误差小于 1.5% 的层点占 81.2%，平均绝对误差为 0.93%（图 6-13）。

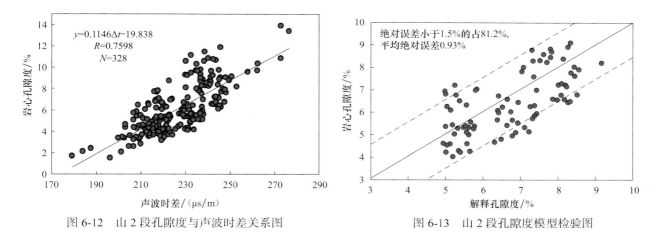

图 6-12　山 2 段孔隙度与声波时差关系图　　　　图 6-13　山 2 段孔隙度模型检验图

3. 山 1 段

选用研究区 23 口井 355 个层点，建立了实测孔隙度与声波时差回归分析式（图 6-14）：

$$\Phi=0.0825*\Delta t-13.842 \qquad (R=0.7793,N=355) \qquad (6-5)$$

用孔隙度测定值对上述公式进行验证，绝对误差小于 1.5% 层点占 76.7%，平均绝对误差为 0.97%（图 6-15）。

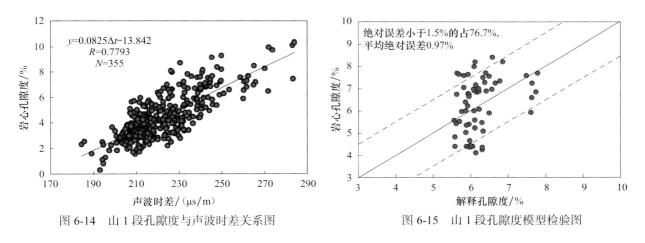

图 6-14　山 1 段孔隙度与声波时差关系图　　　　图 6-15　山 1 段孔隙度模型检验图

4. 盒 8 段

选用延长地区 23 口井 527 个层点，建立了岩心实测孔隙度与声波时差回归分析式（图 6-16）：

$$\Phi=0.119*\Delta t-19.691 \qquad (R=0.5599) \qquad (6-6)$$

用孔隙度测定值对上述公式进行验证，绝对误差小于 1.5% 的层点占 75.4%，平均绝对误差为 0.98%（图 6-17）。

（三）渗透率模型

一般情况下，渗透率与孔隙度之间为指数或幂函数关系。据实际取心分析资料，分层段建立了研究区的渗透率与孔隙度关系式。

（1）本溪组：选用研究区 9 口井 111 个层点的分析数据，建立了渗透率与孔隙度关系式［图 6-18（a）］：

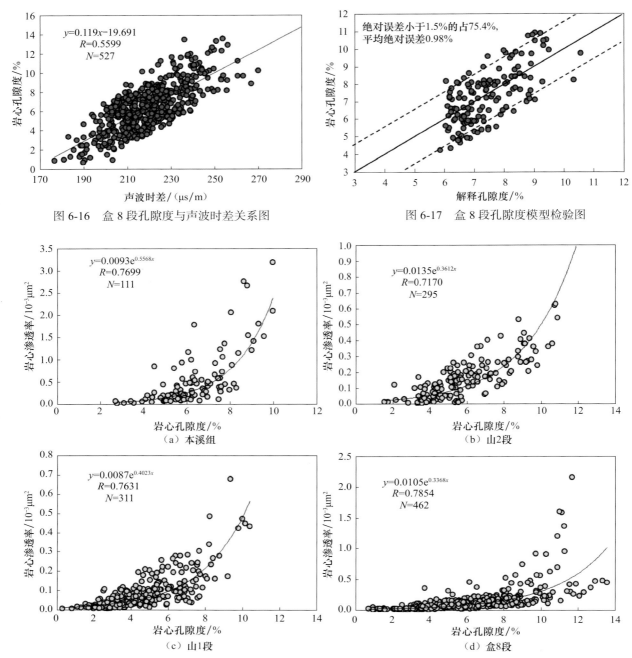

图 6-16　盒 8 段孔隙度与声波时差关系图　　　　图 6-17　盒 8 段孔隙度模型检验图

图 6-18　鄂尔多斯盆地东南部上古生界储层岩心孔隙度与渗透率关系图

$$K=0.0093 \mathrm{e}^{0.5568} \times \Phi \quad (R=0.5928，N=111)$$

（2）山 2 段：选用研究区 13 口井 295 个层点的分析数据，建立了渗透率与孔隙度关系式［图 6-18（b）］：

$$K=0.0135 \mathrm{e}^{0.3612} \times \Phi \quad (R=0.5141，N=295) \tag{6-7}$$

（3）山 1 段：选用研究区 20 口井 311 个层点的分析数据，建立了渗透率与孔隙度关系式［图 6-18（c）］：

$$K=0.0087 \mathrm{e}^{0.4023} \times \Phi \quad (R=0.5823，N=311) \tag{6-8}$$

（4）盒 8 段：选用研究区 19 口井 462 个层点的分析数据，建立了渗透率与孔隙度关系式［图 6-18（d）］：

$$K=0.0105 \mathrm{e}^{0.3368} \times \Phi \quad (R=0.6169，N=462) \tag{6-9}$$

（四）饱和度模型

1. 密闭取心法

据延177、试18井等的本溪组共计154块密闭取心分析结果，建立了延长地区本溪组含水饱和度与孔隙度关系式［图6-19（a）］：

$$S_w=159.84\varPhi^{-1.0012} \tag{6-10}$$

据延161、延177井等山2段共计233块密闭取心分析结果，建立了延长地区山2段含水饱和度与孔隙度关系式［图6-19（b）］：

$$S_w=108.35\varPhi^{-0.7156} \tag{6-11}$$

据延161、延177、试18井等山1段共计154块密闭取心分析结果，建立了延长地区山1段含水饱和度与孔隙度关系式［图6-19（c）］：

$$S_w=143.94\varPhi^{-0.6816} \tag{6-12}$$

据延161、延177井等盒8段共计334块密闭取心分析结果，建立了延长地区盒8段含水饱和度与孔隙度关系式［图6-19（d）］：

$$S_w=160.58\varPhi^{-0.7251} \tag{6-13}$$

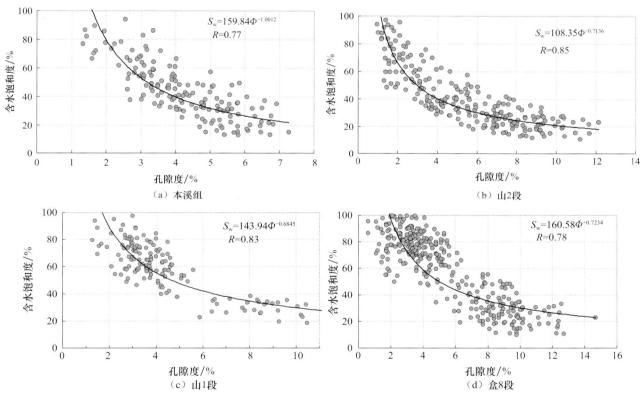

图6-19　鄂尔多斯盆地东南部密闭取心分析含水饱和度与孔隙度关系图

2. 高压压汞法

（1）本溪组。

根据24块高压压汞资料，采用喉道半径0.1μm求得束缚水饱和度与对应岩心分析孔隙度进行拟合［图6-20（a）］，得到延长地区本溪组高压压汞法含水饱和度的计算公式：

$$S_w=170.53\varPhi^{-0.6498}，R=0.89 \tag{6-14}$$

（2）山2段。

根据100块高压压汞资料，采用喉道半径0.1μm求得束缚水饱和度与对应岩心分析孔隙度进行拟合［图6-20（b）］，得到延长地区山2段高压压汞法含水饱和度的计算公式：

$$S_w=259.91\Phi^{-1.3861},\ R=0.92 \tag{6-15}$$

（3）山1段。

根据29块高压压汞资料，采用喉道半径0.1μm求得束缚水饱和度与对应岩心分析孔隙度进行拟合 [图6-20（c）]，得到延长地区山1段高压压汞法含水饱和度的计算公式：

$$S_w=170.19\Phi^{-0.7182},\ R=0.95 \tag{6-16}$$

（4）盒8段。

根据185块高压压汞资料，采用喉道半径0.1μm求得束缚水饱和度与对应岩心分析孔隙度进行拟合，得到延长地区盒8段高压压汞法含水饱和度的计算公式 [图6-20（d）]：

$$S_w=170.53\Phi^{-0.6498},\ R=0.88 \tag{6-17}$$

式中，S_w 为含水水饱和度，%；Φ 为孔隙度，%。

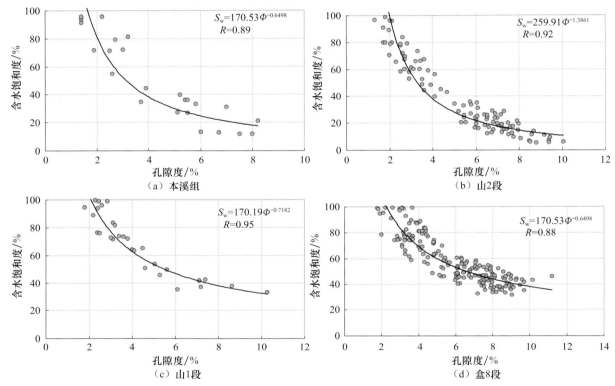

图6-20　鄂尔多斯盆地东南部上古生界储层高压压汞法含水饱和度与孔隙度关系图

3. 相渗曲线法

本溪组：据试7井的13块岩心相渗分析结果，建立了延长地区本溪组束缚水饱和度与孔隙度关系式 [图6-21（a）]：

$$S_{wi}=0.3965\Phi^{-0.1724} \tag{6-18}$$

山2段：据试209、试220井的山2段107块岩心相渗分析结果，建立了延长地区山2段束缚水饱和度与孔隙度关系式 [图6-21（b）]：

$$S_{wi}=0.3774\Phi^{-0.1430} \tag{6-19}$$

山1段：据试7、试215、试220井的山1段66块岩心相渗分析结果，建立了延长地区山1段束缚水饱和度与孔隙度关系式 [图6-21（c）]：

$$S_{wi}=0.3981\Phi^{-0.1672} \tag{6-20}$$

盒8段：据试209、试215、试220井的盒8段108块岩心相渗分析结果，建立了延长地区盒8段束缚水饱和度与孔隙度关系式 [图6-21（d）]：

$$S_{wi}=0.3841\Phi^{-0.1451} \tag{6-21}$$

式中，S_{wi} 为束缚水饱和度；Φ 为孔隙度，%。

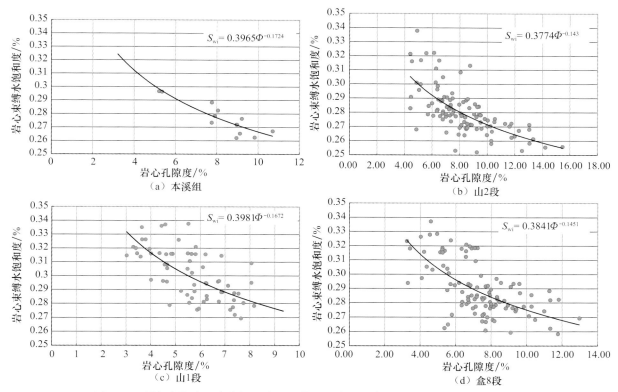

图 6-21 鄂尔多斯盆地东南部上古生界储层相渗分析束缚水饱和度与孔隙度关系图

4. 测井解释法

采用传统测井解释的阿尔奇公式计算含水饱和度：

$$S_{w} = \left(\frac{abR_{w}}{\Phi^{m}R_{t}} \right)^{\frac{1}{n}} \tag{6-22}$$

$$S_{gi} = 1 - S_{w} \tag{6-23}$$

式中，S_{w} 为含水饱和度；S_{gi} 为含气饱和度；Φ 为孔隙度；R_{t} 为储层电阻率，$\Omega \cdot m$；R_{w} 为地层水电阻率，$\Omega \cdot m$；a、b 为与岩性有关的系数；m 为孔喉结构指数；n 为胶结指数。

利用延长地区上古生界 8 口井 304 块砂岩岩电实验数据，得到各层位 $F\text{-}\Phi$ 关系和 $I\text{-}S_{w}$ 关系，并求取相应的岩电参数。对延长地区上古生界砂岩储层地层因素与孔隙度关系分类处理结果表明（图 6-22），地层因素与孔隙度关系可以分为四类；其中 I 类储层的 m 值为 1.9～2.03，II 类储层的 m 值为 1.7～1.8，III 类储层的 m 值为 1.5～1.6，IV 类储层的 m 值为 1.2～1.4。I 类储层的 a、m 值与粒间孔隙型纯砂岩储层的经验值接近，说明反映的是研究区孔喉结构特征最好的粒间孔 - 溶孔型储层的岩电特征。

鉴于研究区各层段的储层 a 值差别小，为 1.0 左右。利用单样品分析资料，令 $a=1$，得到 $m = -\lg F / \lg \Phi$；据此公式，求取每个样品的胶结指数 m 值。胶结指数 m 与储层孔隙度有着较好的相关性（图 6-23）：

本溪组：$a=1$，$m=0.3819\ln(\Phi)+2.8302$；

山 2 段：$a=1$，$m=0.2911\ln(\Phi)+2.6028$；

山 1 段：$a=1$，$m=0.3531\ln(\Phi)+2.8418$；

盒 8 段：$a=1$，$m=0.292\ln(\Phi)+2.5428$。

当孔隙度小于 7.5% 时，二者呈正相关关系，胶结指数表现为随孔隙度增大而增大的特征；当孔隙度增大到 7.5% 以后，m 值趋于稳定（m 值约为 2.0）。

同时，利用 8 口井 304 块砂岩电阻增大率（I）和含水饱和度（S_{w}）数据，回归分析后得到各层段的 b、n 值（图 6-24）：

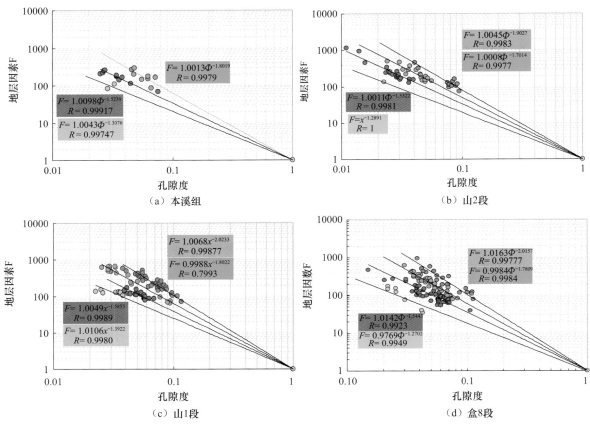

图 6-22　鄂尔多斯盆地东南部上古生界砂岩储层地层因素（F）与孔隙度（Φ）交会图

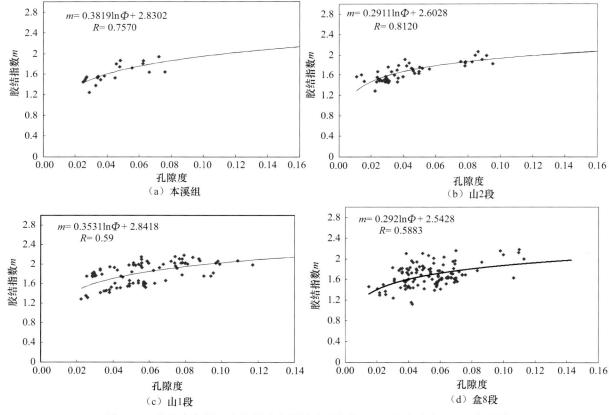

图 6-23　盆地东南部上古生界砂岩储层胶结指数（m）与孔隙度（Φ）交会图

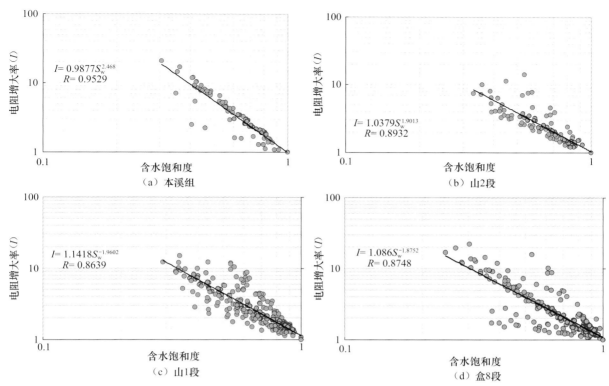

图 6-24　盆地东南部上古生界砂岩储层电阻增大率（I）和含水饱和度（S_w）交会图

本溪组：b=0.9877，n=2.468；

山 1 段：b=1.1418，n=1.9602；

山 2 段：b=1.0379，n=1.9013；

盒 8 段：b=1.0861，n=1.87523。

据延长地区本溪组—盒 8 段地层水的主要离子组成，首先通过图版得到各层段地层条件下的等效氯化钠浓度，再结合气层平均温度，查图版得到各层段地层水电阻率（R_w）。得知：本溪组、太原组的 R_w 为 0.03Ω·m，山 2 段的 R_w 为 0.06Ω·m，山 1 段的 R_w 为 0.08Ω·m，盒 8 段的 R_w 为 0.1Ω·m。

三、储层流体识别方法

鉴于区内储层岩性致密，不同于一般砂泥岩储层，其气层、干层的电性特征不明显；常规试气为低产气层或干层的，压裂后为高产层；这些因素对储层流体识别带来了极大困难。通过研究，利用曲线形态法、曲线重叠法建立了一套适合延长地区的储层流体识别方法。

（一）曲线形态法识别气层

相似岩性、相近物性和水性相对稳定条件下，水层的感应电阻率曲线形态呈下凹状态；气层的感应电阻率曲线相对饱满，呈上凸状态，具有"水凹气凸"特征；气层电阻率往往大于水层电阻率，一般大于 2.5 倍。

（二）曲线重叠法识别油气层

1. 中子孔隙度曲线与声波时差曲线重叠法

一般而言，含气储层的声波曲线值增大，中子曲线值由于含气挖掘效应反而减小。因此，利用反映孔隙度的声波时差、中子曲线重叠，可较好地识别储层的流体性质。中子孔隙度曲线与声波时差曲线在同向刻度情况下，气层段的中子孔隙度曲线与声波时差曲线呈反向变化关系，即"镜像对称"现象，两曲线之间的包络面积越大，说明储层的含气性越好；水层或干层段二者基本呈同向变化关系。

2. 声波时差曲线与电阻率曲线重叠法

总体来看，声波时差曲线与电阻率曲线在反向刻度情况下，致密层段或水层段声波时差与电阻率曲线基本重叠后，气层段的声波时差与电阻率曲线一般呈现"镜像对称"关系，二者之间的包络面积越大，气层的含气饱和度越高。

（三）气层定量评价标准

1. 岩性下限

据岩心观察、物性分析与试气结果对比分析，气层的岩性在细砂岩以上。气测录井显示异常，现场浸水试验常见气泡呈串珠状外冒；钻井现场录井解释为微含气层、含气层的对应井段，试气结果多为工业气流。

据密闭取心资料揭示的岩性及对应孔隙度、含水饱和度关系图版，物性下限之上的岩性主要为细砂岩及以上粒级岩性（图6-3）。

因此，综合录井、岩心等资料，确定有效储层的岩性下限为细砂岩。

2. 泥质含量下限标准

据泥质含量与物性关系，确定延长地区的泥质含量上限为15%（图6-2）。

3. 物性下限

根据本溪组储层含水饱和度与岩心分析孔隙度、渗透率的关系［图6-5（a）］，确定本溪组有效层的孔隙度下限为3.0%，渗透率下限为$0.6 \times 10^{-3} \mu m^2$。根据山2段储层含水饱和度与岩心分析孔隙度、渗透率的关系［图6-5（b）］，确定山2段有效层的孔隙度下限为3.0%，渗透率下限为$0.06 \times 10^{-3} \mu m^2$。根据山1段储层含水饱和度与岩心分析孔隙度、渗透率的关系［图6-5（c）］，确定山1段有效层的孔隙度下限为4.0%，渗透率下限为$0.08 \times 10^{-3} \mu m^2$。根据盒8段储层含水饱和度与岩心分析孔隙度、渗透率的关系［图6-5（d）］，确定盒8段有效层的孔隙度下限为6.0%，渗透率下限为$0.1 \times 10^{-3} \mu m^2$。

4. 电性及饱和度下限值

利用区内气井单层试气结果，分别读取对应的测井数值，将深感应电阻率值与孔隙度、饱和度交汇，以此确定有效层的电性及饱和度下限（表6-1）。

据本溪组单层试气结果与孔隙度、深感应电阻率、含气饱和度关系［图6-25（a）］，确定其有效层的电性下限标准为：AC≥190μs/m（孔隙度Φ≥3.0%）、RIld≥23Ω·m、S_g≥50%。

据山2段单层试气结果与孔隙度、深感应电阻率、含气饱和度关系［图6-25（b）］，确定其有效层的电性下限标准为：AC≥191μs/m（孔隙度Φ≥3.0%）、RIld≥45Ω·m、S_g≥50%。

据山1段单层试气结果与孔隙度、深感应电阻率、含气饱和度关系［图6-25（c）］，确定其有效层的电性下限标准为：AC≥195μs/m（孔隙度Φ≥4.0%）、RIld≥50Ω·m、S_g≥50%。

据盒8段单层试气结果与孔隙度、深感应电阻率、含气饱和度关系［图6-25（d）］，确定其有效层的电性下限标准为：AC≥217μs/m（孔隙度Φ≥4.0%）、RIld≥45Ω·m、S_g≥50%。

表6-1　鄂尔多斯盆地东南部上古生界有效层下限标准统计表

参数层位	岩性		物性		含气饱和度/%	电性		
	粒度	泥质含量/%	孔隙度/%	渗透率/$10^{-3}\mu m^2$		GR/API	DT/(μs/m)	RILD/(Ω·m)
盒8段	细砂岩以上	<15	≥4.0	≥0.06	≥50.0	≤60	≥217	≥45
山1段			≥4.0				≥195	≥50
山2段			≥3.0				≥191	≥45
太原、本溪			≥3.0				≥190	≥23

5. 有效层单层砂岩厚度、有效厚度及净毛比下限

单层有效厚度的起算标准以测试资料为基础，据建立的单层储层砂体厚度与有效厚度关系及净毛比与有效厚度关系来确定。

以试气结果为准，定义产量大于0.5万m^3/d的为气层，产量介于0.1～0.5万m^3/d的为低产层，产量低于0.1万m^3的为干层。

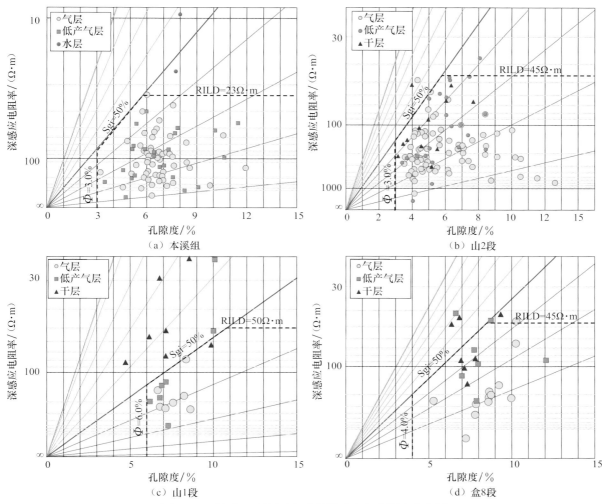

图 6-25 延长气田单层试气井段孔隙度与电阻率交会图

从本溪组储层厚度与有效厚度关系、储层厚度与净毛比关系［图 6-26（a）、（b）］可见，产量达到工业气流标准（＞0.5 万 m³/d）的层段，储层厚度≥3.0m，有效厚度≥2.0m，净毛比＞50%。

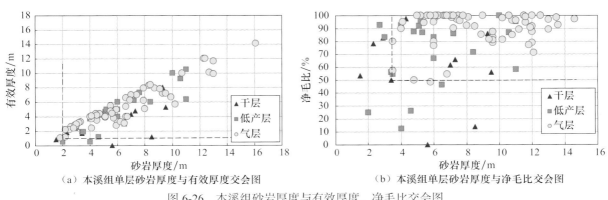

（a）本溪组单层砂岩厚度与有效厚度交会图　　（b）本溪组单层砂岩厚度与净毛比交会图

图 6-26 本溪组砂岩厚度与有效厚度、净毛比交会图

从山 2 段储层厚度与有效厚度关系、储层厚度与净毛比关系［图 6-27（a）、（b）］可见，产量达到工业气流标准（＞0.5 万 m³/d）的层段，储层厚度≥3.0m，有效储层厚度≥2.0m，净毛比＞50%。

从山 1 段储层厚度与有效厚度关系、储层厚度与净毛比关系［图 6-28（a）、（b）］可见，产量达到工业气流标准（＞0.5 万 m³/d）的层段，储层厚度≥4.0m，有效储层厚度≥3.0m，净毛比＞50%。

从盒 8 段储层厚度与有效厚度关系、储层厚度与净毛比关系［图 6-29（a）、（b）］可见，产量达到工业气流标准（＞0.5 万 m³/d）的层段，储层厚度≥4.0m，有效储层厚度≥4.0m，净毛比＞50%。

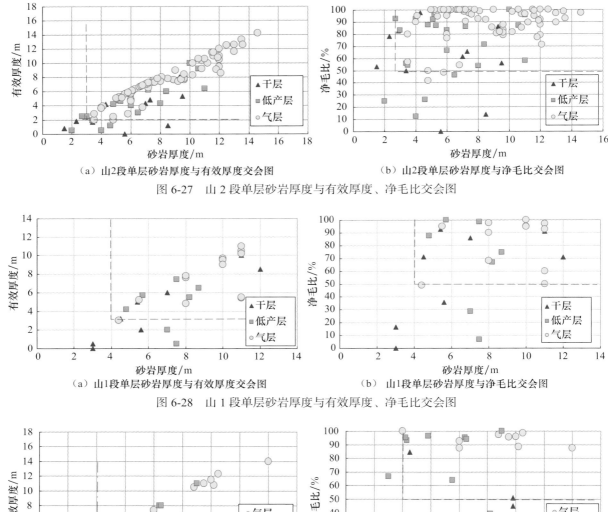

（a）山2段单层砂岩厚度与有效厚度交会图　　　（b）山2段单层砂岩厚度与净毛比交会图

图 6-27　山 2 段单层砂岩厚度与有效厚度、净毛比交会图

（a）山1段单层砂岩厚度与有效厚度交会图　　　（b）山1段单层砂岩厚度与净毛比交会图

图 6-28　山 1 段单层砂岩厚度与有效厚度、净毛比交会图

（a）盒8段单层砂岩厚度与有效厚度交会图　　　（b）盒8段单层砂岩厚度与净毛比交会图

图 6-29　盒 8 段单层砂岩厚度与有效厚度、净毛比交会图

6. 夹层扣除原则

气层中的夹层扣除主要利用测井曲线进行。首先根据物性与测井标准确定出有效层，然后划分出气层顶底界限，量取总厚度，并从总厚度中扣除夹层厚度，进而得到气层厚度。

据现有测井资料的分辨能力，致密夹层起扣厚度取 0.2m。

第二节　储层非均质性

非均质性是指储层岩性和物性的各向异性，而其中又以储层的渗透率是最重要的非均质性的标志。构造、沉积、成岩多种因素的作用下，储层在剖面上、平面上均具有不同程度的非均质性。储层非均质性研究一般包括层间非均质性、平面非均质性、层内非均质性和微观非均质性研究（裘亦楠，1997）。本书重点阐述鄂尔多斯盆地东南部上古生界主力产层的层内非均质性和平面非均质性。

一、层内非均质性

层内非均质性表现为砂层内部垂向上的渗透率韵律、最高渗透层所处的位置、非均质程度及其层内夹层的分布等，层内非均质性直接控制和影响一个单砂层垂向上的注入剂波及厚度。

1. 层内韵律特征及韵律模式

上古生界山西组和盒 8 段储层主要为粗砂岩、含砾粗砂岩和中粗砂岩，细砂岩含量少。其中，盒 8 段砂岩以厚层状为主，单砂层厚度普遍在 10～20m，河道间细粒沉积不发育，多为由下而上由粗变细的正韵律。发育有粒序层理、板状交错层理和平行层理。其自然电位曲线呈顶底突变的箱状负异常，自然伽马曲线多呈钟形、箱形和齿化箱形。山西组砂岩为中 - 厚层，厚度在 5～10m，正粒序发育，自然电位曲线呈钟形或箱状负异常，自然伽马曲线主要呈齿化箱形。孔隙度和渗透率在纵向上的变化受粒度韵律性及岩性变化的控制，砂岩层内非均质性较强，可分为正韵律、反韵律、复合韵律等。

2. 层内渗透率非均质程度

选取研究非均质性的三个常规参数，即变异系数（V_k）、突进系数（T_k）及级差（J_k）。这三个参数在渗透率非均质性研究中最常用，各参数的含义及在本区的应用情况如下（表 6-2）。

表 6-2　储层非均质性评价标准

评价参数		变异系数（V_k）	突进系数（T_k）	级差（J_k）	均质系数（T_p）
计算公式		$V_k = \dfrac{\sqrt{\sum_{i=1}^{n}(k_i-\bar{k})^2 / n}}{\bar{k}}$	$T_k = \dfrac{K_{\max}}{\bar{k}}$	$J_k = \dfrac{K_{\max}}{K_{\min}}$	$T_p = \dfrac{\bar{K}}{K_{\max}}$
非均质程度	弱非均质	＜ 0.5	＜ 2.0	低值～高值	越接近 1 均质性越好
	中等非均质	0.5～0.7	2.0～3.0		
	强非均质	＞ 0.7	＞ 3.0		

非均质性分类实际上是利用非均质性参数的大小来表征储层非均质性强弱的方法，对于不同地区不同级别的非均质性分类多数情况下应不一致，本书针对盆地东南部储层的实际情况，得出该区储层非均质性的分类方法（表 6-3）。

表 6-3　鄂尔多斯盆地东南部上古生界储层非均质性分类表

层次	类别	非均质性	V_k	T_k
分类	Ⅳ	严重	＞ 1	＞ 7
	Ⅲ	较严重	0.7～1	3～7
	Ⅱ	中等	0.5～0.7	2～3
	Ⅰ	均质	＜ 0.5	＜ 2

这一分类方法主要采用 V_k 与 T_k 两个参数，其原因是这两个参数对表征储层非均质性很方便，而级差（J_k）可以用来表征非均质性，但由于其数值变化较大，不便于分类，因而此次不加以考虑。这一分类方法中Ⅳ类储层非均质性严重，Ⅲ类储层非均质性较严重，Ⅱ类储层非均质性中等，而Ⅰ类储层非均质性较均质。

据取心井的岩心物性统计，储层层内渗透率级差一般相差数倍至上千倍，级差最高为 34177 倍，最小为 1.0 倍；变异系数最大为 3.41，最小为 0.357（表 6-4）；突进系数为 1.0～37.65。按照储层评价规范中的储层非均质性划分标准，属于强非均质程度储层。

表 6-4　各层位层内非均质性统计表

层位	类别	孔隙度 /%	渗透率 /10³μm²	变异系数	突进系数	级差
盒 8 段	范围	1.48～16.35	0.01～36.26	0.357～3.3	1.0～32.7	425.69～38315
	平均值	8.27	1.45	0.88	5.43	
山 1 段	范围	1.28～20.99	0.01～150.81	0.36～3.11	1.0～32.21	1.0～34177
	平均值	7.5	1.17	0.87	5.01	250.52
山 2 段	范围	1.38～15.6	0.007～17.0	0.37～3.41	1.0～37.65	1.0～10454
	平均值	6.92	0.63	0.89	4.66	137.77
本溪组	范围	1.5～30.97	0.01～56.44	0.57～1.66	1.0～30.16	1.0～1032.8
	平均值	6.56	0.76	0.9	3.87	66.81

二、平面非均质性

平面非均质性是指储集体特征在平面上的变化情况，它取决于砂体在平面上的分布规律、几何形态、组合特点、相变方式、连通方式和连通程度。平面非均质性直接关系到开发过程中开发井网的布置、气层的连通性等。

（一）砂体成因类型及其特征

储集砂体的形态特征及分布特征和沉积相的展布、沉积微相的分布及砂体的成因类型密切相关。从本溪组到盒 8 段，在垂向上经历了从海相向陆相转变的演化过程，沉积相有滨浅海相到海陆过渡相的三角洲沉积体系。不同沉积环境决定了储集砂体形态的不同及分布特征的不同。

1. 砂体平面展布形态

（1）孤立式展布的砂体：该种形态的砂体主要分布在滨浅海障壁岛沉积体系中，研究区本溪组砂体横向连续性较差，单个砂体规模较小，砂体呈孤立式沿岸展布，方向呈北北东向，平面上，由于频繁的水进水退，单个障壁砂坝在空间上水平交错分布，它们朝海方向延伸到海相泥岩，朝陆方向尖灭于泥质的非渗透性沼泽、潮坪和潟湖中。

（2）条带状展布的砂体：研究区带状展布砂体整体呈近南北向，局部呈北东向和北西向，带状储集砂体是最主要的砂体展布类型，受物源差异控制作用导致不同层位带状砂体数量和平面位置存在差异。

（3）透镜状展布的砂体：该种形态的砂体主要分布在辫状河三角洲平原的心滩、三角洲前缘河口坝等沉积体中。盒 8 段时期，研究区中南部主要为三角洲前缘沉积体系，北部发育辫状河三角洲平原，透镜状储集砂体主要为心滩。在平面上，根据沉积规模的不同，心滩为大小不等的透镜体，呈纵向、横向及斜交方向分布于辫状河三角洲前缘水下分流河道中。

2. 储集砂体垂向叠置样式

鄂尔多斯盆地东南部上古生界地层包括石炭系本溪组、二叠系太原组、山西组、石盒子组和石千峰组，并经历完整海侵/海退旋回。其中二叠系太原组沉积期为最大海侵期，山西组沉积期海水逐渐退去，石盒子组沉积期鄂尔多斯盆地步入内陆湖盆演化阶段。山西组可细分为山 2 段与山 1 段，山 2 段以厚层状灰黑色泥岩、中薄层状煤和中薄层状灰黑色岩屑石英砂岩为特征；山 1 段陆进海退，砂岩厚度增大，泥岩厚度减小，并以不发育煤层为特征；石盒子组可细分为下石盒子组与上石盒子组，整体岩性以中厚层状岩屑石英砂岩夹中层状多色泥岩为主。

砂体叠置样式反映了可容纳空间与沉积物供给的相互配置，砂体内部构型反映了砂体沉积成因。通过岩心精细描述与测井资料分析，鄂尔多斯盆地东南部山 2 段、山 1 段和盒 8 段砂体具有不同的叠置样式，主要包括不对称砂体孤立叠置样式（山 2 段）、不对称砂体侧向迁移切割式（山 1 段）和宽浅型砂体多层叠置样式（盒 8 段）。应用 Miall 岩相概念（Miall，1977），对每种叠置样式砂体内部不同岩相组合进行分析，明确沉积体沉积作用与水动力强度。

1）不对称砂体孤立叠置样式——山 2 段

山 2 段沉积期海平面相对较高，沉积物供给量相对较少。由于其较大的可容纳空间与较少的沉积物供给使得泛滥平原可以接受大量细粒沉积物，泥质含量较大。因此其砂体以水下分流河道砂体为主，但河道宽度、深度与山1段相比均较小，其储集砂体以孤立状叠置样式为主。由于分流河道弯曲度较大，因此山2段储集砂体叠置样式为不对称孤立状。本区位于南北物源交汇区，沉积相类型主要以三角洲前缘相带为主。

从宏观上看，岩性上具有典型泥包砂的特征。通过精细岩心描述，山2段不对称砂体孤立叠置样式的岩相组合为St→Sr→M，反映水动力条件由强变弱的过程，其水动力条件与山1段、盒8段相比均较弱（图6-30）。

2）不对称砂体侧向迁移切割式——山1段

山1段沉积期，华北地台进一步海退，海水影响范围大大减少，海平面相对较低，沉积物供给量较山2段有所增加，砂质含量有所增加。由于砂泥比相对较大、距物源区相对较近，水动力条件也较山2段有所增强，且河道频繁摆动、迁移，并在垂向上有所叠加，因此山1段储集砂体以不对称侧向迁移切割式叠置样式为主。

从宏观上看，岩性上具有沙泥间互的特征。通过精细岩心描述，山1段不对称砂体侧向迁移切割式的岩相组合为St→Sp→St→Sr→M，反映水动力较强条件下河道的迁移过程（图6-30）。

3）宽浅型砂体多层叠置样式——盒8段

盒8段沉积期海水完全退出，鄂尔多斯盆地演化为近海湖盆。由于沉积物供给量最大，较高的沉积供给速率使得搬运沉积物的主要通道——河道没有时间"消化"，因此其河型以辫状河型为主，并形成了横向上连片分布，垂向上互相叠置连通的辫状河型砂体。因此，盒8段储集砂体以宽浅型砂体多层叠置样式为主。从宏观上看，岩性上具有典型砂包泥的特征。通过精细岩心描述，盒8段多层叠置样式的岩相组合为Gm→St→Sp→Sh，反映强水动力条件下形成的辫状河型沉积（图6-30）。

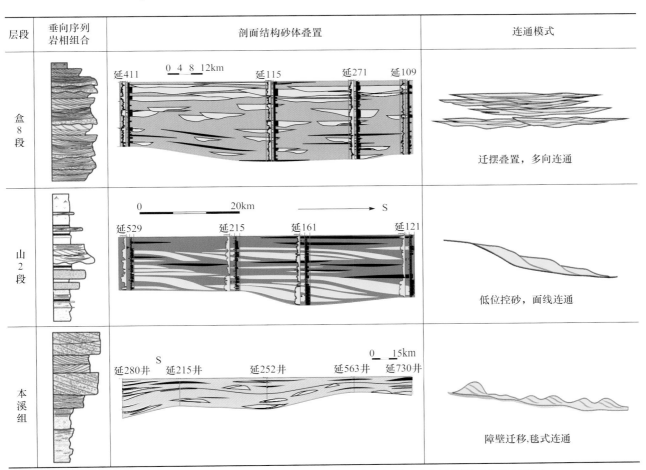

图6-30　鄂尔多斯盆地二叠系主力含气层段典型垂向序列、垂向叠置样式与连通模式

鄂尔多斯盆地东南部研究区山西组与盒8段为南北物源汇集区。河型的变化影响储层构型并进一步

影响储集砂体的垂、横向的连通性。因此储集砂体的叠置样式是确定砂体连通性的关键。而河型的变化受控于沉积物供给速率与可容纳空间变化速率的互相协调，并最终受控于沉积物供给变化速率与基准面变化。

（二）储层物性平面非均质性

在测井资料二次数字处理的基础上，定量求取了本 2 段、本 1 段、山 2 段、山 1 段和盒 8 段的孔隙度、渗透率等储层参数，并绘制了储层参数平面分布图。现以本 2 段、山 2 段、盒 8 段为例进行相关说明。

平面上，本 2 段分布在鄂尔多斯盆地东南部的东部、西部、西北部、东北部；中东部、中部地区孔隙度较好，渗透率也相对较高，仅西北部、东北部局部地区偏低，而中北部局部地区，渗透率高达 $1.0 \times 10^{-3} \mu m^2$ 以上（图 5-18、图 5-19）。

山 2 段储层属于特低孔、特低渗型。孔隙度平面展布特征显示，孔隙度等值线呈条带展布，受物源及沉积相控制作用明显，分为东北部、西北部、南部三大延展区带。储层孔隙度大于 6%、渗透率分布在 $0.125 \sim 0.25 \times 10^{-3} \mu m^2$，普遍分布于水下分流河道中。有利储层孔隙度集中 6%～10%，局部少见大于 10% 的储层；局部见零星分布的高渗储层（图 5-15、图 5-16）。

盒 8 段低孔、低渗储层分布广泛。孔隙度一般大于 6.2%，渗透率大于 $0.1 \times 10^{-3} \mu m^2$，受物源及沉积相控制作用影响，孔渗相对高值呈条带状分布，河道带作为孔渗高值的主要发育区，孔隙度大于 10%，渗透率大于 $3.16 \times 10^{-3} \mu m^2$（图 5-9、图 5-10）。

第七章 生储盖组合及其综合定量评价

生储盖是石油天然气地质的基本三要素，而其组合则是油气评价的主要内容。有利生储盖组合是油气高效输导、富集保存，从而形成大型油气藏的关键（吴兴宁等，2012）。生储盖组合的实质是三者在空间上相互叠合所构成的有利于烃源岩中油气有效驱向储集层的实体，聚集到储层之中的油气因盖层封盖作用而不向上逸散。研究生储盖组合的出发点是以生油层为中心来分析储层、盖层与其在空间上所构成的成因性相互关系，因此，研究生储盖组合时，需解决烃源岩中生成的油气向储集层输导的通道、储集层的储集性能及盖层的封盖性能评价。

第一节 生储盖组合特征

生储盖组合是指在地层剖面中紧密相邻的包含生油层、储集层和盖层的一个有规律的组合，称为一个生储盖组合。由于在实际地层剖面中，岩性往往是过渡的、互层的、厚薄不均一的，所以对生储盖组合的划分也不是绝对的，正确划分生储盖组合对于预测可能的油气藏类型、指出有利的勘探地区具有重要意义。

一、生储盖组合分类

（一）传统生储盖组合分类

传统生储盖组合简单的依据三者的组合关系划分为正常式、顶生式及自生自储（图 7-1）三种组合模式，但勘探生产证实，传统的生储盖组合分类存在一定的局限性，主要表现在以下几个方面：

（1）没有考虑到断层可以沟通生储盖的通道作用，从而将不同时代、不同层位的生储盖组合在一起；

（2）没有考虑到断层、不整合面可作为封隔的条件；

（3）很少考虑油气向下运移的情况。

（二）新的生储盖组合划分方案

高春文和罗群（2002）在传统的生储盖组合划分的基础之上，考虑断层和不整合面在油气聚集成藏中的作用，提出了两种新的生储盖组合划分方案。

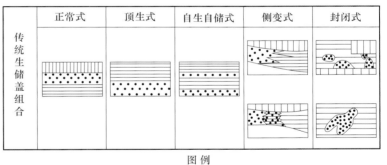

图 7-1 传统的生储盖组合分类

1. 第一种划分方案

第一种划分方案中，以成熟油气从烃源岩进入储集层的途径作为一级分类指标，考虑生储盖组合的空间展布和组合关系作为二级分类指标，划分出三大类生储盖组合类型［图 7-2（a）］，分别为输导层型、断层型和不整合型。其中，输导型与传统的生储盖组合划分相似，可进一步分为下生中储上盖、上生下储上盖、自生自储及侧变式四种类型；断层型可分为上运型、侧运型及倒灌型。

2. 第二种划分方案

第二种划分方案以油气生成、运移、聚集的动态过程及静态地质条件为基础，储层之中储集的油气必须是来自于其所在的生储盖组合内的烃源岩，且一个生储盖组合之内只存在一个烃源岩层。如果一个

类型		图示	传统分类	实例
输导层型	下生中储上盖		正常式	常见
	上生下储上盖		顶生式	常见
	侧变式		侧变式	常见
	自生自储		自生自储	常见
断层型	上运型			常见
	侧运型			尕斯库勒
	倒灌型			三肇
不整合型			新生古储	任丘

图例 □烃源层 ···储集层 ═盖层 ←油气运移方向

（a）第一种生储盖组合划分方案

类型		图示	运移途径	可能运移机制
连续型（Ⅰ）	下生中储上盖		输导层（孔隙、裂缝）	压实排水（烃）增热增压排水（烃），毛细管力，黏土矿物转化脱水，扩散（初次运移为主）
	自生自储自盖		同上	同上
	侧变式		同上	同上
	上生下储上盖		同上	同上 还可能有超压（烃源层中）
间断型（Ⅱ）	下生上储顶盖（断层运移）		断层	压力差，浮力，应力传递，水动力，二次运移为主（从烃源层进入断层为初次运移）
	下生上储顶盖（不整合面运移）		不整合	同上 二次运移为主（从烃源层进入不整合面为初次运移）
	侧运式		断裂	压力差
	倒灌式		断裂（裂缝）	超压（上部油层或烃源层）初次运移，二次运移
复合型（Ⅲ）			输导层断裂	兼有下生上储顶盖型与下生中储上盖型两种机制
			断裂，不整合，裂缝	兼有下生上储顶盖型与侧运式两种机制
			断裂，输导层，裂缝	兼有上生下储型与侧运式两种机制

图例 □烃源层 ○储集层 ═盖层 ＼断层 ／不整合面 ↗运移方向

（b）第二种生储盖组合划分方案

图7-2　新的生储盖组合方式（高春文和罗群，2002）

烃源岩层生成的油气同时供给不同的储集层，则它与这些储集层构成若干独立的生储盖组合；当一个储集层接受来自不同烃源岩层的油气充注时，则该储集层同时属于不同的独立生储盖组合（复合生储盖组合）。因此，第二种划分方案的一级分类指标是烃源岩与储集层是否直接接触（连续沉积），据此划分出三大类生储盖组合，分别为连续型、间断型及复合型［图7-2（b）］。

连续型生储盖组合的烃源岩与储集层直接接触，依据三者的空间关系可进一步划分为下生中储上盖、自生自储自盖、侧变式及上生下储上盖4种类型；间断型生储盖组合的主要特点为三者不直接接触，进一步根据运移方向，分为下生上储顶盖、侧运式及倒灌式；复合型生储盖组合则主要是两种或两种以上基本类型组合而成。

二、生储盖组合特征

油气成藏组合是一组在地质上相互联系且具有类似源岩、储层和圈闭条件的勘探对象，这些勘探对象具有相同的风险因素。Allen等（1990）把石油成藏组合定义为：有共同储集层、区域性盖层和含油气系统的尚未钻探的圈闭和已发现油气藏的集合体。Spencer（1989）认为一个油气成藏组合是具有相同储集层、源岩和区域盖层的油气藏、圈闭和油气发现的组合。

在盆地—含油气系统—成藏组合—远景圈闭评价序列中，盆地和含油气系统是定性的，一般不作经济评价，而成藏组合和远景评价要做定量经济评价。

成藏组合的命名与含油气系统不同，由于其划分的侧重点不同而具有不同的命名系统，一般在平面上以构造单元、圈闭类型和储集层相带类型来命名，如边缘上倾尖灭成藏组合、中央披覆背斜成藏组合等。垂向上，一般以储集岩的时代和岩性为主来命名，如侏罗系砂岩成藏组合，石炭系生物礁成藏组合等。

对于鄂尔多斯盆地而言，盆地主体部分的构造、沉积背景、生储盖组合特征基本一致，具有广覆式生烃、构造圈闭不发育等特点，构造带、岩相带分异不明显。考虑盆地的地质特点，依据成藏关键因素分析，在平面上、纵向上划分出相一致的成藏组合类型。分析认为，鄂尔多斯盆地上古生界纵向上分层性较强，不同层段岩性存在一定差异，有利于划分不同类型的组合类型。

平面上由于盆地上古生界具备广覆式生烃特点，必然存在生烃强度上的差异，成藏组合的划分主要考虑岩性圈闭与源岩的关系。

综上所述，在盆地上古生界自下而上划分出三套不同类型的成藏组合，即：源内式、近源式和远源式（图 7-3），本区主要发育源内式和近源式成藏。各组合的生储盖配置特点不同，资源潜力也不一样。

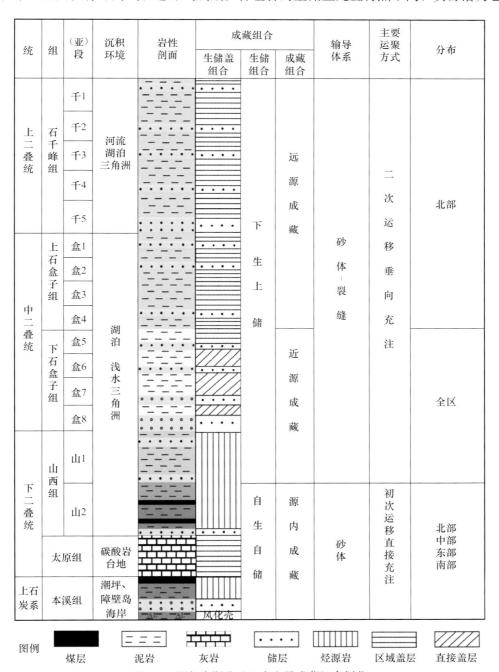

图 7-3　鄂尔多斯盆地上古生界成藏组合划分

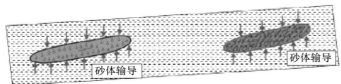

储层：致密背景下的优质储层；
二次运移动力：以源储剩余压差为主，浮力起一定作用；
水：若优质储层达到一定连续分布，则可形成局部边底水；
含气饱和度：一般大于60%

储层：致密储层；
二次运移动力：源储剩余压差，浮力不起作用；
水：水通过"活塞式"驱替到上部地层、不含水；
含气饱和度：一般大于50%；大面积含气

（a）源内成藏组合天然气充注模式

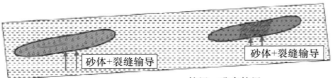

储层：致密背景下的优质储层；
二次运移动力：以源储剩余压差为主，浮力起一定作用；
水：通过裂缝驱替到下伏地层，若优质储层达到一定连续分布，则可形成局部边底水；
含气饱和度：一般大于60%

储层：致密储层；
二次运移动力：源储剩余压差，浮力不起作用；
水：水通过"活塞式"驱替到砂体边部和上部地层、不含水；
含气饱和度：一般大于50%

（b）近源成藏组合天然气充注模式

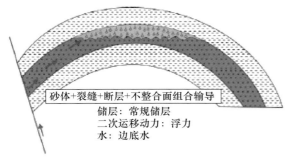

储层：常规储层；
二次运移动力：浮力
水：边底水

（c）远源成藏组合天然气充注模式

图7-4　鄂尔多斯盆地上古生界天然气充注模式（李仲东等 2008）

1. 源内运聚成藏

层位上主要包括本溪组、太原组和山2段。该套组合的储层与烃源岩同层，烃源岩为自身发育的暗色泥岩及煤系地层；储集层主要为三角洲前缘的水下分流河道及障壁岛砂坝；盖层为煤系地层的泥岩，泥岩发育一定幅度的欠压实；对于本溪组来说，其上部太原组海相石灰岩是直接盖层；是一套自生自储组合。该组合输导体系主要为相互叠置的砂体，天然气运聚以短距离侧向和垂向就近聚集为主；储层条件是气藏形成的主控因素。盆地东南部上古生界以致密储层为主，构造平缓，致密储层的毛细管阻力大，气体的浮力基本没有起作用，油气运移的动力以源储剩余压差为主，天然气以"活塞式"运移驱替储层中的水进入上部地层，地层中的水基本为束缚水。由于身处烃源岩内部，来自多方向的烃类气体的大面积充注，使得地层大面积含气［图7-4（a）］。若在致密储层背景下发育有优质储层，由于优质储层的毛细管阻力小，浮力可以起一定作用，但运移动力仍以源储剩余压差为主。若优质储层达到一定程度的连续分布，在浮力作用下可以在圈闭低部位形成局部的边底水。总体看来，该组合含气饱和度较高，试气相对低部位产量也较高，勘探成功率也高，勘探实践证实，在研究区东部、北部和中部广泛分布。

2. 近源运聚成藏

包括山1段及下石盒子组（以盒8段为主），该组合离主力烃源岩层系较近，以上石盒子组泥岩为区域盖层，分布稳定，欠压实发育，下石盒子泥岩为直接盖层；储集层为三角洲前缘水下分流河道砂体，形成下生上储式组合。山1段和盒8段是主要工业气流层位；输导体系为砂体和裂缝；天然气运聚以垂向运移为主，侧向运移为辅。储集条件和下部烃源岩的生烃潜力是成藏主控因素。

与源内成藏组合一样，在近源成藏组合的致密储层中，天然气运移时浮力不起作用，运移动力仍为源储剩余压差，天然气以"活塞式"运移驱替储层中的水进入边部和上部地层，地层中的水基本为束缚水。不同的是近源成藏组合以砂体+裂缝为输导体系，含气面积受输导条件控制，含气面积没有源内致密储层广［图7-4（b）］。

若在致密储层背景下发育优质储层，由于优质储层毛细管阻力小，浮力可以起一定的作用，但运移动力仍以源储剩余压差为主，水可以通过裂缝驱替到下部地层中，含气饱和度一般大于60%。大牛地气田在纵向上的气层含水自下而上逐渐减少就是这种充注模式的实例证明。同样，优质储层达到一定连续分布时，在浮力作用下，可以在圈闭低部位形成局部的边底水。该组合是盆地北部苏里格等气田的主要组合类型，分布面积广；在盆地东南部虽然砂体发育，分布范围大，但其产量普遍较低，无阻流量大于 $5 \times 10^4 \mathrm{m}^3/\mathrm{d}$ 的井很少，且产量差异较大。

第二节　储层定量评价与预测

对储层研究的最终目的是做出符合地质实际的分类与评价。众所周知，影响储层特征与非均质的因素十分复杂，其控制因素为构造演化的阶段性、沉积格局的多样性、成岩作用的复杂性。因此，只有对储层进行综合性的评价才能为后期的勘探开发奠定可靠的地质基础。针对低渗透储层的评价，目前主流方法往往照搬常规中高渗储层的做法，低渗透储层的特点与成因未能引入，反映低渗透渗流特征的参数缺乏考虑，因而也未能建立适应低渗透储层特点的评价指标体系与评价方法，致使储层评价结果与低渗透储层的单井产量之间缺乏良好的相关性（张仲宏等，2012）。然而常规的仅采用孔渗参数进行评价不能有效确定致密砂岩的储渗能力，致使无法体现致密砂岩的本质特征。因此，针对低渗透储层的特殊性，需要在常规中高渗储层研究思路的基础上，建立新的评价参数体系，同时优选综合评价方法，对低渗透储层进行"全方位、多角度"评价，实现"定性与定量""宏观与微观""特殊与一般"的有机结合，并综合考虑储集层的物性、孔隙结构、有效厚度、含气性等多方面的评价参数。

一、定量评价方法

储层研究既要详细、深入解剖储层，理清其地质成因，又要对其特征进行定量分类与评价。评价储层的参数很多，通常包括孔隙度、渗透率、有效厚度、孔隙结构、泥质含量等。在以往的评价中，常采用单因素进行评价或是在专家打分的基础上结合模糊数学进行评价。然而，单因素评价方法常常会出现相互矛盾的结果；而基于专家打分与模糊数学结合的方法评价时，由于每个专家可能意见不同，同样会出现或然性（何琰，2011）。鉴于以上方法在储层评价时存在的弊端，本书在储层评价的过程中采用灰色理论与层次分析相结合的方法，并通过试采资料检验评价结果。经实际生产资料证明，该方法具有可靠性与实用性。

（一）方法原理

1）灰色理论

灰色理论是指既含已知又含未知的分析方法或系统（宋子齐等，1994），这一理论在众多领域（包括地质学）中有较广泛的应用。而灰色关联分析法是灰色理论中的核心内容，其原理是根据系统各因素间或各系统行为间发展态势的相似或相异程度，来衡量其关联程度，其目的是有机的综合评价及预测。因而，灰色关联法是灰色理论分析的基本内涵。灰色关联分析的方法为选定、确定关联系数、关联度，具体方法是计算母序列与子系列间的关联矩阵和关联序。在油气勘探开发各阶段，灰色关联分析法均有应用，包括对储层物性（吴国平等，2000）、储层产能（谭成仟等，2001）、储层中的小层对比技术（张超谟等，1995）等，甚至有些学者用这种方法进行油藏中的来水方向分析（匡建超等，2000）。灰色理论的方法简述如下。

（1）母、子序列的选定。

为了从数据信息的内部结构上分析被评价事物与其影响因素之间的关系，必须用某种指标定量化反映被评价事物的性质。这种按一定顺序排列的指标，称为关联分析的母序列，即为我们所选用的评价参数，记为

$$\left\{X_t^{(0)}(0)\right\},\ t=1,2,3,\cdots,n \tag{7-1}$$

子序列是决定或影响被评价事物性质的各项参数值的有序排列，考虑主因素的 m 个子因素，则有子序列：

$$\left\{X_t^{(0)}(i)\right\},\ i=1,2,\cdots,m;\ t=1,2,3,\cdots,n \tag{7-2}$$

（2）原始数据变换。

确定了母、子序列后，可构成如下的原始数据矩阵：

$$X^{(0)} = \begin{cases} X_1^{(0)}(0)X_1^{(0)}(l)\cdots X_1^{(0)}(m) \\ X_2^{(0)}(0)X_2^{(0)}(l)\cdots X_2^{(0)}(m) \\ X_n^{(0)}(0)X_n^{(0)}(l)\cdots X_n^{(0)}(m) \end{cases} \qquad (7\text{-}3)$$

由于系数中各因素的物理意义不同，数据的量纲也不一定相同，因此要对原始数据做变换以消除量纲间的差异。常用的变换方法有：初值化、归一化等。

初值化方法表述如下：

$$X_t^{(l)}(i) = X_t^{(0)}(i) / X_l^{(0)}(i) \qquad (7\text{-}4)$$

归一化方法表述如下：

$$X_t^{(l)}(i) = \left(X_t^{(0)}(i) - \min\left\{X_t^{(0)}(i)\right\}\right) \Big/ \left(\max\left\{X_t^{(0)}(i)\right\} - \min\left\{X_t^{(0)}(i)\right\}\right) \qquad (7\text{-}5)$$

式中，$i = 1, 2, \cdots, m$；$t = 1, 2, 3, \cdots, n$。

（3）计算关联系数和关联度。

若变换后的母序列为 $\{X_t^{(0)}(0)\}$，子序列为 $\{X_t^{(0)}(i)\}$，则可计算出子因素与母因素观测值之间的绝对值及其级值分别为

$$\Delta t(i, 0) = \{X_t^{(l)}(i) - X_t^{(l)}(0)\} \qquad (7\text{-}6)$$

最大值为

$$\Delta \max = \max_t \max_i \{X_t^{(l)}(i) - X_t^{(l)}(0)\} \qquad (7\text{-}7)$$

最小值为

$$\Delta \min = \min \min \{X_t^{(l)}(i) - X_t^{(l)}(0)\} \qquad (7\text{-}8)$$

式中，$i = 1, 2, \cdots, m$；$t = 1, 2, 3, \cdots, n$。

因比较序列均相互相交，所以 $\Delta \min$ 一般取 0。

母序列与子序列的关联系数 $L_i(i, 0)$：

$$L_i(i, 0) = (\Delta min + \rho \Delta max) / [\Delta_t(i, 0) + \rho \Delta max] \qquad (7\text{-}9)$$

式中，ρ 为分辨系数，其目的是削弱最大绝对差数值太大的影响，提高关联系数之间的差异显著性，$\rho \in (0, 1)$，一般情况下取 0～1。而各子序列对母序列之间的关联度，可以由式（7-10）得出：

$$r_{i, 0} = \frac{1}{n} \sum_{t=1}^{n} L_t(i, 0) \qquad (7\text{-}10)$$

可见关联度是一个有界的数，取值范围为 0.1～1。子序列与母序列之间的关联度愈接近 1，表明它们之间的关系愈紧密，反之亦然。

（4）权系数的确定。

各因子权系数由式（7-11）得到，实际上为各项关联度与其总和之比。

$$\alpha_i = \gamma_{i, 0} \Big/ \sum_{t=0}^{m} \gamma_{i, 0} \qquad (7\text{-}11)$$

2）层次分析法介绍

层次分析法是美国著名运筹学家、匹兹堡大学教授 Saaty 于 20 世纪 70 年代中期提出的。该方法是运用简单的数据工具结合运筹思想将复杂的问题分解为各个组成因素，并按支配关系分组形成层次结构，通过综合各因素之间的相互影响关系及其在系统中的作用，来确定各因素的相对重要性（王建东等，2003）。

用层次分析法解决实际问题，关键是将一个复杂的系统分解为若干层次或子系统，建立层次结构，

构造判断矩阵，进而确定系统中各因素的相对重要性。运用层次分析法建模来解决实际问题，大体上可按如下四个步骤进行。

（1）建立递阶层次结构模型。

运用层次分析法决策问题时，首先要把问题条理化、层次化，构造出一个有层次的结构模型。这些层次可以分为三类：目标层、准则层、方案层（图7-5）。

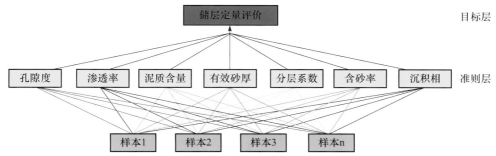

图7-5　鄂尔多斯盆地东南部本溪组—盒8段储层评价层次结构模型

（2）构造判断矩阵。

根据层次结构分析原理，建立了储层综合定量评价系统的层次结构。针对不同的储层参数和层位，确定两两比较的相对排序权值，构造判断矩阵 W：

$$W = \begin{vmatrix} w_{11} & w_{12} & \cdots & w_{1N} \\ w_{21} & w_{22} & \cdots & w_{2N} \\ \vdots & \vdots & & \vdots \\ w_{N1} & w_{N2} & \cdots & w_{NN} \end{vmatrix} \qquad (7\text{-}12)$$

式中，W 为两两比较的相对排序权值（i，j=1，2，…，N）。

判断矩阵是通过两两比较来构造的。假设以目标层元素为 A 例，它们所支配的下层次元素为 B_1、B_2、B_3、B_4，则所需要比较 B_i 和 B_j 相对于 A 的重要性程度，并按 1～9 的比例标度赋值，其中 1～9 标度的含义如表7-1所示（谭秀成等，2008）。

表 7-1　层次分析法重要性标度表

标度值	含义
1	表示两个因素相比，具有同样重要性
3	表示两个因素相比，前者比后者稍重要
5	表示两个因素相比，前者比后者明显重要
7	表示两个因素相比，前者比后者强烈重要
9	表示两个因素相比，前者比后者极端重要
2、4、6、8	表示上述两相邻判断的中值
倒数	若因素 i 与因素 j 的重要性之比为 C_{ij}，那么因素 j 与因素 i 的重要性之比就为 $1/C_{ij}$

（3）计算权重。

权重的计算就是求解矩阵 W 的极限值，由于储层综合定量评价系统是循环层次结构，则式（7-12）可变为

$$W = \begin{vmatrix} w_{11} & 0 & 0 & \cdots & 0 & w_{1N} \\ w_{12} & w_{22} & 0 & \cdots & 0 & 0 \\ 0 & w_{32} & w_{33} & \cdots & 0 & 0 \\ \vdots & \vdots & \vdots & & \vdots & \vdots \\ 0 & 0 & 0 & \cdots & w_{NN-1} & w_{NN} \end{vmatrix} \qquad (7\text{-}13)$$

根据灰色关联分析法得到各因子之间的关联度，应用层次分析法计算各因子的权系数，并对每个参数进行标准化；将各参数自身标准化后的数据乘以各参数的权系数，可以得到各参数的单项得分；将各单项得分进行累加后以百分制计算最终得到单井的综合得分。

（二）评价参数优选

国内研究储层的学者在评价参数选择方面作了不少研究（刘吉余等，2004；吕红华等，2006；张琴等，2006），所选择的评价标准也各不相同。在对储层进行评价的过程中，需要选择合适参数对储层进行分类描述。一般采用的参数为砂岩厚度、有效砂岩厚度、钻遇率、孔隙度、渗透率、黏土含量、分层系数、孔隙结构参数等。其中，孔隙度和渗透率是储层评价过程中的核心参数，表征储层的物性。但是，在建立评价模型时，不可能每个因素都考虑到。利用多参数进行储层预测时，也并非参数越多越好，过多相关性小的参数一方面会增大计算量，处理数据将耗费大量资源和时间；另一方面会压制相关性大的参数，影响预测效果。因此，在既不能忽略主要因素，又必须使模型简单可行的情况下，只能选择一些有代表性的参数。

根据鄂尔多斯盆地东南部上古生界储层特征，在前人对储层评价研究的基础上，对该地区储层评价所选取的参数包括：

（1）有效砂岩厚度：该参数是评价储能与产能的核心指标。在一个气田（或开发区块）内其他储量参数差别不大的条件下，每个层组有效砂岩厚度的大小，直接反映储量的丰度、储量的多少及产能的大小。

（2）泥质含量：砂岩中泥质含量是影响储层物性的核心参数之一。在评价泥质地层时，特别是评价泥质砂岩时，泥质含量是一个不可缺少的重要地质参数。该参数不仅反映地层的岩性，而且与地层的有效孔隙度、渗透率、含水饱和度和束缚水饱和度等有着密切关系。

（3）分层系数：是指一套层系或一个油藏内砂层的层数，能够较好地反映一套储层中的储能与产能及"甜点"分布。由于相变的原因，在平面上同一层系内的砂层层数并不相同，故用平均单井钻遇砂层数表示其特征。当分层系数越大时，层间非均质性越严重，储层质量越差。

（4）孔隙度：是储层评价的核心要素。单独应用时，特别是当渗透率值无法取得时，可以反映层间非均质性。与有效储层厚度组合（h, ϕ）能更确切地反映储量丰度。

（5）渗透率：是储层评价的核心要素之一。可以反映储层岩石渗流能力，与储层产能直接相关。层间非均质程度可以通过各层组和单层间渗透率的差异直接反映。

（6）含砂率：砂层厚度（不含粉砂）与地层厚度的比值。是储层沉积学与油气勘探中研究储层沉积格局的参数，主要控制了砂体的沉积格局。

（7）沉积相：由于相的发育控制了砂体的发育，因此不同的相类型具有不同的韵律特征和物性特征，在相的控制下研究储层物性和非均质性才有意义。因此，本书在储层评价中将相列为评价参数之一。

二、具体评价标准

首先对各参数做自身评价，每个参数都要标准化，但标准化方法各有不同，主要分两种情况（表7-2）。

表7-2 各参数自评方法表

评价参数（因子）	对天然气分布的影响	评价标准及影响因子标准化方法	标准化值对天然气分布的影响
有效厚度	值越大越有利于天然气的富集	$H_{标准} = H/H_{max}$	
孔隙度	值越大越有利于天然气的富集	$POR_{标准} = POR/POR_{max}$	
渗透率	值越大越有利于天然气的富集	$K_{标准} = (K_{max} - K)/K_{max}$	
分层系数	值越小越有利于天然气的富集	$An_{标准} = (An_{max} - An)/An_{max}$	值越大越有利于天然气的富集
含砂率	值越大越有利于天然气的富集	$Sn_{标准} = Sn/Sn_{max}$	
泥质含量	值越小越有利于天然气的富集	$V_{sh标准} = (V_{shmax} - V_k)/V_{shmax}$	
沉积相	值越大越有利于天然气的富集	$F_{标准} = F/F_{max}$	

一是值越大越对天然气聚集越有利的因子，其标准化的方法为

$$X_{标准}=(X-X_{min})/(X_{max}-X_{min}) \tag{7-14}$$

二是值越小越对天然气聚集越有利的因子，其标准化的方法为

$$X_{标准}=(X_{max}-X)/(X_{max}-X_{min}) \tag{7-15}$$

用各参数的自评分与各参数的权系数相乘可得各参数的单项得分，再把各参数单项得分累积后以百分制计算可得最终的单井分布综合得分。需要指出的是由于参与评价的参数较多，数学平均值总体不会太高，但的确可以反映储层的分布情况。

$$REI = \sum_{i=1}^{n} a_i X_i \times 100 \tag{7-16}$$

式中，REI 为储层综合评价得分；a_i 为储层评价参数（标准化后）；X_i 为储层评价参数的权值；n 为储层评价参数个数。

三、权衡定量评价与预测

依据前文提出的综合评价体系，根据灰色理论，确定各因子的权系数，并运用层次分析法，得到每个参数的权重（表 7-3）。

表 7-3　鄂尔多斯盆地东南部本 2 段—盒 8 段储层评价参数权重评估表

层位	孔隙度	渗透率	泥质含量	含砂率	有效砂厚	分层系数	沉积相
盒 8 段	0.183	0.148	0.104	0.136	0.165	0.124	0.14
山 1 段	0.12	0.142	0.149	0.146	0.149	0.166	0.128
山 2 段	0.125	0.133	0.134	0.139	0.16	0.175	0.134
本 1 段	0.112	0.134	0.137	0.136	0.153	0.158	0.17
本 2 段	0.115	0.138	0.136	0.151	0.165	0.136	0.159

根据最终的综合得分，将鄂尔多斯盆地东南部储层分为以下四类（表 7-4），其中Ⅰ类储层为最好的储层，其次为储集性能较好的Ⅱ类储层，Ⅲ类储层为储集性能中等的储层，而Ⅳ类储层为差的储层，一般不具备储集能力。

表 7-4　鄂尔多斯盆地东南部本 2 段—盒 8 段储层评价分类表

层位	Ⅰ类	Ⅱ类	Ⅲ类	Ⅳ类
盒 8 段	＞ 60	52.5～60	45～52.5	＜ 45
山 1 段	＞ 50	42.5～50	37.5～42.5	＜ 37.5
山 2 段	＞ 52.5	45～52.5	37.5～45	＜ 37.5
本 1 段	＞ 45	40～45	35～40	＜ 35
本 2 段	＞ 47.5	42.5～47.5	37.5～42.5	＜ 37.5

（一）本 2 段（C-Sq1）

通过统计本 2 段的综合得分，发现该层段的得分服从正态分布（图 7-6），最高得分为 65 分，最低分为 35 分。

本 2 段储层综合评价指标的计算结果表明，其与试气无阻流量具有很好的相关性（图 7-7）。储层综合评价指标数值越高，相应的试气产量也越高。因此，将本 2 段单井无阻流量大于 $4 \times 10^4 m^3/d$ 的定为Ⅰ类储层，无阻流量在 $3 \times 10^4 \sim 4 \times 10^4 m^3/d$ 的定为Ⅱ类储层，无阻流量在 $1 \times 10^4 \sim 3 \times 10^4 m^3/d$ 的定为Ⅲ类储层，无阻流量小于 $1 \times 10^4 m^3/d$ 的定为Ⅳ类储层。

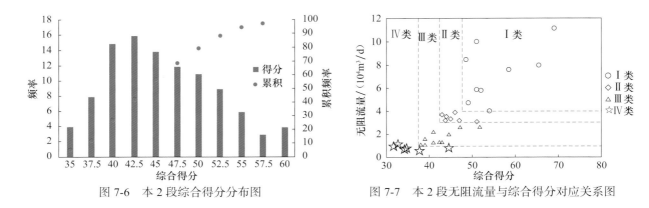

图 7-6 本 2 段综合得分分布图   图 7-7 本 2 段无阻流量与综合得分对应关系图

　　根据综合得分和分类，编制了本 2 段储层分类评价图（图 7-8）。本溪组以障壁岛作为有利储层集中发育区，导致单井产量高，不连续分布。其中本 2 段Ⅰ类储层主要发育障壁砂体，集中分布于本区东部，储层质量较好；Ⅱ类储层分布范围较Ⅰ类储层大，主要分布在障壁岛周围，储层物性和Ⅰ类相比相对较差，但仍具有较好的储集性能。同时，并对每类储层的参数范围进行了统计（表 7-5）。由于沉积相参数是根据孔隙度计算得到，这里只编制了孔隙度、渗透率、泥质含量、含砂率、有效砂厚及分层系数与综合得分的关系图（图 7-9）。

　　本 2 段Ⅰ类储层的参数变化范围较大，但在四类储层中储层特征较好，其中孔隙度为 8.51%；含砂率最大值为 66.52%，反映了障壁岛的砂体特征，是本 2 段的优势储层，具有较好的潜力；Ⅱ类储层与Ⅰ类储层相比，储层物性较差，且含砂率和有效砂厚数值相对偏低，为本层段的较好储层；Ⅲ类储层为本层段的中等储层，储层参数与前两类储层相比均较差；Ⅳ类储层为不利储层，孔隙度、渗透率数值均较低，储层物性差，一般不具勘探潜力。

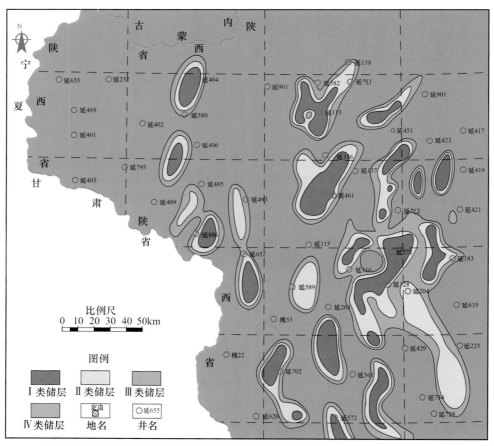

图 7-8 鄂尔多斯盆地东南部本 2 段储层分类评价图

表 7-5 鄂尔多斯盆地东南部本 2 段储层评价参数特征表

类别	孔隙度 /%	渗透率 /10⁻³μm²	泥质含量 /%	含砂率 /%	有效砂厚 /m	分层系数	沉积相
I	4.67～8.51 6.78	0.39～1.60 0.84	1.65～8.41 7.53	18.47～66.52 43.52	7.30～21.25 14.25	1～4 1.78	0.76～1 0.83
II	4.13～7.41 6.12	0.25～0.79 0.54	5.30～12.23 8.48	10.37～38.26 21.59	5.13～11.22 8.23	1～4 2.13	0～0.76 0.65
III	3.83～6.84 5.07	0.21～0.62 0.42	6.82～15.17 10.34	8.41～21.17 13.57	3.75～9.63 5.43	2～4 2.78	0～0.76 0.51
IV	2.98～4.99 3.49	0.07～0.35 0.21	11.96～18.78 15.31	3.21～12.43 7.52	3.08～7.24 4.12	2～5 3.57	0～0.76 0.42

注：$\dfrac{2.98～4.99}{3.49}$ 代表 $\dfrac{最小值～最大值}{平均值}$，全书同。

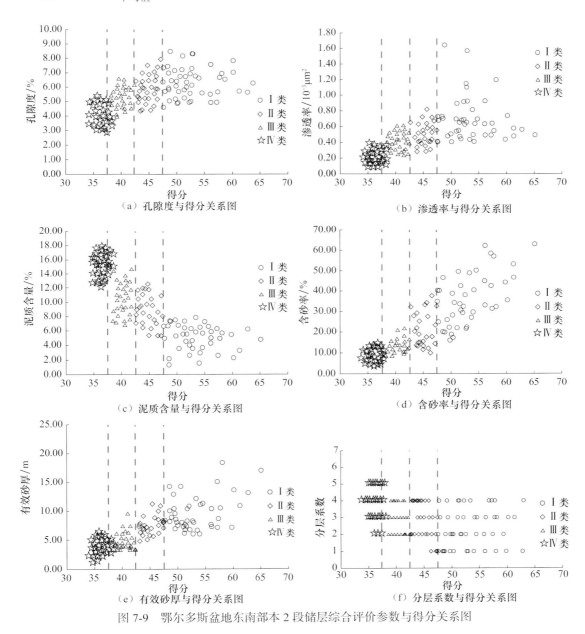

图 7-9 鄂尔多斯盆地东南部本 2 段储层综合评价参数与得分关系图

（二）本 1 段（C-Sq2）

本 1 段单井储层的综合得分参数服从正态分布，且与单井试气无阻流量有很好的相关性。根据单井得分与无阻流量的对应关系,将本 1 段单井无阻流量大于 $4 \times 10^4 m^3/d$ 的定为 I 类储层,无阻流量在 $2 \times 10^4 \sim 4 \times 10^4 m^3/d$ 的定为 II 类储层,无阻流量在 $1 \times 10^4 \sim 2 \times 10^4 m^3/d$ 的定为 III 类储层,无阻流量小于 $1 \times 10^4 m^3/d$ 的定为 IV 类储层(图 7-10、图 7-11)。

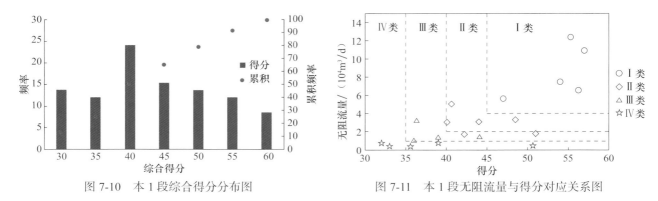

图 7-10   本 1 段综合得分分布图   图 7-11   本 1 段无阻流量与得分对应关系图

根据单井综合得分编制等值线,并根据无阻流量对储层进行了分类,得到本 1 段的储层分类评价图(图 7-12)。

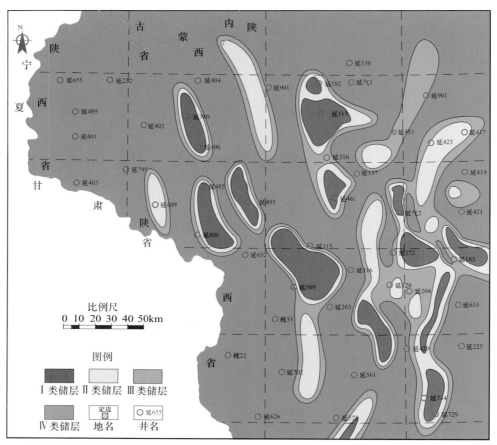

图 7-12   鄂尔多斯盆地东南部本 1 段储层分类评价图

根据本 1 段各类储层的参数特点,对每种参数的分布特征进行了统计(表 7-6),并编制了参数与综合得分的对应关系图(图 7-13)。

本 1 段储层和本 2 段相比,物性相对较差;前三类储层的泥质含量相差不大,IV 类储层的泥质含量较大,对储层影响较大;各类储层的含砂率和有效砂厚与本 2 段相比,相对较低,说明本层段的储层相对较差。IV 类储层为质量较差的储层,不利于天然气富集。总之,本 1 段储层质量相对较差,但 I 类和 II 类储层同样为较好储层。

表 7-6　鄂尔多斯盆地东南部本 1 段储层评价参数特征表

类别	孔隙度 /%	渗透率 /10⁻³μm²	泥质含量 /%	含砂率 /%	有效砂厚 /m	分层系数	沉积相
I	4.22～12.17 6.99	0.2～2.05 0.75	2.24～11.91 6.41	15.68～54.12 32.78	4.53～19.63 9.62	1～3 1.78	0.76～1 0.83
II	4.19～8.13 5.77	0.19～0.87 0.42	4.09～14.37 8.10	10.86～33.87 18.89	3.11～11.37 7.32	1～4 2.36	0.76～1 0.79
III	4.17～7.54 5.37	0.14～0.69 0.32	5.45～16.55 9.79	8.73～22.73 15.53	2.45～7.35 5.11	2～4 3.12	0～0.76 0.62
IV	2.97～6.15 4.12	0.13～0.25 0.19	14.35～20.63 16.64	6.12～20.34 13.62	2.35～5.98 3.47	2～5 3.69	0～0.76 0.43

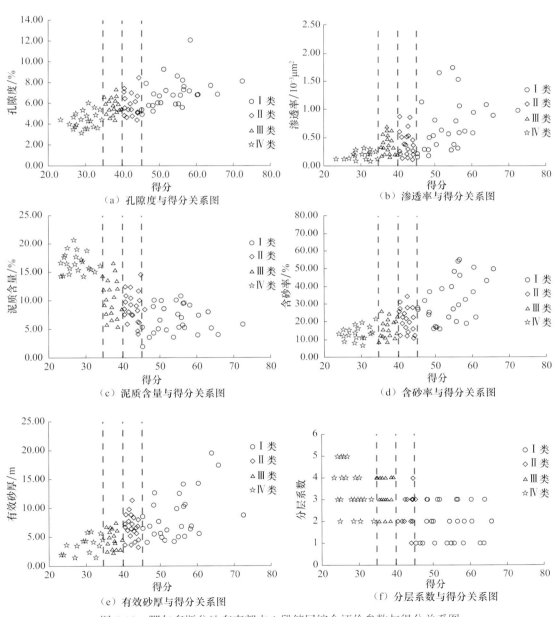

图 7-13　鄂尔多斯盆地东南部本 1 段储层综合评价参数与得分关系图

（三）山 2 段（P-Sq2）

通过统计山 2 段储层综合得分的分布情况，发现山 2 段储层的得分基本服从正态分布（图 7-14），最高分为 75 分，最低分为 32 分。

　　山2段储层的综合评价指标与试气无阻流量具有很好的相关性（图7-15）。储层的综合评价指标数值越高，相应试气产量也就越高。将无阻流量大于$4×10^4m^3/d$的定为Ⅰ类储层，无阻流量在$3×10^4～4×10^4m^3/d$的定为Ⅱ类储层，无阻流量在$1×10^4～3×10^4m^3/d$的定为Ⅲ类储层，无阻流量小于$1×10^4m^3/d$的定为Ⅳ类储层。根据单井的得分与储层的分类编制了山2段的储层分类评价图（图7-16）。

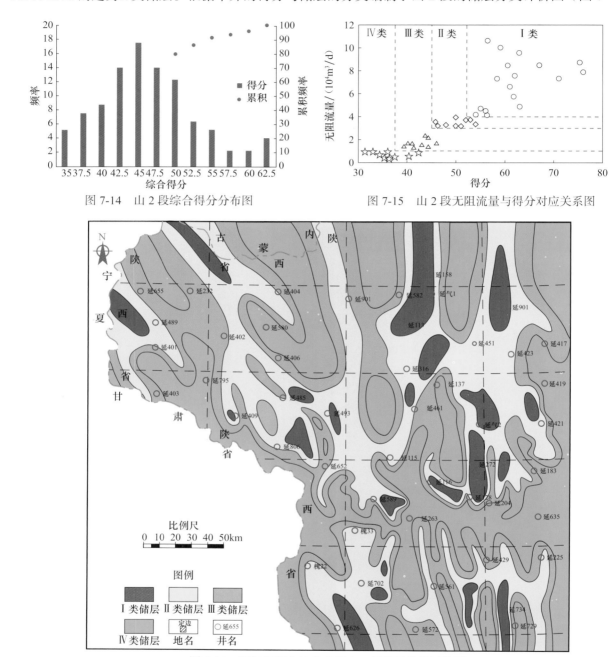

图7-14　山2段综合得分分布图　　　　　　　图7-15　山2段无阻流量与得分对应关系图

图7-16　鄂尔多斯盆地东南部山2段储层分类评价图

　　山2段储层的分布基本反映了该层段的沉积格局，优质储层主要发育于水下分流河道。该层段储层分布主要以Ⅰ、Ⅱ类储层为主，以Ⅱ类储层相对发育。研究区西北部以Ⅱ类储层为主，局部发育Ⅰ类储层；中东部的Ⅰ类储层主要发育在子洲以南，子长、延长周边区域及延川以东区域；南部Ⅰ类储层主要发育在富县以南、黄龙及洛川区域。

　　在储层评价基础上，对山2段每个参数的具体分布范围进行了统计（表7-7），并编制了参数与综合得分关系图（图7-17）。

表 7-7　鄂尔多斯盆地东南部山 2 段储层评价参数特征表

类别	孔隙度 /%	渗透率 /10⁻³μm²	泥质含量 /%	含砂率 /%	有效砂厚 /m	分层系数	沉积相
I	$\underline{6.25\sim9.86}$ 7.18	$\underline{0.14\sim0.75}$ 0.25	$\underline{1.55\sim10.14}$ 5.48	$\underline{16.73\sim63.47}$ 34.47	$\underline{5.12\sim34.03}$ 16.74	$\underline{1\sim4}$ 2.31	$\underline{0.67\sim1}$ 0.71
II	$\underline{5.67\sim7.63}$ 6.56	$\underline{0.13\sim0.25}$ 0.18	$\underline{3.37\sim14.84}$ 8.79	$\underline{8.86\sim35.93}$ 22.90	$\underline{4.20\sim20.38}$ 9.05	$\underline{1\sim5}$ 2.89	$\underline{0.47\sim0.67}$ 0.63
III	$\underline{5.14\sim7.17}$ 5.93	$\underline{0.11\sim0.20}$ 0.15	$\underline{7.86\sim15.60}$ 13.87	$\underline{7.08\sim21.97}$ 13.18	$\underline{3.67\sim15.53}$ 8.69	$\underline{2\sim6}$ 3.13	$\underline{0\sim0.67}$ 0.56
IV	$\underline{4.16\sim5.95}$ 5.12	$\underline{0.08\sim0.16}$ 0.12	$\underline{15.02\sim27.58}$ 20.67	$\underline{3.57\sim13.13}$ 9.45	$\underline{2.13\sim6.75}$ 5.05	$\underline{3\sim6}$ 4.54	$\underline{0\sim0.47}$ 0.43

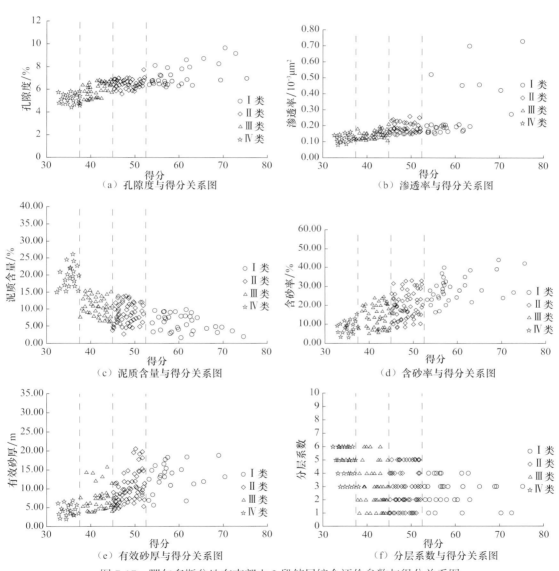

图 7-17　鄂尔多斯盆地东南部山 2 段储层综合评价参数与得分关系图

　　山 2 段储层质量整体较好，其中 I 类储层的孔隙度最大值为 9.86%，渗透率最大值为 0.75×10⁻³μm²，储层物性较好；I 类和 II 类储层的泥质含量差别不大，说明该参数对两类储层的影响较小；含砂率和有效砂厚均较高，说明其勘探潜力较大；IV 类储层物性差，泥质含量较高，且对储层的影响较大，为不利的储层。

（四）山 1 段（P-Sq3）

　　通过统计山 1 段储层综合得分的分布情况，发现山 1 段储层得分基本服从正态分布（图 7-18），最高分为 75 分，最低分为 30 分。

山 1 段储层综合评价指标计算结果表明，其与试气无阻流量具有很好的相关性（图 7-19）。因此，将无阻流量大于 $1.5 \times 10^4 \mathrm{m}^3/\mathrm{d}$ 的定为 I 类储层，无阻流量在 $1 \times 10^4 \sim 1.5 \times 10^4 \mathrm{m}^3/\mathrm{d}$ 的定为 II 类储层，无阻流量在 $0.25 \times 10^4 \sim 1 \times 10^4 \mathrm{m}^3/\mathrm{d}$ 的定为 III 类储层，无阻流量小于 $0.25 \times 10^4 \mathrm{m}^3/\mathrm{d}$ 的定为 IV 类储层。

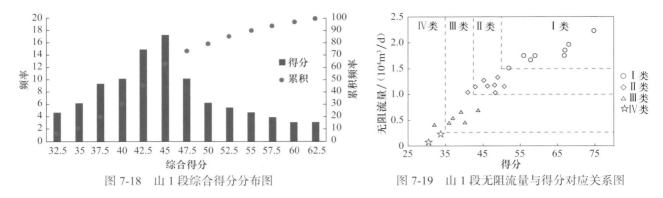

图 7-18 山 1 段综合得分分布图   图 7-19 山 1 段无阻流量与得分对应关系图

山 1 段储层的分布特征也反映了该层沉积格局，优质储层主要发育于水下分流河道。该段主要发育 II 类储层。西部以 II、III 类储层为主，II 类储层主要发育在吴起—志丹一带，III 类储层主要发育在定边以南延 655—延 489—延 795 井区和靖边以西的延 401—延 406 井区；南部以 II、III 类储层为主，局部发育 I 类储层，其中 I 类储层主要发育在富县、黄龙一带，II 类储层主要发育在延 729—延 734 井区及富县以东、洛川一带；北部主要发育 II 类储层，局部发育 I 类储层（图 7-20）。

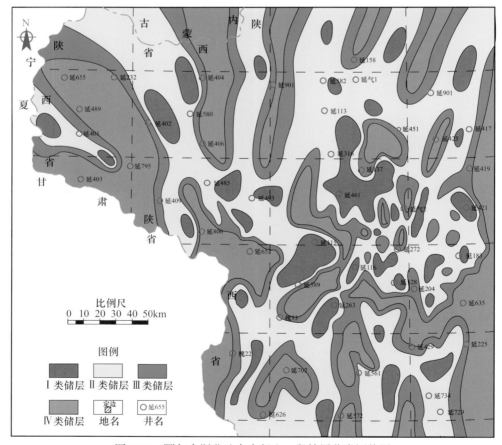

图 7-20 鄂尔多斯盆地东南部山 1 段储层分类评价图

根据储层的分类结果，分别统计了山 1 段各类储层评价参数的分布特征（表 7-8），并编制了参数与得分关系图（图 7-21）。

表 7-8 鄂尔多斯盆地东南部山 1 段储层评价参数特征表

类别	孔隙度 /%	渗透率 /10⁻³μm²	泥质含量 /%	含砂率 /%	有效砂厚 /m	分层系数	沉积相
I	$\dfrac{6.06\sim8.90}{7.13}$	$\dfrac{0.18\sim0.61}{0.22}$	$\dfrac{3.12\sim11.77}{7.09}$	$\dfrac{21.72\sim59.57}{34.45}$	$\dfrac{5.75\sim26.28}{18.55}$	$\dfrac{1\sim4}{2.7}$	$\dfrac{0.67\sim1}{0.61}$
II	$\dfrac{5.56\sim6.91}{6.08}$	$\dfrac{0.07\sim0.27}{0.17}$	$\dfrac{6.61\sim16.44}{12.43}$	$\dfrac{12.42\sim37.52}{25.45}$	$\dfrac{4.30\sim17.25}{10.38}$	$\dfrac{1\sim5}{3.4}$	$\dfrac{0.46\sim0.67}{0.59}$
III	$\dfrac{4.48\sim5.98}{5.31}$	$\dfrac{0.05\sim0.18}{0.11}$	$\dfrac{6.12\sim19.32}{14.38}$	$\dfrac{9.81\sim31.62}{18.59}$	$\dfrac{3.25\sim12.63}{6.89}$	$\dfrac{1\sim6}{3.72}$	$\dfrac{0\sim0.67}{0.51}$
IV	$\dfrac{3.85\sim5.13}{4.69}$	$\dfrac{0.03\sim0.11}{0.07}$	$\dfrac{14.78\sim26.76}{19.21}$	$\dfrac{4.55\sim12.12}{8.31}$	$\dfrac{2.08\sim6.95}{4.53}$	$\dfrac{4\sim6}{4.13}$	$\dfrac{0\sim0.46}{0.38}$

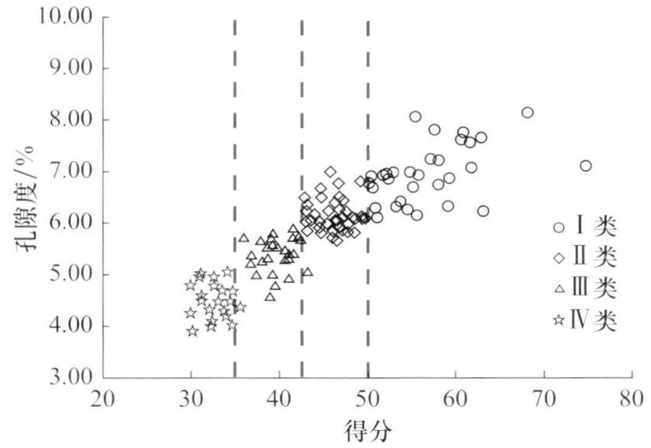

（a）孔隙度与得分关系图 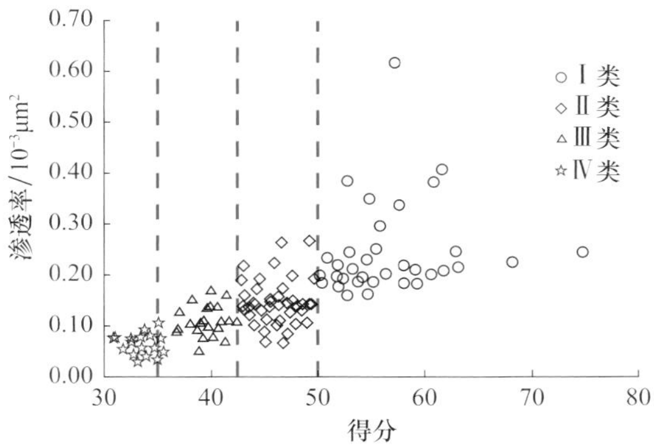　　（b）渗透率与得分关系图

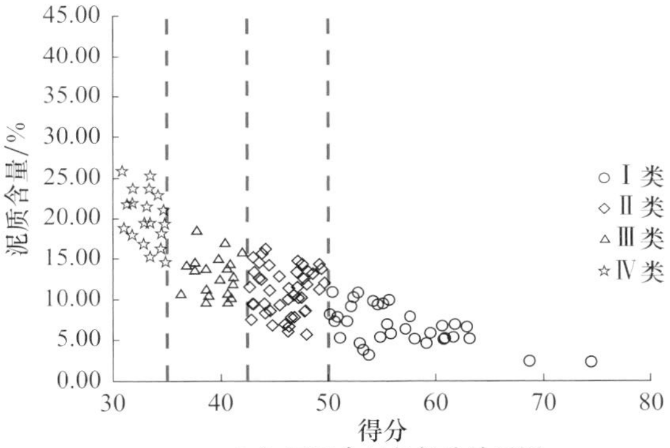

（c）泥质含量与得分关系图 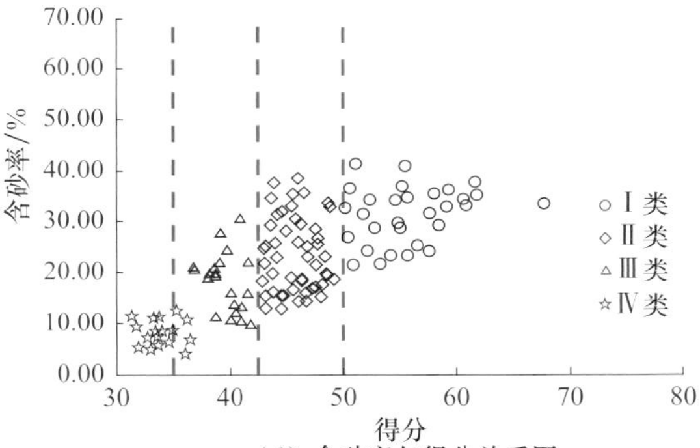　　（d）含砂率与得分关系图

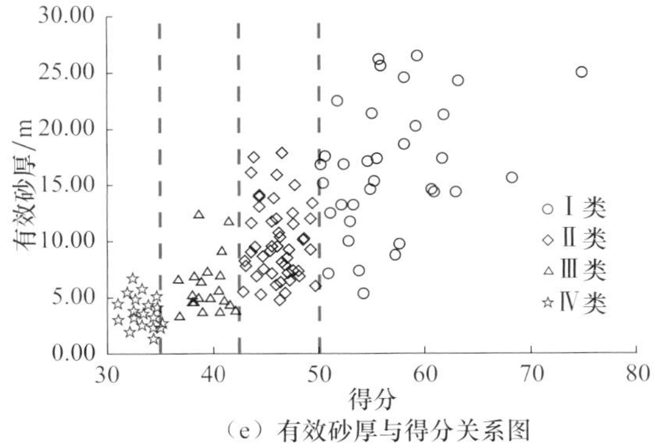

（e）有效砂厚与得分关系图 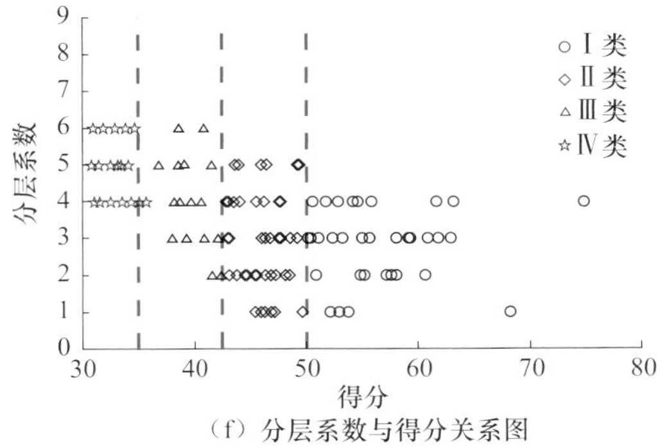　　（f）分层系数与得分关系图

图 7-21 鄂尔多斯盆地东南部山 1 段储层综合评价参数与得分关系图

山 1 段储层和山 2 段相比，整体质量相对较差。其中，I 类储层的孔隙度最大值为 8.90%，渗透率最大值为 $0.61\times10^{-3}\mu m^2$，物性相对较差；I 类储层的泥质含量最小，对储层的影响最低，为好储层；含砂率和有效砂厚与山 2 段储层相比均较低，反映了储层相对较差。

（五）盒 8 段（P-Sq4）

通过统计盒 8 段的综合得分，发现盒 8 段储层得分整体服从正态分布（图 7-22）。其中，盒 8 段最高得分为 73 分，最低得分为 38 分。

盒 8 段储层综合评价指标计算结果表明，其与试气无阻流量具有很好的相关性（图 7-23）。因此，将无阻流量大于 $2 \times 10^4 m^3/d$ 的定为 I 类储层，无阻流量在 $1.5 \times 10^4 \sim 2 \times 10^4 m^3/d$ 的定为 II 类储层，无阻流量在 $1 \times 10^4 \sim 1.5 \times 10^4 m^3/d$ 的定为 III 类储层，将无阻流量小于 $1 \times 10^4 \times 10^4 m^3/d$ 的定为 IV 类储层。根据单井综合得分编制了盒 8 段的储层分类评价图（图 7-24）。

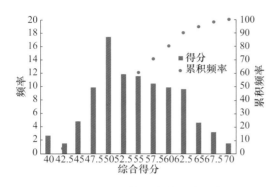

图 7-22　盒 8 段储层综合得分分布图

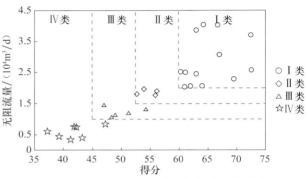

图 7-23　盒 8 段无阻流量与得分对应关系图

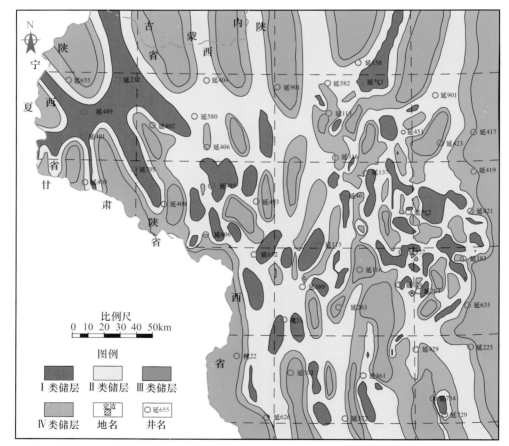

图 7-24　鄂尔多斯盆地东南部盒 8 段储层分类评价图

盒 8 段储层的分布特征反映了该层的沉积格局，优质储层主要发育于水下分流河道及河口坝。该层段主要发育 II 类储层。研究区西部以 I、II 类储层为主，东部以 I 类、II 类储层发育，南部主要发育 II 类储层。其中 I 类储层主要发育定边—杨井一带及延 401—延 795 井区、北部石湾以东一带，洛川西部及黄陵井区亦有分布。西部志丹与甘泉一带主要发育 I 类储层；II 类储层主要发育在南部黄龙、富县区域及西北部的新城堡一带（图 7-24）。

　　根据储层分类结果，分别统计了各类储层评价参数的分布特征（表7-9），并编制了综合评价参数与得分关系图（图7-25）。

表 7-9　鄂尔多斯盆地东南部盒 8 段储层评价参数特征表

类别	孔隙度 /%	渗透率 /$10^{-3}\mu m^2$	泥质含量 /%	含砂率 /%	有效砂厚 /m	分层系数	沉积相
I	7.12～9.85 8.32	0.15～0.64 0.24	0.01～8.75 4.16	15.25～56.52 40.5	9.00～26.88 17.28	1～3 1.84	0.71～1 0.81
II	6.55～9.67 8.00	0.13～0.41 0.17	3.18～12.88 9.07	10.17～50.22 30.88	6.13～21.25 12.88	1～4 2.76	0.37～1 0.63
III	5.18～7.76 7.87	0.09～0.27 0.11	6.27～16.40 14.87	9.44～34.78 23.85	4.93～15.25 8.90	2～5 3.53	0.37～0.71 0.57
IV	4.08～5.93 4.89	0.08～0.18 0.08	15.55～22.51 18.26	0.16～23.55 9.92	3.62～9.83 5.32	3～5 4.14	0～0.37 0.34

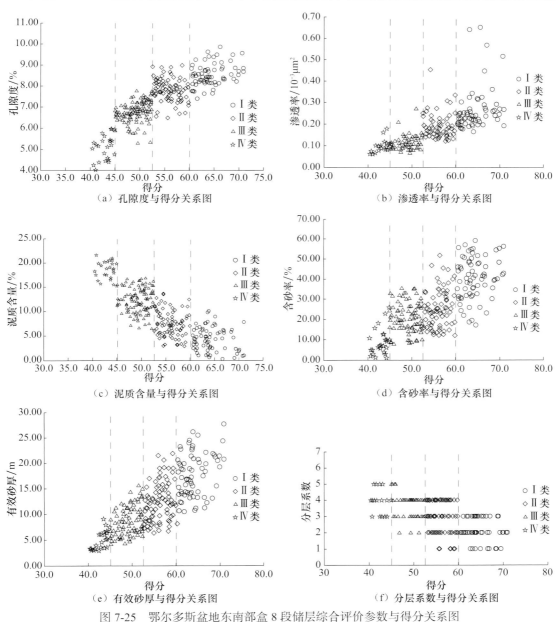

图 7-25　鄂尔多斯盆地东南部盒 8 段储层综合评价参数与得分关系图

　　盒 8 段的储层相对于其他层段整体较好，具有较好的勘探前景。其中，I类储层的孔隙度和渗透率相对较高，泥质含量和分层系数低，含砂率、有效砂厚和沉积相较高，是最好的储层；IV类储层与其他层段相比质量较好，但对于本层段来说依然较差，为较差储层。

第三节 盖层特征与评价

盖层是指位于储集层上方，能够阻止储集层中的烃类流体向上逸散的岩层（洪峰等，2001）。盖层评价是石油天然气地质理论的核心研究内容之一，对天然气藏而言尤为关键（王晓波等，2010）。因而，盖层的评价核心是表征储层上方岩层封闭性能及其分布，其好坏与分布广度直接影响着天然气在储集层中的聚集、保存与勘探开发前景。

一、盖层发育特征

鄂尔多斯盆地至少存在 3 套有效性盖层，其中，东南部是储盖组合发育最全的地区。盆地东南部上古生界发育 2 套区域性盖层：①下二叠统太原组的海相石灰岩，厚度介于 15～45m，分布稳定，是本溪组的直接盖层；②上石盒子组与石千峰组的陆相泥质岩系，厚度 150～350m，分布稳定，横向连续，是山西组—下石盒子组气藏的重要盖层。对该区上古生界泥岩的压实研究表明，声波时差明显高于正常压实趋势，表明上古生界普遍存在古超压现象，其过剩压力为 5～20MPa，最大过剩压力出现在上石盒子组—石千峰组，组成上古生界压力封存箱的箱顶，天然气很难突破箱顶超压体而在箱内成藏。前人研究也表明，鄂尔多斯盆地上古生界上石盒子组与石千峰组泥岩封盖性能优越，具有物性封闭和压力封闭双重封闭特征。

除盆地内广泛发育的上石盒子组泥质岩区域盖层外，山西组和下石盒子组水进和高位体系域滨浅湖泥岩、太原组广泛发育的厚层灰岩也可形成良好的局部盖层。山西组和下石盒子组泥岩厚度较上石盒子组薄，一般厚 40～50m，有较好的连续性，封盖能力较强，渗透率为 $1 \times 10^{-7} \mu m^2$，能有效地阻止烃类逸散。太原组灰岩连续性好，具有一定封盖能力，渗透率为 $2 \times 10^{-5} \mu m^2$。通过对延气 2 井盖层封盖能力进行测试分析，含气层段储层排替压力为 1.0MPa，而泥岩突破压力估算为 7MPa，低于泥岩突破压力；当进汞压力为 7MPa 时，含汞饱和度为 30%，因此，该段盖层可封闭储层气饱和度为 30%。

二、封盖性能评价

盖层封闭的核心机理是毛细管封闭，即流体克服毛细管的阻力。因而，评价盖层的性能就是分析盖层与储层之间的毛细管压力之差，其压力差越大，则物性封闭能力越强。当前，人们主要采用泥岩的排替压力、比表面积、渗透率、孔隙度和微孔隙度结构等参数对其封闭性能进行综合评价（李明瑞等，2006）。

排替压力（又称排驱压力），其定义为岩石中湿润相流体被非湿润相流体所驱替的最小动力，其单位是 MPa，在数值上近似等于岩石中最大连通孔隙的毛细管力。在浮力的驱使下，地下游离相流体通过盖层孔隙喉道运移，必然会受到盖层与储集层之间排替压力的阻挡。只有当油气的浮力大于盖层与储集层之间的排替压力时，油气才能驱替盖层孔隙中的流体进行运移。由于储层岩石的排替压力极小，与盖层排替压力相比可以忽略不计，因此，评价泥岩物性封闭能力最直接、最有效的参数就是泥岩的排替压力。上覆泥岩的排替压力越大，物性封闭能力越强，反之亦然（谭增驹等，2004）。

综上所述，要研究盖层的物性封闭能力，必须求得盖层的排替压力值。当前，盖层排替压力的求取有两种方法：①实验法，也称直接法，主要利用岩石样品在实验室内直接测试排替压力大小；②计算法，也称间接法，借鉴前人资料，通过建立排替压力与声波时差或地震层速度之间的函数关系，根据关系再利用声波时差或地震层速度求取大量的盖层排替压力值（付广等，1995）。

（一）排替压力的计算

由于研究区泥岩厚度较薄，实验室难以准确测量。因此，本书主要采取间接计算方法。借鉴李明瑞等（2006）提出的排替压力与声波时差之间的关系，再结合盆地主要声波时差所对应的排驱压力的平均值为 8.59MPa（付广和苏玉平，2005），对鄂尔多斯盆地东南部声波时差与排替压力之间的函数关系进行拟合，进而求得盆地东南部泥岩排替压力值。

声波在岩石中的传播速度受很多因素的影响，主要表现在压实程度对声波速度的影响上。泥岩压实程度越高，岩石越致密，声波速度越大，反之，则声波速度越小。

根据前人对鄂尔多斯盆地上古生界泥岩盖层排替压力的研究可以得出相关的数据（表7-10）：

表7-10　公式拟合数据

AC/(μs/m)	Pd/MPa	AC/(μs/m)	Pd/MPa
215	11.6	232	8
220	12	235	9.1
225	10.9	242	10
228	9.9	249	8

拟合声波时差与泥岩排替压力之间的函数关系，可得声波时差与排替压力之间的关系式为（图7-26）

$$Pd = -24.9\ln(\Delta t) + 145.3 \qquad (7\text{-}17)$$

鄂尔多斯盆地东南部排替压力的范围及声波时差数据表明排替压力在5～15MPa，声波时差在215～250μs/m。根据这两个条件，用截取值对鄂尔多斯盆地东南部泥岩的自然伽马曲线进行拟合（图7-27）。

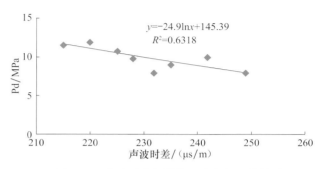

图7-26　声波时差与排替压力之间函数关系

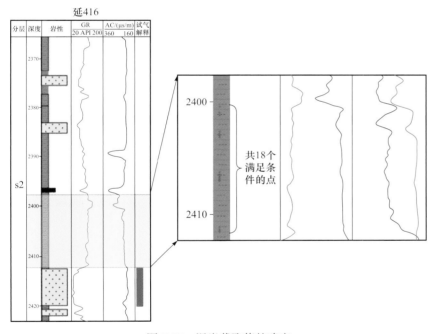

图7-27　泥岩截取值的确定
GR=135API

在确定泥岩截取值时，选取相同数量的含气及不含气井。选井时需要考虑以下三个条件：①选井必须全面覆盖整个研究区，因此在盆地的东、南、西、北、中各选10口井。为了确保储层的有效性，所选井的含砂率均大于65%；②为保证储盖组合，所选井对应的泥岩底部应含有砂岩；③为了反映不同沉积相特征，应考虑各种相所形成的砂体。

在盆地东南部各层段选取5口含气井和5口非含气井，按上述方法求得各井的截取值，并以平均值作为盆地东南部该层位的泥岩截取值。通过此方法，求得各层位的泥岩的截取值（表7-11）。

表7-11　各层段的泥岩截取值

层位	截取值（GR）/API	层位	截取值（GR）/API
盒8段	133.8	山2段	135.4
山1段	139	本溪组	137.2

按照以上公式及要求编程序求取每个层段泥岩排替压力，对每个层段排替压力值的区间进行分析，结果表明：各地层组的排替压力主要集中分布在9～10MPa及10～11MPa的范围内。因此，可推测在这两个排替压力范围内，盖层对研究区天然气聚集更为有利（图7-28）。

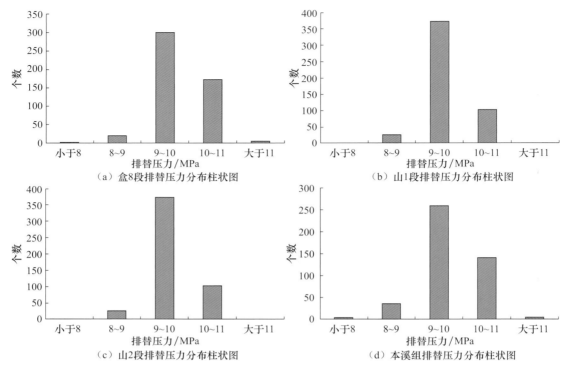

图 7-28　研究区上古生界各层段排替压力分布柱状图

(二) 排替压力平面分布特征

通过对工区 460 多口井排替压力值的计算，编制了排替压力分布平面图；将排替压力平面图与各层段的含气面积叠合，即可分析泥岩封盖性能。为了证明排替压力分布的有效性，在研究区选出生产动态资料较为丰富的延长—子长地区，通过计算区排替压力与含气面积叠合，分析特征，总结规律，再推广到整个研究区，各层段具体规律如下。

1. 各层段排替压力特征

1）本 2 段（C-Sq1）就整个研究区来看（图 7-29），排替压力普遍在 9.75～10.25MPa，整体呈近北西—南东向展布。排替压力高值区主要位于黄龙、志丹等地区且零星分布，局部排替压力高值大于10.75MPa；南部有效区主要位于宜川、黄龙等地区，西北部主要为定边、志丹等地，东部主要以绥德等地区最为发育；低值主要分布于南部黄陵、西北部定边及北部子州地区。总体来看，排替压力有效区分布范围较广，利于天然气保存。

2）本 1 段（C-Sq2）整个研究区内（图 7-30），泥岩盖层排替压力普遍以 9.5～10MPa 为主，呈近南北向分布。高值主要见于研究区靖边、延安等地区；有效区在研究区分布向南可到洛川、富县等地，向北延伸至靖边、子州等地；东部绥德、西部吴起与定边、南部黄陵和黄龙地区排替压力较小。总体上，研究区本 1 段排替压力从北向南趋于增大，有效区分布范围广，对天然气封盖较好，利于天然气保存。

3）山 2 段（P-Sq2）山 2 段排替压力集中分布在 8～11MPa 的范围内，以 9～10MPa 为主，占66.93%；10～11MPa 分布也较多，占 25.64%。

研究区内（图 7-31），盖层排替压力主要集中分布于 9.5～10MPa，呈北部较高、南部较低的趋势。高值区主要位于研究区中北部甘泉、志丹、靖边等地，南部黄陵少有分布，中部高值呈土豆状零星展布；低值区主要以南部洛川、富县及西北部吴起等地较多，富县—宜川一带低值区呈东西向展布，将南北高值区分隔开来；有效区则大面积分布于中 - 北部地区，甘泉、延安、安塞等地相对集中，南部黄陵、黄龙地区有效区仅有小面积分布。总体来看，山 2 段有效区分布广泛，整体略呈从南向北增高，从东、西向中心增高的趋势，对天然气封盖性能好。

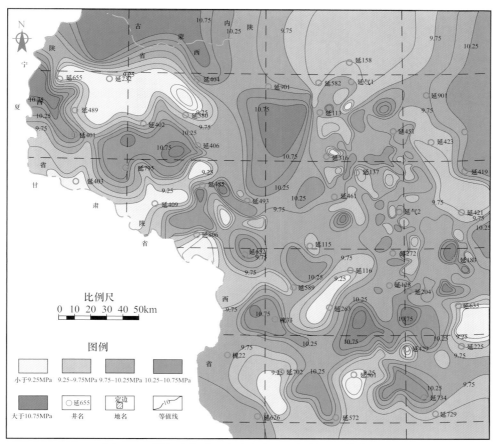

图 7-29　鄂尔多斯盆地东南部本 2 段排替压力等值线图

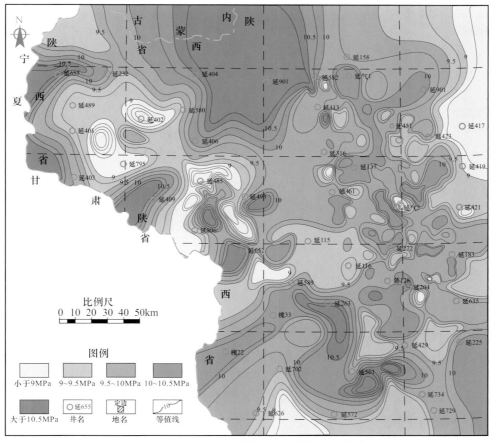

图 7-30　鄂尔多斯盆地东南部本 1 段排替压力等值线图

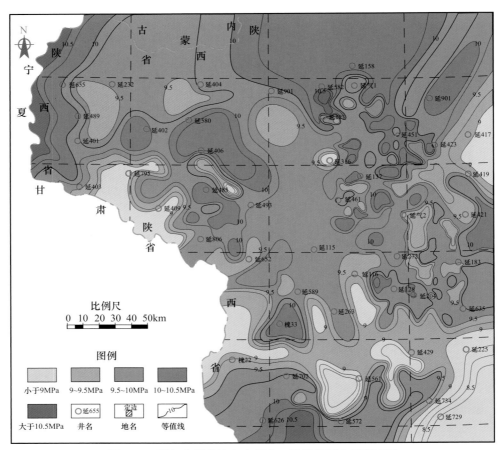

图 7-31　鄂尔多斯盆地东南部山 2 段排替压力等值线图

4）山 1 段（P-Sq3）研究区，排替压力主要介于 9.5～10MPa 的范围内（图 7-32）。高值区主要以中部安塞、延川及西部志丹地区为主，排替压力最高大于 10MPa，呈点状分布于研究区中部地区；低值区则以南部富县、洛川及北部靖边为主，略呈南北向条带状展布；排替压力有效区大面积分布于中部安塞、甘泉、志丹等地区。总的来说，山 1 段排替压力从四周向中心增大，有效区分布范围广，对天然气藏的封盖较好。

5）盒 8 段（P-Sq4）整个研究区内，排替压力主要为 9.5～10MPa 的范围内。高值区分布较为均匀，主要位于北部子州、西部志丹及中部安塞等地，排替压力最高大于 10.5MPa；低值区主要分布在研究区南部黄龙、志丹及北部靖边地区，中部呈点状零星分布；有效区主要在南部黄陵、中部延安、甘泉，北部子州等地区分布广泛，盖层对天然气封盖性能好（图 7-33）。

2. 排替压力分级研究

根据含气面积与排替压力平面图叠合情况，对研究区内本溪组、山西组及下石盒子组排替压力进行分级评价。

1）本溪组

本 2 段排替压力与含气面积叠合，对排替压力进行评价，可将其分为三类，各类排替压力分类标准为：一类封盖的排替压力大于 10MPa，二类的排替压力为 9.75～10MPa，三类排替压力小于 9.75MPa（图 7-34）。

将含气面积与各分类叠合后，本 2 段 81.98% 的含气面积属于一类封盖，二类占 14.08%，三类占 3.94%。因此，含气面积主要属于一类封盖，此区间含气面积与排替压力吻合率高，含气性好。

本 1 段按上述方法亦分为三类（图 7-35），一类排替压力大于 9.75MPa，二类为 9.5～9.75MPa，三类小于 9.5MPa。从本 1 段排替压力与含气面积叠合情况来看，73.82% 的含气面积属于一类封盖，21.17% 的属于二类封盖，5.01% 属于三类封盖。

可见，本 1 段含气面积 90% 以上分布在一类与二类封盖，盖层对天然气的封盖较强，含气性好。

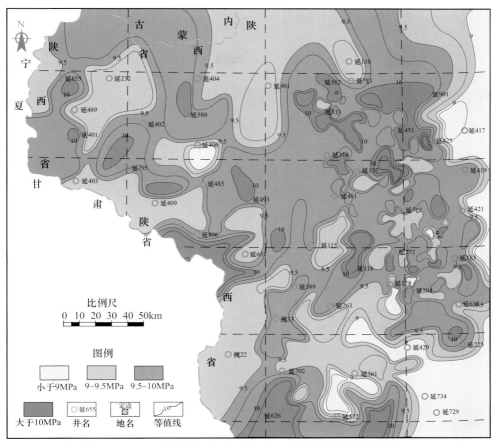

图 7-32　鄂尔多斯盆地东南部山 1 段排替压力等值线图

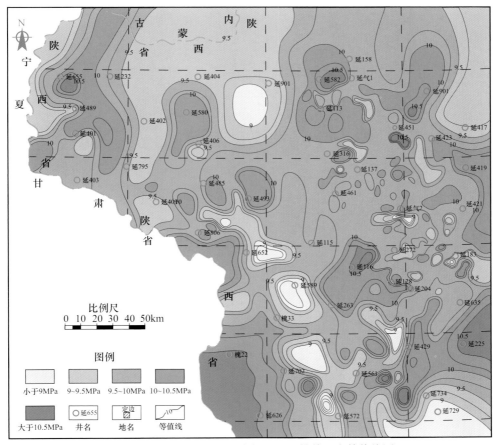

图 7-33　鄂尔多斯盆地东南部盒 8 段排替压力等值线图

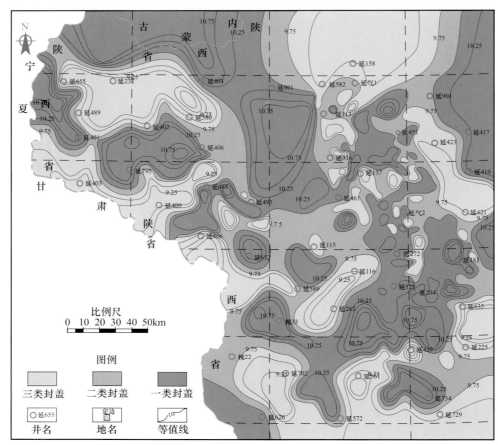

图 7-34　鄂尔多斯盆地东南部本 2 段排替压力分类评价图

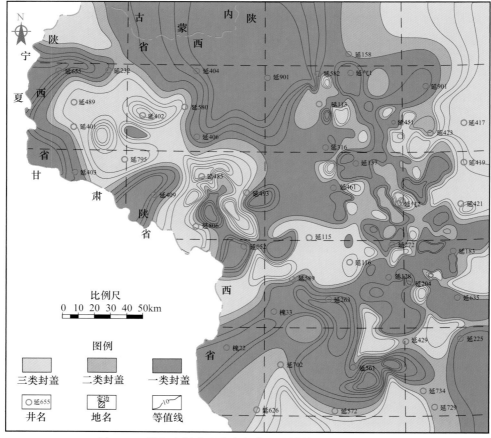

图 7-35　鄂尔多斯盆地东南部本 1 段排替压力分类评价图

2）山西组

山 2 段含气面积与排替压力叠合，划分出三类封盖级别（图 7-36），一类封盖排替压力值大于 9.75MPa，二类为 9.5～9.75MPa，三类小于 9.5MPa。可以得出含气面积分布在一类封盖中的占总含气面积的 92.60%，分布在二类中的占 3.81%，三类中的占 3.59%。

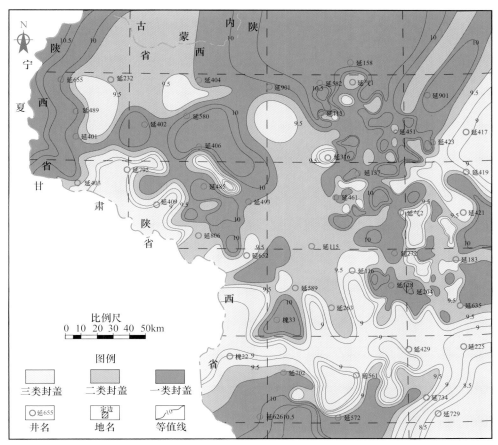

图 7-36 鄂尔多斯盆地东南部山 2 段排替压力分类评价图

由此可以得出，山 2 段含气面积整体大多数分布在排替压力较高的区域，吻合率高，含气性好。

山 1 段划分出三类封盖级别（图 7-37），一类封盖排替压力值大于 9.75MPa，二类 9.5～9.75MPa，三类小于 9.5MPa，64.32% 的含气面积属于一类封盖，二类占 24.74%，三类占 10.94%，山 1 段含气面积大多数在一类、二类封盖中，含气性好。

3）下石盒子组

下石盒子组主要研究盒 8 段排替压力的分级评价（图 7-38）。盒 8 段排替压力分类标准为一类排替压力大于 9.75MPa，二类 9.5～9.75MPa，三类小于 9.5MPa。盒 8 段含气面积与排替压力叠合，一类区域中的含气面积占总面积的 81.00%，二类占 10.32%，三类占 8.68%。含气面积大部分分布在一类、二类封盖中，与含气面积叠合吻合率高，含气性好。

由以上各层段排替压力的分级评价，研究区各层段含气面积主要集中在一类、二类封盖中，且泥岩盖层对天然气的封盖性能强，含气性较好。

（三）排替压力剖面展布特征

据排替压力剖面（图 7-39～图 7-40）可以得出：

（1）从横向剖面可以得出，排替压力中 - 高值主要集中在研究区的中西部地区，层位上主要为山 2 段和盒 8 段，在此区域内，气层也较多；纵向剖面上，排替压力高值主要集中分布在北部—中部区域；

（2）气层主要分布在排替压力中等 - 偏高（9.5～10MPa）的范围内，即排替压力由低向高转折部位含气性好，与平面图研究得出结论一致；

（3）排替压力以中 - 高值（9.5MPa）为主，排替压力小值偏少，且主要在山 2 段以上层位；

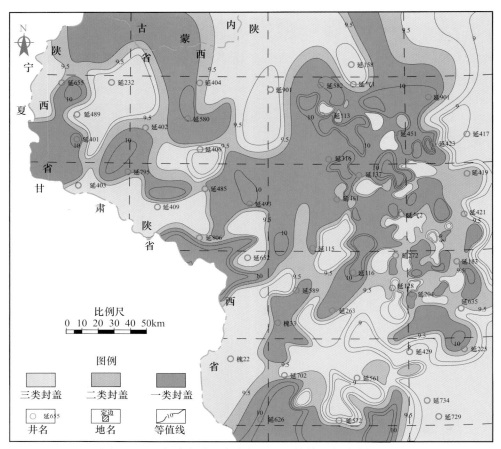

图 7-37　鄂尔多斯盆地东南部山 1 段排替压力分类评价图

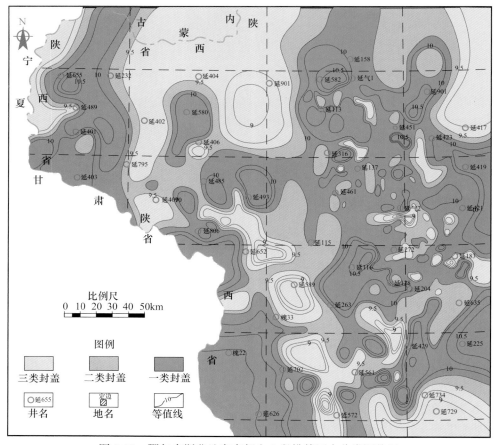

图 7-38　鄂尔多斯盆地东南部盒 8 段排替压力分类评价图

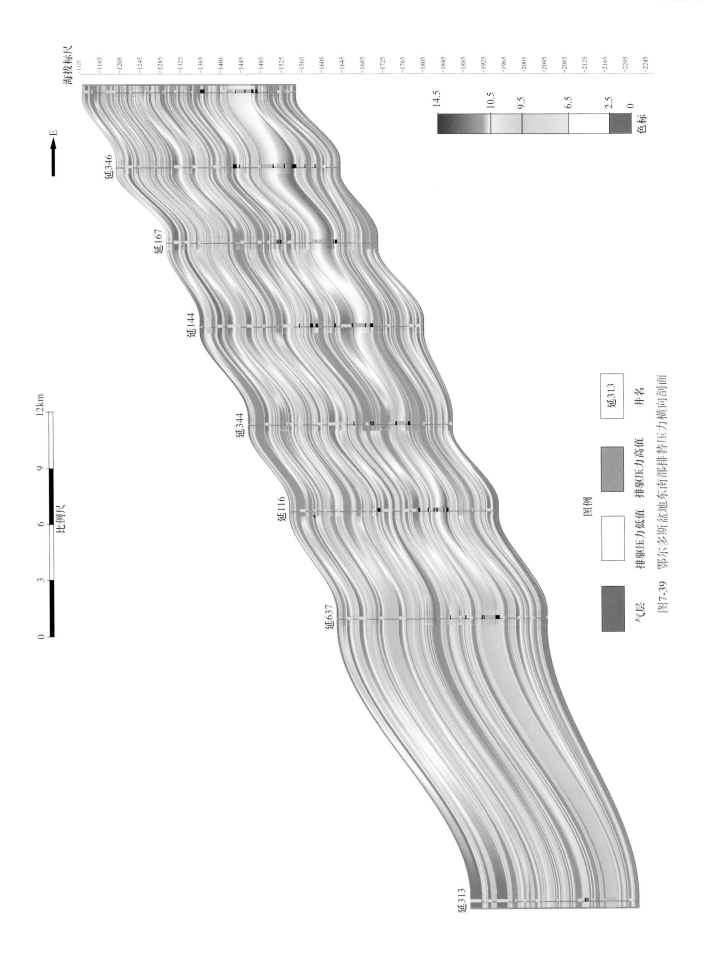

图7-39 鄂尔多斯盆地东南部排替压力横向剖面

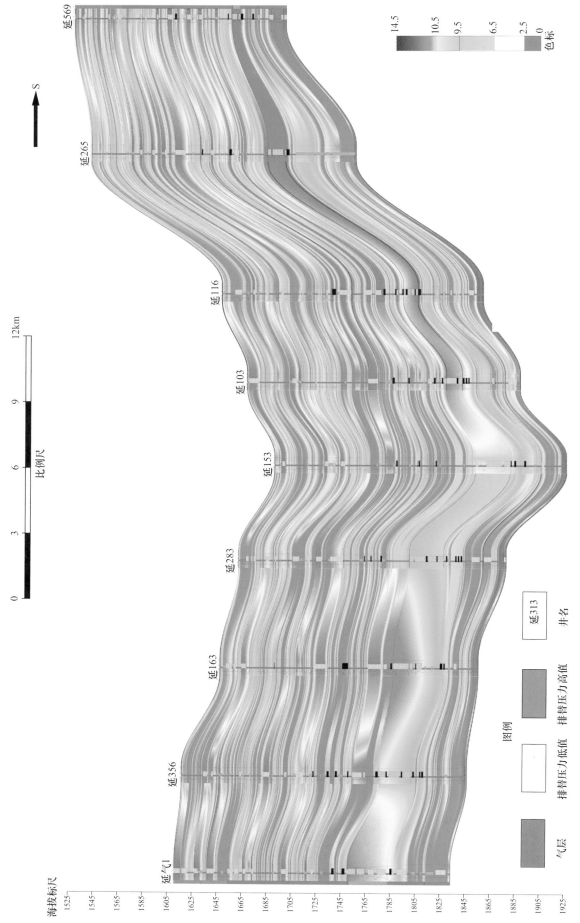

图7-40 鄂尔多斯盆地东南部排替压力纵向剖面

（4）气层上覆地层排替压力较高，表明盖层封盖性较好，故含气性较好。

（四）盖层封盖机理研究

1. 气藏发育与排替压力关系分析

由上可知，研究区排替压力主要的区间范围为9～11MPa，大部分在9～10MPa。其中本2段平均值为9.74MPa，本1段平均值为9.96MPa，山2段平均值为9.70MPa，山1段平均值为9.69MPa，盒8段平均值为9.82MPa。

在山2段选取工业性气流井和非工业性气流井各4口，对其含气性及非含气性进行分析，得出以下认识。

1）工业性气流井

通过对延163、延459等四口工业性气流井的分析及其排替压力的计算，可见山2段工业性气流井含气层段上部泥岩的排替压力值集中在9.5～10MPa（图7-41），与排替压力平面图得出结论一致，表明在储层良好的前提下，盖层排替压力在9.5～10MPa时，含气面积与排替压力的吻合率较高，含气性较好。

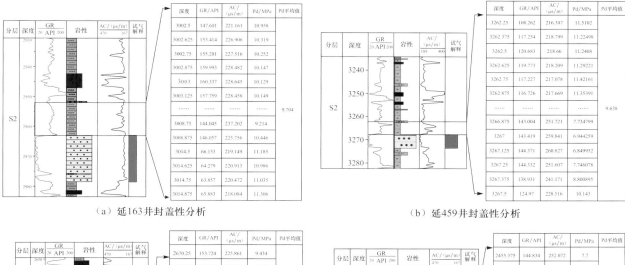

（a）延163井封盖性分析　　　　（b）延459井封盖性分析

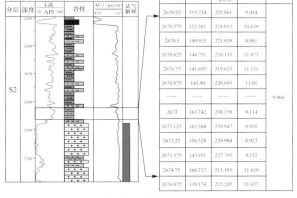
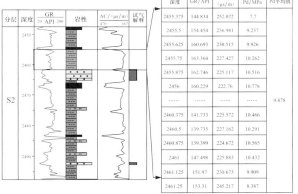

（c）延272井封盖性分析　　　　（d）延325井封盖性分析

图7-41　鄂尔多斯盆地东南部四口工业性气流井含气性及封盖性分析

2）非工业性气流井

通过对延374、延210、延471等四口非工业性气流井的分析及其排替压力的计算（图7-42），认为其不能形成工业性气流的原因有以下三种：

（1）当泥岩的排替压力较大时，尽管封盖性能较好，但由于储层仅为薄砂层，储集性能较差，因此无法储集天然气形成气藏，如延208井；

（2）当泥岩的排替压力较小时，尽管储层储集性能较好，但由于盖层的封盖性能较差，天然气易逸散，不能有效封盖气藏，因此难以形成工业性气藏，如延374井；

（3）当泥岩的排替压力较大时，泥岩致密，阻碍了天然气运聚的通道，导致天然气无法进入储集层，因此，也无法聚集工业性气流，如延471井。

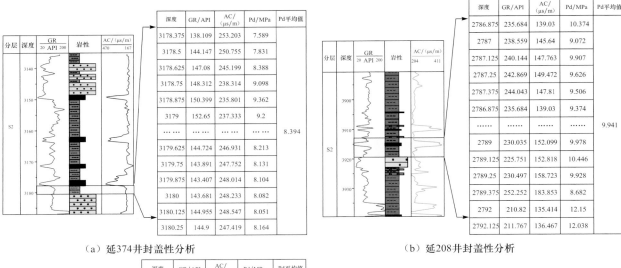

深度	GR/API	AC/(μs/m)	Pd/MPa	Pd平均值
3178.375	138.109	253.203	7.589	
3178.5	144.147	250.755	7.831	
3178.625	147.08	245.199	8.388	
3178.75	148.312	238.314	9.098	
3178.875	150.399	235.801	9.362	
3179	152.65	237.333	9.2	
……	……	……	……	8.394
3179.625	144.724	246.931	8.213	
3179.75	143.891	247.752	8.131	
3179.875	143.407	248.014	8.104	
3180	143.681	248.233	8.082	
3180.125	144.955	248.547	8.051	
3180.25	144.9	247.419	8.164	

（a）延374井封盖性分析

深度	GR/API	AC/(μs/m)	Pd/MPa	Pd平均值
2786.875	235.684	139.03	10.374	
2787	238.559	145.64	9.072	
2787.125	240.144	147.763	9.907	
2787.25	242.869	149.472	9.626	
2787.375	244.043	147.81	9.506	
2786.875	235.684	139.03	9.374	
……	……	……	……	9.941
2789	230.035	152.099	9.978	
2789.125	225.751	152.818	10.446	
2789.25	230.497	158.723	9.928	
2789.375	252.252	183.853	8.682	
2792	210.82	135.414	12.15	
2792.125	211.767	136.467	12.038	

（b）延208井封盖性分析

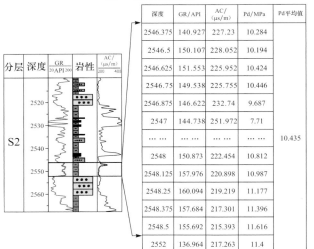

深度	GR/API	AC/(μs/m)	Pd/MPa	Pd平均值
2546.375	140.927	227.23	10.284	
2546.5	150.107	228.052	10.194	
2546.625	151.553	225.952	10.424	
2546.75	149.538	225.755	10.446	
2546.875	146.622	232.74	9.687	
2547	144.738	251.972	7.71	
……	……	……	……	10.435
2548	150.873	222.454	10.812	
2548.125	157.976	220.898	10.987	
2548.25	160.094	219.219	11.177	
2548.375	157.684	217.301	11.396	
2548.5	155.692	215.393	11.616	
2552	136.964	217.263	11.4	

（c）延471井封盖性分析

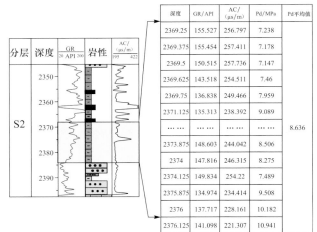

深度	GR/API	AC/(μs/m)	Pd/MPa	Pd平均值
2369.25	155.527	256.797	7.238	
2369.375	155.454	257.411	7.178	
2369.5	150.515	257.736	7.147	
2369.625	143.518	254.511	7.46	
2369.75	136.838	249.466	7.959	
2371.125	135.313	238.392	9.089	
……	……	……	……	8.636
2373.875	148.603	244.042	8.506	
2374	147.816	246.315	8.275	
2374.125	149.834	254.22	7.489	
2375.875	134.974	234.414	9.508	
2376	137.717	228.161	10.182	
2376.125	141.098	221.307	10.941	

（d）延378井封盖性分析

图 7-42　鄂尔多斯盆地东南部四口非工业性气流井封盖性分析

2. 封盖机理研究

盖层封盖机理主要分为物性封闭、超压封闭及烃浓度封闭（表 7-12）。由于超压封闭及烃浓度封闭在前文中有所述及，因此，本节在此主要针对盖层的物性封闭展开研究。

表 7-12　盖层封盖类型及机理

类型	封盖机理
物性封闭	依靠盖层岩石的毛细管压力对油气运移的阻止作用
超压封闭	依靠异常高流体压力而封闭油气，封盖能力取决于超压的大小，压力越高，能力越强
烃浓度封闭	具有一定的生烃能力的地层，以较高的烃浓度阻滞下伏油气向上扩散运移

物性封闭的主要评价参数为排替压力。根据排替压力的分析，编制出研究区上石盒子组与石千峰组泥质岩系盖层的排替压力剖面（图 7-43），可见：

（1）气层主要集中在本溪组、山西组及下石盒子组，上石盒子组及石千峰组气层发育较少，而泥质岩系较发育，为山西组及下石盒子组的区域性盖层；本溪组的区域性盖层为上覆太原组灰岩；

（2）排替压力集中在 9.5～10MPa，上石盒子组及石千峰组排替压力南北向上较大，对下伏天然气形成良好封盖，含气性好；

（3）在排替压力由低到高的转折部位（9.5～10MPa），天然气富集较好，盖层的封闭性能好，油气产能好。

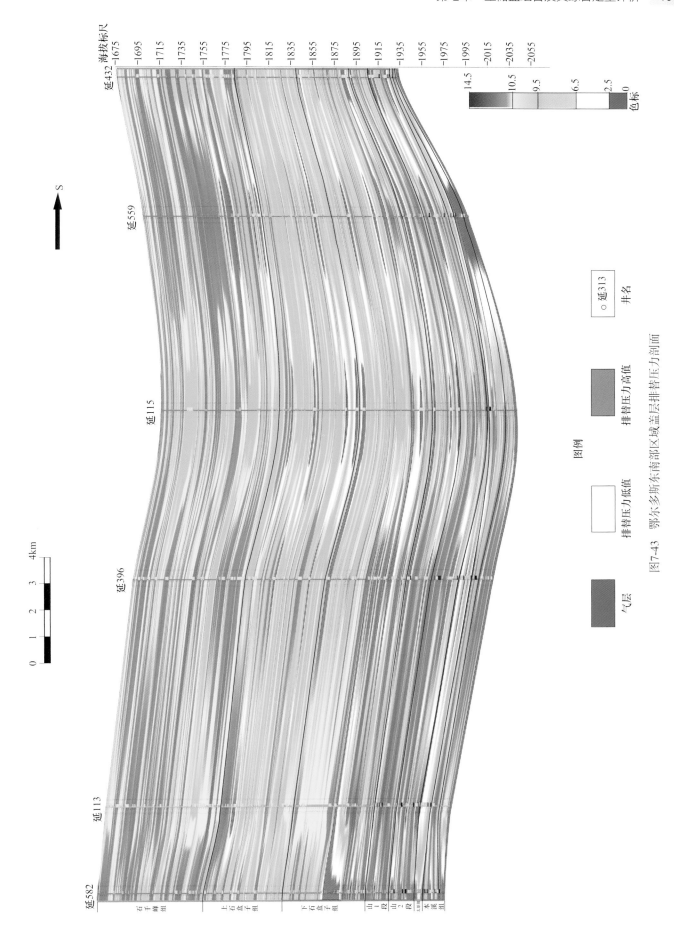

图7-43　鄂尔多斯东南部区域盖层排替压力剖面

泥质岩盖层封闭性能主要受其中的膨胀性矿物（尤其是蒙脱石）含量影响；膨胀性矿物含量越高，盖层质量越好，封盖能力越强，封堵油气所需的厚度要求越小（黄海平和邓宏文，1995）。根据分析，鄂尔多斯盆地上古生界泥质盖层中的黏土矿物，以高岭石和伊利石为主，并含较多的蒙脱石和伊蒙混层（表7-13）。

表 7-13　鄂尔多斯盆地东南部石盒子组、石千峰组黏土矿物含量

地层	盆地南部						
	样品数	蒙脱石、伊利石-蒙脱石含量 /%			高岭石、伊利石含量 /%		
		最大	最小	平均	最大	最小	平均
石千峰组	2	25	20	22.5	5.00	0.00	7.50
石盒子组	70	65	0.00	19.86	35.00	0.00	19.29

鄂尔多斯盆地东部延气 2 井仅 1.2m 厚的泥质岩即封住近 50m 山西组气柱；灰岩盖层的封闭性较泥质盖层封盖能力差，除了与膨胀性矿物质的含量相关外，沉积微相及成岩作用也对灰岩盖层的封盖能力有重要影响。当灰岩中蒙脱石含量高时，随着蒙脱石向伊利石转变，可阻塞灰岩中的孔隙喉道，提高封盖能力；因此泥灰岩的突破压力最高，为 14.5MPa，含泥质条带的微晶灰岩的突破压力次之，为 3.5~5.3MPa，而灰云岩的突破压力最小，但变化范围大，为 1~10.35MPa。因而研究区灰岩均具有一定的封盖能力，可作为有效的局部盖层。

经分析，研究区蒙脱石和伊利石的含量纵横向变化的基本规律是，纵向上伴随盖层时代的变老而增加，平面上由北往南增高。基于泥质岩盖层的蒙脱石和伊利石-蒙脱石含量较高，因此，盖层对天然气的封盖性能较好，即物性封闭较好。

三、异常压力封闭

（一）压力封存箱内幕特征及与天然气关系

1. 压力封存箱概念及特征

盆地封存箱（basin compartments）就是盆地中的异常流体压力封存箱（abnormally pressured fluid compartments），也有人译成异常压力封隔体（abnormally pressured compartment）。它在三维空间上被封隔层所包围和封闭。这种封隔层不仅可以阻止油气，而且可以阻止地层水的渗流（李明诚等，1999）。因此，只有当岩石的孔喉通道对水具有封闭性即渗透率很小接近零时才能形成。由于封闭层的封隔作用，封隔体中的流体具异常高压或异常低压，压力越异常说明封隔层的质量越高，封隔效果越好，所以异常流体压力的出现就成为地下封隔层和封隔体存在的主要标志。

前人研究表明（田世澄等，2004）：①异常流体压力封存箱的最大特征在于它本身具封闭的水动力系统和物理化学系统，封存箱与外界的流体和物质在一定的地质时期内没有明显交换，而在封存箱体内可以是一个连通的压力系统，也可以是不均匀的；②异常压力封存箱也是一个独立的生烃灶，本身是一个油气生成、运移、聚集的基本单元；③封存箱内由于异常压力的积累，泥岩会发生微裂隙，微裂隙是封存箱内源岩排烃的一种机制。油气在封存箱上封闭层中成藏是发育在封存箱盆地中一种最常见的成藏模式；油气也可以在封存箱上成藏、封存箱外成藏和封存箱下成藏。

所以，研究盆地压力封存箱的分布及其特征，对于了解地下流体压力的分布、流体的运移、油气的聚集、含油气系统的划分，尤其是成藏动力学特征、成藏规律具有重大意义。

2. 鄂尔多斯盆地压力封存箱与天然气聚集

1）鄂尔多斯盆地上古生界流体运移特征

前人研究表明，鄂尔多斯盆地上古生界流体具有以下运移特征：

（1）天然气以近距离成藏为主，缺乏天然气大规模侧向运移的条件。

（2）压力封存箱主要出现在上古生界石千峰组—本溪组，由于该压力封存箱的存在，天然气的运移仅仅是限定在流体高压封存箱内的调整和再分配为主。

（3）烃源岩生烃作用形成的巨大压力成为天然气运移的重要动力源，这种压力能量不仅突破了源岩，

以混相涌流、幕式排烃实现了初次运移。

（4）石千峰组—本溪组压力封存箱的流体运移不仅严格受封存箱的控制，在压力封存箱内部成藏与否，还与箱内砂泥岩的配置关系、压力封存箱内幕结构特征有关。

（5）流体高压封存箱的发育，不仅推迟了流体大规模向外排出的时期，而且阻止了流体进一步向上散失的机会。

既然鄂尔多斯盆地缺乏大规模侧向运移的条件，流体运移严格受封存箱的控制，那么天然气必然以垂向短距离、在流体高压封存箱范围内运移为主。从天然气垂向运移的动力和通道条件看，上古生界烃源岩在晚侏罗世—早白垩世大量生气，在烃源岩内形成了异常高压，异常高压产生了微裂缝，不仅可以克服毛细管压力，而且它的幕式排烃和涌流式排烃方式，同时解决了运移动力和通道两个难题。晚白垩世地层被抬升，突然释放的流体动力（压力、应力、温度等）必然带来油气的运移、成藏（图 7-44）。

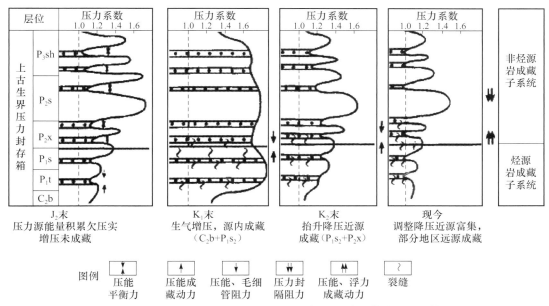

图 7-44　鄂尔多斯盆地北部上古生界压力封闭箱运聚演化模式图（过敏，2010）

2）压力封存箱的形成过程

晚三叠世的快速沉积为压力封存箱的形成奠定了基础。晚三叠世—早侏罗世末是压力封存箱雏形期，箱内与箱外的流体交换趋于停滞，初步形成以"欠压实"泥岩高孔隙压力与砂岩正常压力相间、共存的状态，非烃源"欠压实"孔隙压力明显大于烃源岩，主要表现在"欠压实"的封闭与上覆负荷的持续加载，所以增压机理为加载增压。到晚三叠世末，有机质尚处于低成熟-成熟期，生气增压不明显，主要是泥岩"欠压实"压力源缓慢向附近砂岩传递压力，砂岩内由弹性能的积累转换为压力能的积累，处于未成藏阶段。

中侏罗世—早白垩世末为有机质高成熟-过成熟期，异常压力封存箱的增压发生了明显变化。随着异常高地温和早白垩世的快速沉积，以"欠压实"为基础的封存箱除了加载增压外，水热作用和生气作用的效果越来越明显，使封存箱泥岩（包括烃源岩和非烃源岩）形成超高压，由于泥岩与砂岩之间压力差巨大，必然引起砂泥岩间的流体流动，砂岩次生孔隙、早期砂岩中的微裂缝及上古压力封存箱形成。流体流动带动高成熟-过成熟的天然气成藏。成藏的结果使砂岩孔隙压力进一步增加，泥砂岩间压力差变小，流体流动趋于缓慢，成藏作用逐渐停滞。对下石盒子组以上的非烃源岩与砂岩子系统而言，砂岩内的平衡压力主要来自于附近的"欠压实"压力，而烃源岩与砂岩子系统的压力则主要来自于烃源岩生气增压。所以，这次成藏不仅表现为增压短距离成藏，而且主要为源内成藏阶段。

早白垩世末抬升前，上古生界压力封存箱的砂泥岩均积累了充足的压力能量。抬升剥蚀作用，使上覆负荷卸载、砂岩弹性"回弹"、地温下降，彻底改变了压力封存箱的平衡，引起砂岩降压，但封存箱内泥岩的塑性特征，压力能量不能有效降低，造成超压封存箱内砂岩、泥岩之间又一次形成巨大的压力差，流体流动、成藏作用发生，砂岩晚期裂缝形成。此时烃源岩生气压力下降，而非烃源岩，尤其是上石盒子最大过剩压力并没有明显降低，尽管烃源岩积累了充足的生气压力能量，由于在抬升过程中生气增压的补给能量有限，运移动力不断下降，向上运移的流体又遇到"欠压实"带的阻隔，天然气无法突破区域压力封存箱，主要成藏作用发生在近源组合，过程为降压向上成藏。

晚白垩世末到现今，鄂尔多斯盆地北部广大地区没有出现明显的沉积和剥蚀，砂岩、泥岩已失去增加能量的机会，砂岩地层压力缓慢下降到目前的压力状况。由于上石盒子组较优越的聚集环境，在储集条件较好的部位，天然气向上富集，完成气藏稳定调整阶段。现今上石盒子组非烃源岩"欠压实"的剩余压力在15~20MPa，烃源岩的剩余地层压力在0~10MPa。因此，目前的上古压力封存箱是一个高低压相间共存系统，这也是为什么在正常钻井过程中，上石盒子组非烃源岩经常要防止井壁垮塌的原因。

3）压力封存箱发育特点

石千峰组—本溪组异常流体压力封存箱有如下发育特点（图7-45）：

（1）受压力封存箱最大过剩压力封盖，鄂尔多斯盆地上古生界已发现的气层基本出现在下石盒子组—本溪组的异常流体压力封存箱内，该压力封存箱在全盆地可以对比，而且层位性明显。封存箱顶一般出现在石千峰组底部—石盒子组顶部，泥岩过剩压力高达20~25MPa。封存箱底为本溪组铁铝土岩及泥岩。

（2）异常流体压力封存箱是一个完整的含气系统，包含了烃源岩、储集岩、封盖层等基本油气地质条件，具备了各种物理（压力、能量）、化学（热动力、成岩作用）过程，并在时空上配备良好，大多数地区（大牛地气田、苏里格庙气田、榆林气田、乌审旗等地区）压力封存箱并没有受到明显的破坏而保持至今，只有盆地东部神木、米脂，西部的胜利井、刘家沟压力封存箱上部由于断层的作用压力有较大散失，出现在箱外的石千峰组成藏。

（3）压力封存箱的最大过剩压力幅度一般在20~25MPa，层位各区略有不同，主要在上石盒子组，个别地区出现在下石盒子组—山西组。

（4）压力封存箱内的压力幅度有一定变化，鄂尔多斯盆地多数地区（中部气田、乌审旗、苏里格庙、大牛地、定北、杭锦旗）从石千峰组—太原组压力由小变大，然后再变小。东部（神木、米脂）、西部（天环）从石千峰组—太原组压力由小变大，最大剩余压力幅度出现在山西组—太原组。

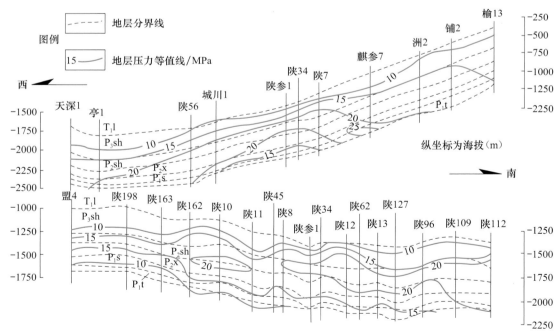

图7-45 鄂尔多斯盆地最大埋深时异常压力分布图（据付金华，2004）

（二）盆地东南部石炭—二叠系过剩压力分布特征

地层压力是地下流体的一种重要的能量状态，地层压力的分布，特别是地质历史时期的分布样式将直接影响流体（油、气和水）的空间分布，并制约油气成藏过程。现今延安气田的储层压力为异常低压 - 常压，但经压实研究认为鄂尔多斯盆地东南部存在欠压实，说明某个历史时期储层也为异常高压。因泥岩压实作用的不可逆性，由压实曲线经平衡深度法计算出的过剩压力，应反映了该区处于最大埋深状态下的地层压力分布状况（陈荷立和罗晓容，1988）。鄂尔多斯盆地大部分地区在早白垩世埋深最大，因而计算的过剩压力更多地反映了这一时期的情况。包裹体同样证实早白垩世气藏存在异常高压（王震亮等，2004；王震亮等，2007）。

1. 过剩压力基本概念及计算方法

为了定量研究异常压力特征，在泥岩压实研究基础上，利用等效深度法恢复出了最大埋深时期的过剩压力，研究了本溪组、山西组、下石盒子组在早白垩世末最大埋深时期过剩压力的纵向和平面分布特征，进而分析了过剩压力与天然气分布关系。

过剩压力是指地层中的流体压力与对应点的静水压力的差（王晓梅等，2006）。根据压实作用的不可逆性，现今的地层压实曲线可以用来反映压实最严重时期即最大埋深时期的压实情况，可以利用等效深度法计算出此时期的过剩压力（刘鹏和王凯，2015）。其基本原理是：压实曲线上分别处于正常压实段和异常压实段的两个点，若孔隙度相等，则两点所承受的有效应力也相等。

压实曲线的上部为正常压实段，声波时差的对数与埋深为线性关系，假设目标层段的埋深为 Z，从该点向上作垂线与正常压实段相交于一点深度为 Ze，两点的孔隙度值相等，因此孔隙流体承受的压力即地层压力也相同，故 Ze 点为 Z 点的等效深度点（图 7-46），Z 点的流体压力等于 Ze 点的静水压力加上两点之间的地层岩石负荷。理论上，压实作用的极限是所有孔隙均不存在，此时为岩石骨架，压实曲线不可能再往下延伸，岩石颗粒骨架对应点的埋深为 H。过剩压力表达式为

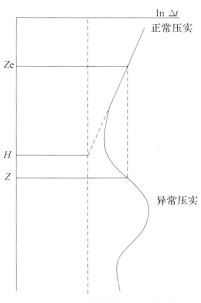

图 7-46　等效深度法示意图

$$\Delta P = P - \rho_{\rm w} g Z \tag{7-18}$$

其中流体压力可以分别通过以下公式计算：

$$P = \rho_{\rm w} g Z_{\rm e} + \rho_{\rm b} g (Z - Z_{\rm e}) \quad （当 Z \leqslant H） \tag{7-19}$$

$$P = \rho_{\rm w} g Z_{\rm e} + \rho_{\rm b} g (H - Z_{\rm e}) + \rho_{\rm w} g (Z - H) \quad （当 Z > H） \tag{7-20}$$

式中，P 为 Z 点处的流体压力；$\rho_{\rm w}$ 为地层水的密度；$\rho_{\rm b}$ 为沉积岩的密度。

2. 单井过剩压力发育特征

根据等效深度法原理，在读取泥岩声波时差的基础上，恢复了研究区南部 71 口井和西部 95 口井在最大埋深时期的泥岩过剩压力。

从单井过剩压力分布来看，上古生界最大泥岩过剩压力处于石千峰组—上石盒子组，其中西部普遍高于南部，西部最大值达到 20MPa，南部仅为 15MPa。根据过剩压力垂向分布的特征，鄂尔多斯盆地东南部主要研究层位—下石盒子组、山西组，太原组、本溪组的过剩压力在纵向上可分为三种组合形式：

Ⅰ类（图 7-47）：最大过剩压力峰值仅在石盒子组—石千峰组，多出现在上石盒子组，下石盒子组以下地层一般过剩压力明显减小，曲线幅度较低，过剩压力值普遍小于 5MPa，或随着深度增加而减小。这种类型是盆地东南部的主要类型。

Ⅱ类（图 7-48）：最大过剩压力峰值除石盒子组外，山西组（多分布于山 1 段，山 2 少见）或本溪组过剩压力曲线也存在明显高幅度，整个上古生界过剩压力至少出现两个峰值，峰值之间多为渐变，突变较少。

Ⅲ类（图 7-49）：最大过剩压力无明显峰值，或整个曲线幅度变化不大且值较小，一般均小于 5MPa，这种类型主要发育于南部。

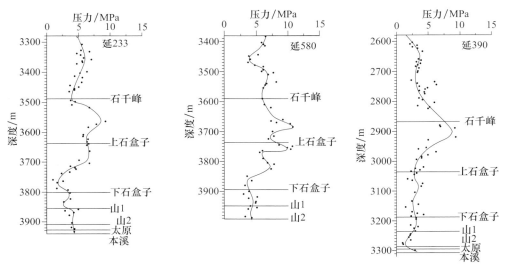

图 7-47　Ⅰ类单井过剩压力曲线特征

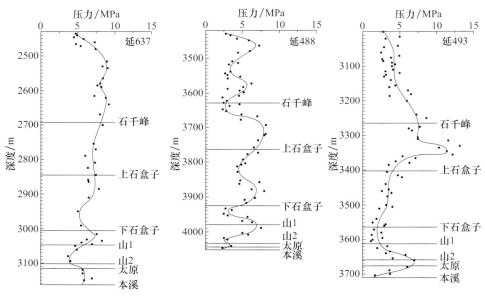

图 7-48　Ⅱ类单井过剩压力曲线特征

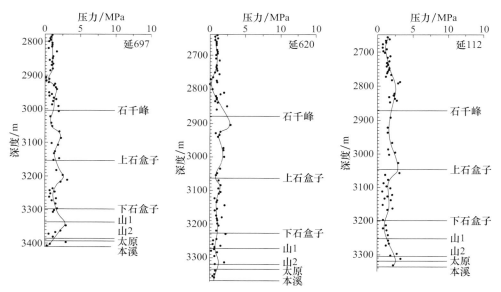

图 7-49　Ⅲ类单井过剩压力曲线特征

3. 过剩压力剖面特征

利用单井过剩压力曲线编制了过剩压力连井剖面，由此反映最大埋深时期过剩压力的侧向展布，下面选取研究区西部和南部 2 条剖面，以详细说明鄂尔多斯盆地东南部上古生界过剩压力的剖面分布特征。

西部的延 493—延 574 井剖面（图 7-50）横穿志丹、吴起、定边，可以看出，该区上古生界最大埋深时期的泥岩过剩压力一般为 0～10MPa，少数为 10～15MPa，极少数超过 15MPa，过剩压力峰值多位于上石盒子组，且剖面东部的过剩压力大于西部。其中，东部延 230—延 483—延 410 和延 440—延 442—延 493 井上石盒子发育 10～20MPa 的超压体，这些超压体横向连通性好，受层位控制较强，在最大埋深时期构成了良好的超压封盖层，阻止天然气向上散失，天然气在超压体下部的砂体中聚集成藏，这与试气产量较高的层位均位于超压体下方一致。而剖面西部延 574—延 575—延 576—延 407 井的过剩压力明显比东部小，封盖效果较差，天然气富集程度较低，较低的试气产量也证明了这一点。

南部的槐 22—延 225 井剖面（图 7-51）横穿富县、洛川、黄龙、宜川，呈东高西低。从图上可以看出，南部的过剩压力整体明显比西部小，普遍在 0～10MPa，仅延 723 井、延 430 井、槐 22 井的上石盒子组超过 10MPa，其中延 622 井、延 432 井、延 713 井、延 620 井等过剩压力都小于 5MPa，大于 5MPa 的过剩压力横向连续性和稳定性较差。由于顶部超压体发育程度较差，天然气大量向上运移，导致散失程度高，天然气富集程度较低，丰度和试气产量也较低。

4. 过剩压力平面特征

为了进一步分析过剩压力与天然气运聚关系，选取了研究区南部本溪组、山 2 段、山 1 段、下石盒子组、上石盒子组，研究其在最大埋深时期过剩压力平面分布特征。

1）本溪组时期过剩压力平面分布特征

研究区南部本溪组最大过剩压力为 0.1～12MPa，平均值为 4.1MPa；过剩压力高值区分布于延 433—槐 22 井区、槐 33—延 621 井区、延 265—延 428 井区及延 635 井区，过剩压力一般大于 6MPa（图 7-52）。

2）山 2 期过剩压力平面分布特征

研究区南部山 2 期的最大过剩压力为 0.2～17.4MPa，平均值为 5.5MPa，整体表现为北高南低、低过剩压力特征（图 7-53）。从平面分布来看，中部延 264—延 265 井、延 428 井及延 566 井及西部槐 22—延 433 井一带过剩压力相对较高，而黄陵、黄龙南部、宜川南部的过剩压力一般都小于 5MPa。

3）山 1 期过剩压力平面分布特征

研究区南部山 1 最大过剩压力为 0.2～17.5MPa，平均值为 5.2MPa，整体表现为低过剩压力特征（图 7-54），大多数井过剩压力小于 5MPa。其中延 625—延 428—延 566 井、宜川东部的延 635—延 225 井及槐 22 井一带过剩压力较大，大于 8MPa，其余井区的过剩压力一般都小于 5MPa。

4）下石盒子期过剩压力平面分布特征

研究区南部，下石盒子最大过剩压力为 0.2～15.5MPa，平均值为 4.8MPa，整体表现为北高南低（图 7-55），富县西部槐 22 井、北部的延 263—延 265 井及宜川西部延 428—延 630 井、东部延 635 井区过剩压力大于 11MPa，富县中部的延 696 井、延 702—延 703 井及宜川南部延 259—延 224 井区过剩压力小于 5MPa。

5）上石盒子期过剩压力平面分布特征

研究区南部，上石盒子组泥岩过剩压力一般为 0.1～21.5MPa，平均为 5.8MPa，小于 5MPa 的井点较多且分布较为集中（图 7-56），如延 432—延 702 井区、延 571—延 730 井区、延 257—延 633 井区，南部地区整体大于 5MPa，过剩压力稳定性和连续性较差。

（三）盆地东南部压力封存箱与天然气分布

鄂尔多斯盆地东南部上古生界石千峰组—本溪组异常流体压力封存箱为一完整的含气系统（刘宝平，2015），包含了烃源岩、储集层、封盖层等基本地质条件，油气的生成、运移、聚集主要在封存箱内完成。尽管箱内压力系统不均匀，砂体与砂体之间，砂体与泥岩之间不是一个统一的压力连通系统。目前，砂体表现为常压-负压特征，但泥岩具有高压状态，在泥岩超压体封盖下，油气产出与分布形式与常规油气藏不同。压力封存箱内部特征对箱内天然气运移聚集成藏有重要的影响。

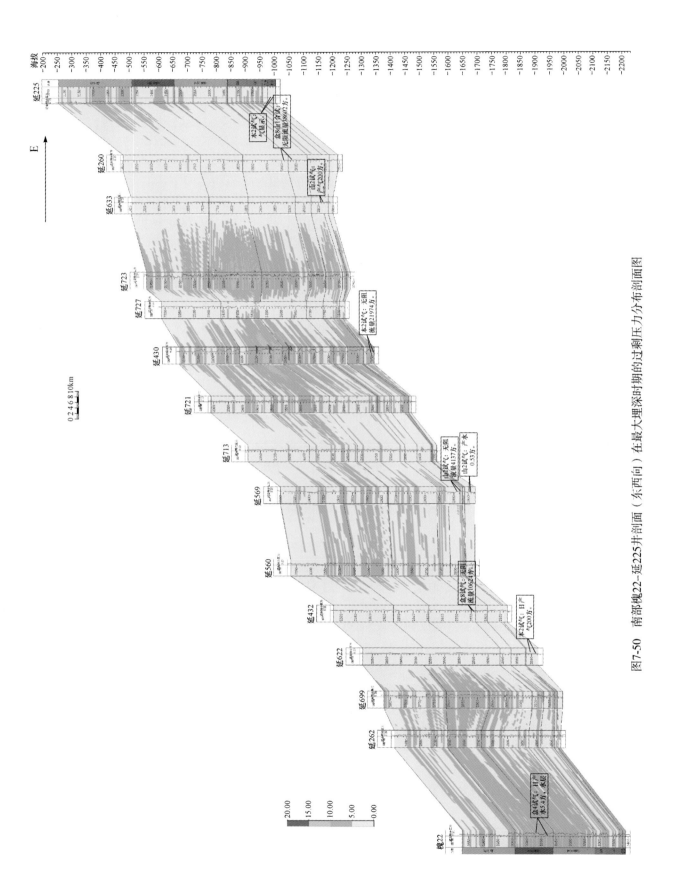

图7-50　南部槐22-延225井剖面（东西向）在最大埋深时期的过剩压力分布剖面图

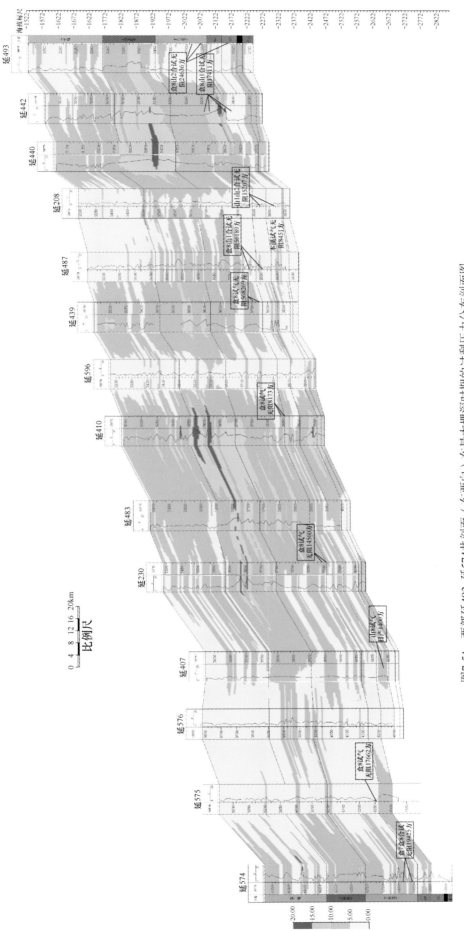

图7-51　西部延493-延574井剖面（东西向）在最大埋深时期的过剩压力分布剖面图

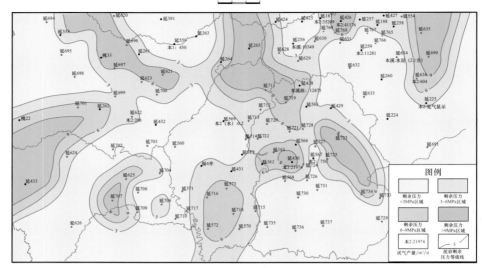

图 7-52　研究区南部本溪组在最大埋深时期的过剩压力分布平面图

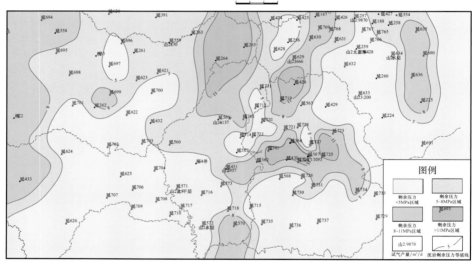

图 7-53　研究区南部山 2 在最大埋深时期的过剩压力分布平面图

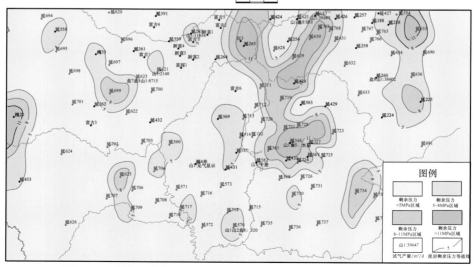

图 7-54　研究区南部山 1 段在最大埋深时期的过剩压力分布平面图

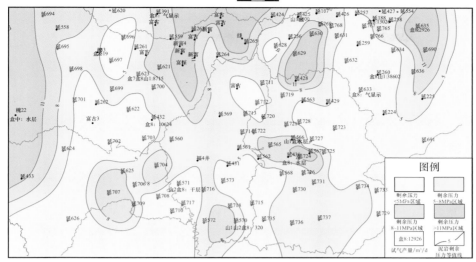

图 7-55 研究区南部下石盒子在最大埋深时期的过剩压力分布平面图

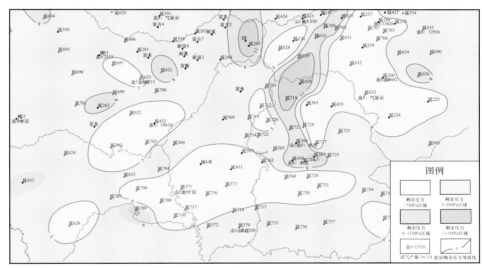

图 7-56 研究区南部上石盒子在最大埋深时期的过剩压力分布平面图

对盆地东南部上古生界泥岩压实特征研究表明，研究区上古生界石千峰组—本溪组为一个完整的异常流体压力封存箱体系，封存箱的顶部为石千峰—石盒子组，底部为本溪组铝土岩和泥岩。该压力封存箱的最大剩余压力一般出现在石千峰组—上石盒子组，最大剩余压力值为 10～20MPa，个别地区的剩余压力峰值出现在山西组—本溪组，本溪组整体剩余压力较小，各层位剩余压力分布具有很好的继承性。从区域分布来看，西部地区剩余压力值普遍比南部高，稳定性好。压力封存箱成箱后（T$_2$～T$_3$ 末），很少与外界的流体和物质发生交换。但在压力封存箱内，不断有流体和物质变换，以至于到目前，封存箱体内动力系统和物理化学系统都是不均匀的，能量与物质平衡仍在进行。

从单井过剩压力与气层分布特征来看（图 7-57），在上石盒子组最大过剩压力的封盖下，下石盒子—本溪组形成一个低势区，产气层主要分布于上石盒子组异常超压体之下，一般处于过剩压力曲线由低到高转折部位，尤其是盒 8 段气藏表现突出，说明上石盒子组过剩压力不仅是下石盒子组气藏的最直接封盖层，也是上古生界含气组合的区域压力封盖层。对山西组、太原组、本溪组气藏而言，气层出现的深度与最大过剩压力对应深度相对较远，一方面说明山西组、太原组、本溪组气藏的直接封盖层不是上石盒子组，应该是居于气层附近、具过剩压力的泥岩，下部不均匀分布的过剩压力段对山西组、太原组、本溪组气藏成藏起了关键作用。另一方面，也反映区域内部的非均质性及有限连通性。如果从下石盒子组—本溪组为一个统一的压力系统，天然气应该在浮力的作用下优先向下石盒子组上部聚集成藏，但目前各地区的主要成藏层位差别较大，分别为盒 8 段、山 1 段、山 2 段及本溪组四套，而且离烃源岩较近储集层产量高，说明天然气优先就近聚集于有利的储集相带。不同层位在各区不同程度地形成气藏，一定有局部的封隔条件，阻止了天然气向上部富集的机会，造成天然气成藏的分散性。

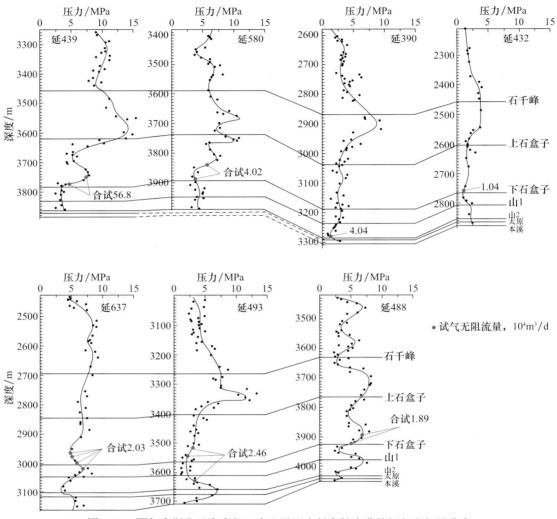

图7-57   鄂尔多斯盆地东南部上古生界压力封存箱内幕特征与产气层分布

从本溪组—下石盒子组最大过剩压力平面分布来看，各时期过剩压力具有很好的继承性，西部最大过剩压力值比南部高。一般认为，上部地层较高的过剩压力有利于天然气在超压体下部的地层中运聚成藏，其丰度及试气产量相对要高，而从试气效果来看，西部的试气效果较南部好，超过 $1 \times 10^4 \mathrm{m}^3/\mathrm{d}$ 无阻流量的井有多口，最高在延439井盒8段试气无阻流量 $56.8 \times 10^4 \mathrm{m}^3/\mathrm{d}$，而南部只有少数几口井的无阻流量超过 $1 \times 10^4 \mathrm{m}^3/\mathrm{d}$，最高为延260井山1盒8合试无阻流量为 $3.86 \times 10^4 \mathrm{m}^3/\mathrm{d}$。

因此，压力封存箱是上古生界气藏的生烃、储集、运移、成藏的基本单元。压力封存箱的形成、演化及箱内各种物理化学动力条件的变化、在时空上的配置关系等对上古生界天然气富集成藏有着重要的影响和控制作用。

第八章 天然气成藏特征与富集规律

天然气藏的形成、聚集与油藏无异，都需要生、储、盖的良好配置，但气藏对封盖的要求更高。配置越好成藏的可能性越大，形成油气藏规模越大、丰度越高（冷济高等，2008）。近年来，随着鄂尔多斯盆地东南部天然气勘探的重大突破、探明储量的不断增加，其成藏地质条件、气藏类型及气藏富集规律的研究成为当前研究的热点。鄂尔多斯上古生界具备形成大型气藏的基本石油地质条件，有巨大的勘探开发潜力，盆地东南部勘探开发取得了巨大的成果（王香增，2014）。盆地东南部气源岩主要为山西组海陆过渡相及本溪组潮坪、潟湖和沼泽相暗色泥岩和煤，储集岩为本溪组障壁沙坝优质砂体、山西组—石盒子组多条三角洲分流河道砂体，砂体呈南北向分布，石千峰组、石盒子组泥岩和太原组灰岩为区域盖层，源岩层段内泥岩为局部盖层，在盆地东南部形成了生储盖配置良好的大型含气系统。

第一节 气藏特征

一、圈闭类型

（一）圈闭类型及气藏特征

鄂尔多斯盆地东南部为宽缓西倾单斜，坡度小于1°，以稳定升降为主，构造不发育，地形平坦，不具备形成构造圈闭的条件（付明义等，2014）。晚古生代，经历了由海相、海陆过渡相再到陆相的沉积演化，沉积体系具备多样性，发育多期次、多类型的储集砂体，形成了垂向叠置、横向连片的复合砂体带，具备形成大型岩性圈闭的有利条件。该区发育岩性圈闭，主要受沉积和成岩作用控制，可分为上倾尖灭型和透镜体型岩性圈闭（表8-1）。

表 8-1 上古生界非构造圈闭类型模式

气藏类型		模式图	发育地区
裂缝灰岩气藏			伊陕斜坡鼻隆带轴部
岩性气藏	砂岩透镜体气藏		伊陕斜坡、中央古隆起广为分布
	砂岩上倾尖灭气藏		分布于斜坡带
地层气藏 地层不整合遮挡气藏	不整合侵蚀谷充填气藏		中部地区
	地层超覆不整合气藏		中央古隆起东西两翼地带
复合气藏	构造-岩性气藏		乌审召、鄂托克旗、神木、乌审旗、镇川堡、盐池、麒麟沟地带

上倾尖灭型：由于储集层沿上倾方向尖灭或渗透性变差而造成的圈闭即为上倾尖灭型圈闭（杨庆元等，1989），油气在其中聚集成藏称之为上倾尖灭型岩性气藏，其主要发育于山西组三角洲前缘水下分流河道砂体中。这些砂体在侧向上与分流间湾粉砂质、泥质共生。在经历差异升降构造运动后（东高西低），原先分布于河道砂体一侧的泥岩和粉砂岩处于上倾方向，形成上倾封堵；另一侧的泥岩和粉砂岩则处于分流河道砂体的下倾方向，形成下倾方向封闭，最终形成上倾岩性尖灭型圈闭特征。这种气藏主要受沉积相带分异控制，由于水下分流河道砂体延伸长，分布面积大，往往形成大型圈闭，是研究区主要圈闭类型之一（图 8-1）。

透镜体型：透镜体型岩性气藏主要发育于本溪组障壁岛砂坝中（汶锋刚等，2013），这些砂体连续性较差，分布较为孤立，平面范围有限，砂体四周均为非渗透性岩层包围（图 8-2）。

（二）气藏类型分布特点

上倾尖灭型气藏主要以山西组及下石盒子组发育为特征；本溪组因其储集体沉积相为障壁岛，故其圈闭类型主要为透镜体型。其中山西组及下石盒子组气藏以上倾尖灭型气藏为主，东西向连续、叠置。下石盒子组盒 8 段因以辫状河三角洲沉积为主，砂体较为发育，气藏较山西组丰富；山 2 段气藏较少，干层分布较多。本溪组受沉积相影响，砂体发育较孤立，其气藏类型主要呈透镜体型孤立分布（图 8-3）。

平面分布上山西组及下石盒子盒 8 段气藏主要以上倾尖灭型从北向南叠置分布，气藏北部分布较少，南部次之，中部最为集中（图 8-4）。

二、地层水性质

地层水是油气储层中与油气伴生的地下水。在含油气盆地中，地层水作为盆地流体的重要组成部分，是油气生成、运移、聚集的动力和载体。油气成藏是地下水在地史进程中循环活动的产物（汪林汪等，1995）。地下水与周围介质（包括围岩和油气）之间存在物质与能量的交换过程（楼章华等，2006），其活动与循环样式直接涉及油气与成矿物质运移的方向（曾溅辉等，2008b），因而常常也保留了油气运移、聚集和成藏的信息。盆地中的水文地质条件与油气的生、运、聚、散过程有着十分密切的关系。地层水的活动及其性质直接或间接指示盆地流体系统的开放性和封闭性（李继宏等，2014）。它是盆地演化过程中水文地质、流体 - 岩石相互作用、流体流动及其混合作用等的综合反映，而这些作用过程与矿床的形成和油气聚集紧密相关（孙向阳和刘方槐，2001）。

研究区含气层段地层水具有以下特征：

（1）矿化度较高。其中本溪组地层水矿化度最大，达 112.78g/L，山 2 段、山 1 段地层水平均矿化度次之，分别为 59.97g/L、44.84g/L，盒 8 段地层水的平均矿化度相对较低，为 14.06g/L（表 8-2）。

（2）主要阴离子中，Cl^- 含量最高、SO_4^{2-} 次之、HCO_3^- 最小。

（3）主要阳离子中，K^+、Na^+ 含量最高、Ca^{2+} 次之、Mg^{2+} 最小。

（4）各套地层水均以氯化钙型为主，而海水为氯化镁型（图 8-5）。

水型是反映影响油气运聚与保存条件的重要水化学因素（李贤庆等，2002）。按苏林分类，盆地东南部上古生界地层水有 3 种类型：氯化钙型（$CaCl_2$）、碳酸氢钠型（$NaHCO_3$）、氯化镁型（$MgCl_2$），其中 $CaCl_2$ 型水占绝大多数。以 $CaCl_2$ 型为主体的地层水是区域水动力相对阻滞区的典型特征（梁积伟等，2013），在一定程度上说明上古生界地层水封闭条件较好，仅见极少数 $NaHCO_3$ 型和 $MgCl_2$ 型的出现，可能与邻近地表水的入侵或者其他因素有关。

三、气体组分

研究区气藏甲烷最大含量从本溪组到下石盒子盒 8 段呈减小的趋势，最大为 97.48%；C_2H_6 含量以山 1 段最高，山 2 段次之，盒 8 段最少；C_3H_8 含量盒 8 段与山 1 段相当，最高者可达 0.07%，最低为 0.01%；C_4H_{10} 本溪组含量最高，山 1 段及盒 8 段平均含量最大；研究区气体中，山 2 段气体 CO_2 含量最高，为 1.19%~5.88%，平均为 3.26%，盒 8 段含量最低，为 1.03%~2.46%，平均为 1.74%；N_2 含量盒 8 段分布最为均匀，平均含量最高，可达 5.08%，山 2 段 N_2 分布不均匀，本溪组平均含量最低；相对密度则分布均匀，从本溪组到盒 8 段其平均值相差甚微（表 8-3）。

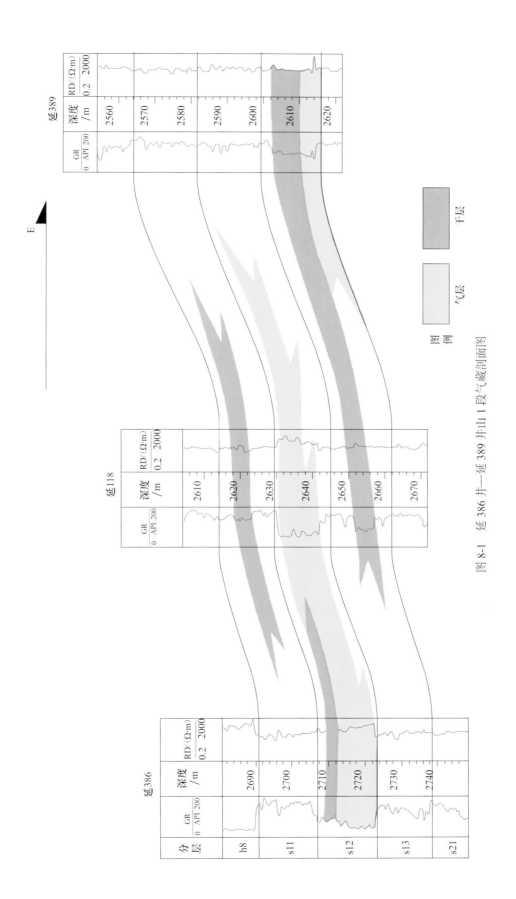

图 8-1　延 386 井—延 389 井山 1 段气藏剖面图

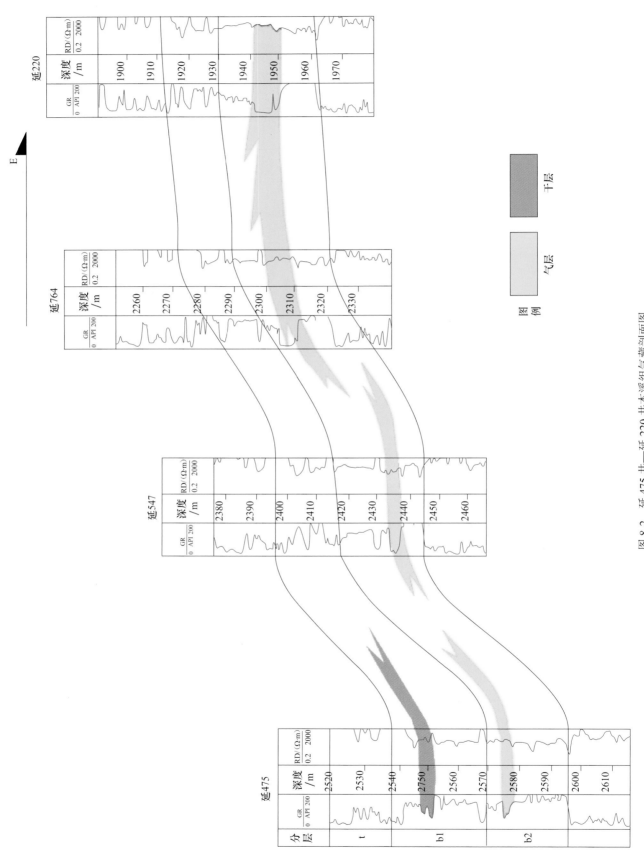

图 8-2　延 475 井—延 220 井本溪组气藏剖面图

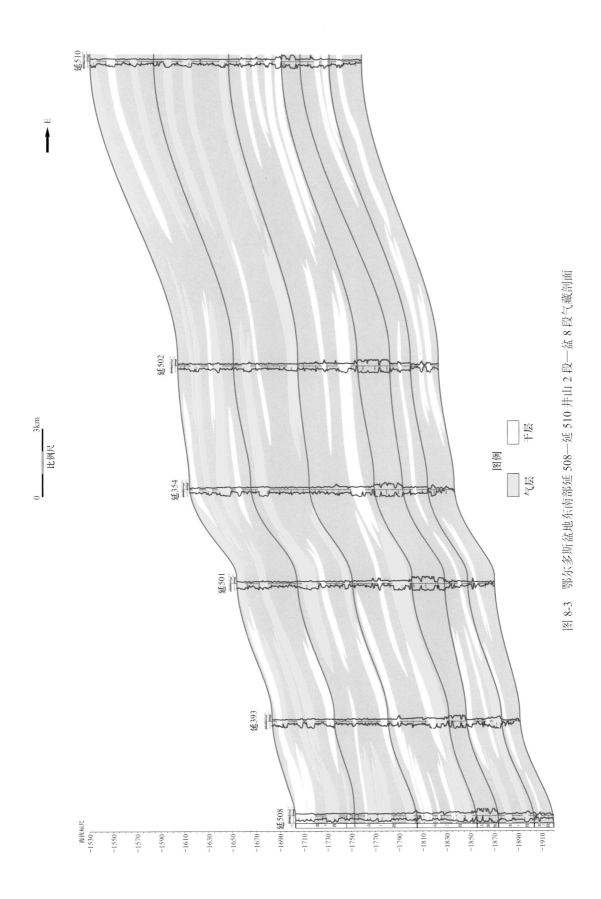

图 8-3　鄂尔多斯盆地东南部延 508—延 510 井山 2 段—盆 8 段气藏剖面

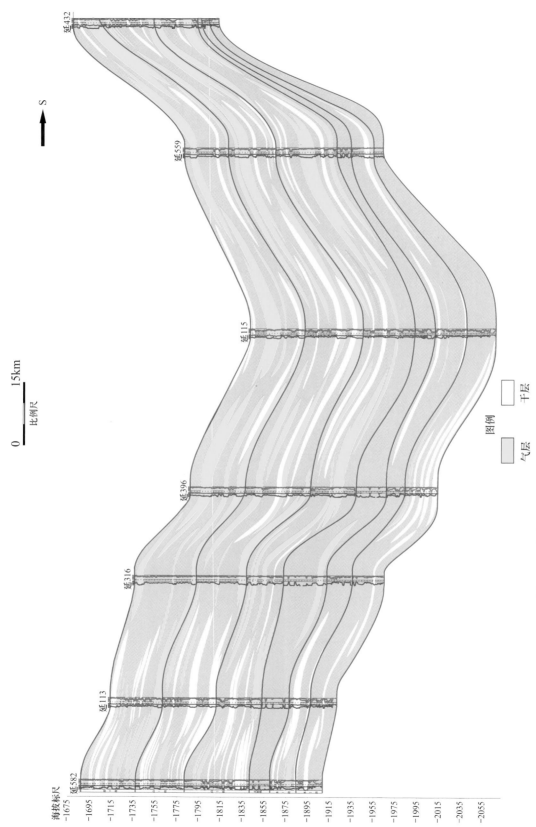

图 8-4 鄂尔多斯盆地东南部延 582—延 432 井山 2 段—盒 8 段气藏剖面

表 8-2　鄂尔多斯盆地东南部上古生界地层水组分表

层位	阳离子含量 /（mg/L）			阴离子离子含量 /（mg/L）			矿化度 /（g/L）	水型
	Na⁺、K⁺	Ca²⁺	Mg²⁺	Cl⁻	SO₄²⁻	HCO₃⁻		
盒 8 段	<u>3602～6526</u> 4649.53	<u>68～1309</u> 558.16	<u>41～364.77</u> 155.59	<u>4648～12220</u> 7280.18	<u>0～355</u> 70.125	<u>604.83～4501</u> 1348.31	9.71～20.93	$CaCl_2$
山 1 段	<u>2933～83883</u> 16554.19	<u>199～1578</u> 799.76	<u>45～343</u> 160.36	<u>4829～130534</u> 26502.61	<u>0～873</u> 130.57	<u>259～1113</u> 693.59	8.31～216.48	$CaCl_2$
山 2 段	<u>1028.56～35773.05</u> 12507.26	<u>38～56822</u> 9373.32	<u>42～2349</u> 469.57	<u>1576～152557</u> 36676.83	<u>0～181</u> 19.63	<u>39～1925</u> 829.94	3.22～241.5	$CaCl_2$
本溪组	<u>2971～59202</u> 20129.63	<u>4510～72645</u> 28866.49	<u>422～12687</u> 1956.40	<u>14290～250476</u> 87953.74	<u>0～132</u> 5.29	<u>11～1497</u> 610.71	23～391.74	$CaCl_2$

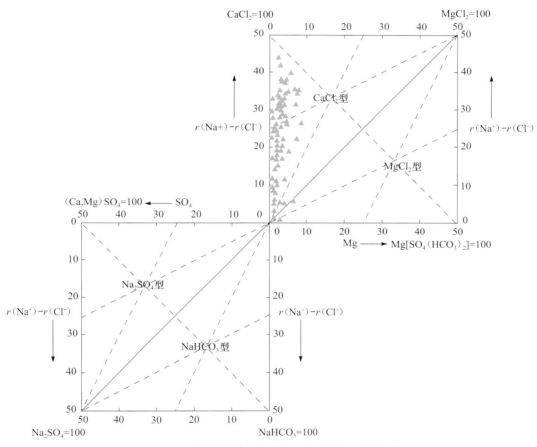

图 8-5　鄂尔多斯盆地东南部上古生界地层水分类

表 8-3　鄂尔多斯盆地东南部上古生界天然气组分表

层	CH₄/%	C₂H₆/%	C₃H₈/%	C₄H₁₀/%	CO₂/%	N₂/%	相对密度	干燥系数 /%
盒 8 段	<u>91.83～93.15</u> 92.49	<u>0.44～0.50</u> 0.47	<u>0.04～0.06</u> 0.05	<u>0.004</u> 0.004	<u>1.03～2.46</u> 1.74	<u>5.06～5.11</u> 5.08	<u>0.59～0.60</u> 0.59	99.43
山 1 段	<u>94.34～95.82</u> 95.14	<u>0.34～0.66</u> 0.53	<u>0.02～0.07</u> 0.05	<u>0.002～0.007</u> 0.004	<u>1.45～4.09</u> 2.66	<u>1.13～2.01</u> 1.54	<u>0.58～0.60</u> 0.59	99.39
山 2 段	<u>90.06～96.85</u> 94.76	<u>0.12～0.64</u> 0.38	<u>0.01～0.04</u> 0.02	<u>0～0.003</u> 0.001	<u>1.19～5.88</u> 3.26	<u>0.42～7.86</u> 1.49	<u>0.57～0.61</u> 0.59	99.58
本溪组	<u>94.29～97.48</u> 95.86	<u>0.31～0.57</u> 0.44	<u>0.01～0.04</u> 0.03	<u>0.001～0.011</u> 0.003	<u>0.99～4.56</u> 2.93	<u>0.22～0.90</u> 0.63	<u>0.56～0.60</u> 0.58	99.5

第二节　烃源岩类型、分布及生烃潜力

烃源岩（Source rock）是指在天然条件下产生并排出了足以形成工业性油、气聚集之烃类的岩石，含有大量的有机质（干酪根）且达到生烃门限是其两大必备条件。（邱中建等，2012）。而其具体分布及生烃潜力对天然气的形成起着决定性作用。

一、暗色泥岩的地球化学指标

暗色泥岩是指有机碳含量大于等于 0.5% 的黑色泥岩、炭质泥岩、粉砂质泥岩等，其有机质含量丰富，是很重要的烃源岩（李海珍和侯莉，1999）。

（一）有机质丰度

1. 暗色泥岩有机质丰度

研究区上古生界有机碳由老到新（本溪组到山 1 段）逐渐变低，本溪组有机碳平均含量最高，可达 3.45%，这是由于受高 - 过成熟度的影响；氯仿沥青"A"含量从本溪组到山 1 段相差不大，但因沉积相影响，本溪组氯仿沥青"A"含量较山西组大；从生烃潜量来看，山 2 段生烃潜量最大，平均为 0.53mg/g，本溪组次之，山 1 段最小，为 0.11mg/g（表 8-4）。

表 8-4　鄂尔多斯盆地东南部上古生界暗色泥岩有机质丰度

层段	有机碳含量 /%	氯仿沥青"A"/（mg/g）	生烃潜量 /（mg/g）
山 1 段	$\underline{0\sim4.02}$ 0.63	0.0005～0.021	$\underline{0.01\sim0.31}$ 0.11
山 2 段	$\underline{0\sim5.11}$ 1.93	0.0006～0.012	$\underline{0.03\sim1.13}$ 0.53
本溪组	$\underline{0.20\sim6.32}$ 3.45	0.0053～0.023	$\underline{0.05\sim0.78}$ 0.37

2. 煤岩有机质丰度

煤岩有机质含量较高，是最重要的烃源岩之一，评价其生烃潜力的参数主要有有机碳含量、氯仿沥青"A"及生烃潜量等。煤岩有机碳含量山 1 段最高，其平均值可达 67.1%，本溪组次之，平均值为 43.5%，山 2 段有机碳含量最小，占 34.6%；氯仿沥青"A"含量同有机碳含量变化规律相似，以山 1 段含量最高，为 0.0919～0.1958mg/g，本溪组次之，山 2 段最小；同有机碳及氯仿沥青"A"含量变化规律一致，研究区煤岩生烃潜量以山 1 段最大，其平均值可达 18.26，本溪组次之，山 2 段最小，平均为 3.98mg/g（表 8-5）。

表 8-5　鄂尔多斯盆地东南部上古生界煤岩有机质丰度

层段	有机碳含量 /%	氯仿沥青"A"/（mg/g）	生烃潜量 /（mg/g）
山 1 段	$\underline{10.51\sim97.16}$ 67.1	0.0919～0.1958	$\underline{7.76\sim29.04}$ 18.26
山 2 段	$\underline{8.88\sim86.9}$ 34.6	0.0018～0.053	$\underline{0.35\sim16.81}$ 3.98
本溪组	$\underline{11.9\sim95.2}$ 43.5	0.0163	$\underline{1.72\sim9.87}$ 4.18

3. 有机质丰度评价

根据我国陆相烃源岩有机质丰度评价标准（表 8-6），对研究区暗色泥岩及煤岩有机质丰度进行评价。综合分析认为，山 2 段与本溪组暗色泥岩有机碳含量、氯仿沥青"A"及生烃潜量均较高，总体上已属于中等 - 好烃源岩范畴，而山 1 段泥岩多属于非 - 差烃源岩范畴。结合以上评价标准及煤岩有机质丰度，山西组和本溪组煤岩总体上已属于中等 - 好烃源岩范畴。

表 8-6 我国陆相烃源岩有机质丰度评价标准

有机质类型	好烃源岩	中等烃源岩	差烃源岩	非烃源岩
有机碳含量 /%	3.5～1.0	1.0～0.6	0.6～0.4	< 0.4
氯仿沥青 "A" 含量 /%	> 0.12	0.12～0.06	0.06～0.01	< 0.01
总烃含量 /(μg/g)	> 500	500～250	250～100	< 100
生烃潜量 /(mg/g)	> 6.0	6.0～2.0	2.0～0.5	< 0.5
总烃 / 有机碳 /(mg/g)	8～20	8～3	3～1	< 1

(二) 有机质类型

根据烃源岩有机质类型划分标准，从干酪根碳同位素指标判断，山 1 段 41 个煤系暗色泥岩样品中有 31 个样品落在 III 型区域，仅有 10 个样品点分布在 II 2 型区域；山 2 段 23 个煤系暗色泥岩样品全部落在 III 型区域；本溪组 5 个煤系暗色泥岩样品全部落在 III 型区域。说明本溪组和山西组煤系暗色泥岩有机质类型以腐殖型 (III 型) 为主，夹混合腐殖腐泥型 (II 2 型)。从干酪根显微组分的类型指数判断，山 1 段 78 个煤系暗色泥岩样品中有 42 个样品类型指数为腐殖型 (III 型)，36 个样品类型指数为混合腐殖腐泥型 (II 1、II 2 型)；山 2 段 35 个煤系暗色泥岩样品中有 18 个样品类型指数为腐殖型 (III 型)，17 个样品类型指数为混合腐殖腐泥型 (II 1、II 2 型)；本溪组 7 个煤系暗色泥岩样品中有 4 个样品类型指数为腐殖型 (III 型)，3 个样品类型指数为混合腐殖腐泥型 (II 1、II 2 型)。说明本溪组和山西组煤系暗色泥岩有机质类型为腐殖型 (III 型) 和混合腐殖腐泥型 (II 1、II 2 型)（表 8-7 ）。

表 8-7 鄂尔多斯盆地东南部上古生界煤系暗色泥岩干酪根类型指数统计数据表

层位	类型指数		样品个数
	范围	均值	
山 1 段	-15.9～-73.6	-44.76	42
	18～80	47.67	36
山 2 段	-21.19～72.6	54.61	18
	14.2～46.3	28.88	17
本溪组	36～68.6	46.15	4
	17.38～74	31.21	3

(三) 有机质成熟度

沉积岩中的有机质只有在达到一定的热成熟演化程度才能开始大量生烃。由于在沉积成岩后生演化过程中，烃源岩中有机质的多种物理 - 化学性质都发生相应的变化，并且这一过程是不可逆的，所以可以根据其物理 - 化学指标来判断有机质热演化程度。

1. 最高热解峰温 (T_{max}) 分析

鄂尔多斯盆地东南部上古生界烃源岩的有机地化指标统计表明，上古生界烃源岩在区内大部分地区已进入高成熟 - 过成熟生气阶段，T_{max} 值普遍较高，本溪组烃源岩样品的 T_{max} 一般在 552～568℃，平均值可达 561℃；山 2 段烃源岩样品中的 T_{max} 为 411～579℃，平均值可达 545℃；山 1 段烃源岩样品的 T_{max} 为 356～581℃，平均值可达 507℃。

2. 镜质体反射率 (R_o) 分析

镜质体反射率是指镜质体磨片表面的反射光强度与入射光强度之比，用百分数来表示。热变质作用越强，镜质组反射率越大 (李志明等，2008)。本溪组烃源岩的镜质体反射率最小值为 1.98%，最大值为 2.46%，平均为 2.3%；山 2 段 25 个烃源岩样品的镜质体反射率最小值为 1.88%，最大值为 2.82%，平均值可达 2.27%；山 1 段 40 个暗色泥岩样品的镜质体反射率值为 1.76%～2.46%，平均为 2.09%。山 1 段—本溪组的烃源岩样品的镜质体反射率值均较大，表明有机质的热演化程度高，已进入高成熟 - 过成熟生气阶段。

（四）综合评价

1. 源内组合源岩评价

山2段和本溪组的煤系暗色泥岩和煤岩总体均属于中等 - 好烃源岩范畴；有机质类型以腐殖型（Ⅲ型）为主，兼混合型腐泥腐殖型（Ⅱ₂型）；烃源岩处于高成熟 - 过成熟生气阶段。

2. 源外组合源岩评价

山1段湖相暗色泥岩属于非 - 差烃源岩范畴，煤岩为中等 - 好烃源岩范畴；烃源岩有机质类型主要为腐殖型（Ⅲ型）和混合型腐泥腐殖型（Ⅱ₂型）；烃源岩处于高成熟 - 过成熟生气阶段。

二、烃源岩分布与潜力

烃源岩中的有机质是油气生成的物质基础。盆地东南部上古生界烃源岩主要为石炭系本溪组、二叠系山西组的暗色泥岩、炭质泥岩和煤岩等煤系组合。

从平面分布来看，本溪组钻遇地层厚 60～30m，其中暗色泥岩厚为 15～35m，占地层总厚度的 60% 左右，岩性主要为灰色泥岩、黑色泥岩和黑色炭质泥岩。本溪组暗色泥岩主要发育在中东部绥德、延川等地区，呈向西部和南部逐渐变薄，西部定边及南部黄陵等地暗色泥岩厚度最薄；其中南部在整体变薄背景下，甘泉 - 富县地区发育一北西向高值区（图 8-6）。

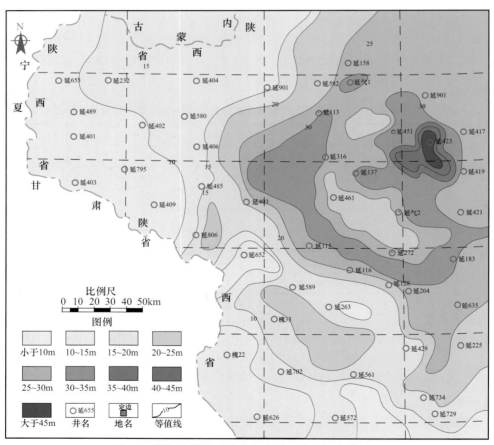

图 8-6　鄂尔多斯盆地东南部本溪组暗色泥岩等厚图

下二叠统山西组厚度 100～135m，暗色泥岩累积厚度为 60～80m，岩性主要为深灰色泥岩和灰黑色泥岩。平面上暗色泥岩主要发育在鄂尔多斯盆地东南部绥德及中东部延安、吴起等地区，其次为西部定边、南部黄龙等地（图 8-7）。

煤层在本溪组发育厚度 1～5m 不等，主要发育于靖边—子洲—绥德地区，其次是延安—延长—宜川东地区及黄龙局部地区（图 8-8）；山西组煤层主要发育于山2段，厚度 1～4m 不等，厚度较为稳定，较发育区为研究区东部南北贯穿及西北部局部地区（图 8-9）。

从地球化学指标来看，本溪组生烃条件较好，其泥岩有机碳含量大于 3%，煤层有机碳含量大于

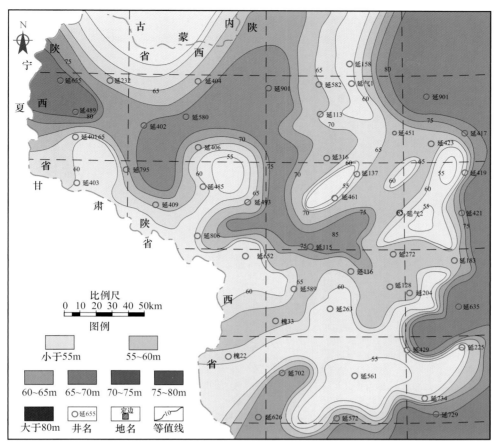

图 8-7 鄂尔多斯盆地东南部山西组暗色泥岩等厚图

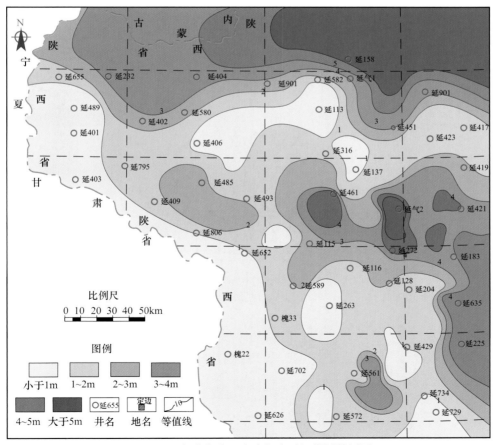

图 8-8 鄂尔多斯盆地东南部本溪组煤层等厚图

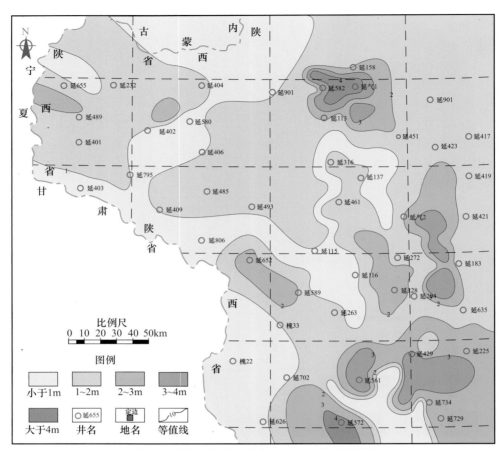

图 8-9　鄂尔多斯盆地东南部山西组煤层等厚图

30%；太原组石灰岩有机碳含量为 1.21%，氯仿沥青"A"含量和生烃潜量指标均较低；山 2 段生烃条件较好，有机碳含量与本溪组较为接近；山 1 段泥岩生烃条件较差，平均有机碳含量仅为 0.63%，可见主力烃源岩为山 2 段和本溪组暗色泥岩及含煤层系。该区上古生界烃源岩镜质体反射率为 1.59%～2.65%，普遍超过 2%，处于过成熟干气阶段，生烃强度在 $28 \times 10^8 \sim 40 \times 10^8 \mathrm{m}^3/\mathrm{km}^2$，生烃量大，气源充足，具有"广覆式"生烃特征。

第三节　天然气运聚特征与动力

一、输导体系

油气运移的通道主要包括连通孔隙、裂缝、断层、不整合面（王建新和邢博，2010）。由于运移往往不是依靠单一的通道类型，而往往是多种运移通道在空间上的有效组合，即输导体系。输导体系作为连接烃源岩与圈闭的桥梁与纽带，是控制油气成藏的关键。而输导体系类型受盆地的构造类型、地层格架特点、沉积充填特征及流体活动方式等诸多因素影响（朱筱敏等，2005）。根据砂体形态、物性特征和裂缝发育状况等因素的综合分析，将鄂尔多斯盆地东南部上古生界的输导体系可分为砂体型、砂体 - 裂缝网络型两大类型。

1. 砂体型输导体系

砂体型是鄂尔多斯盆地东南部上古生界主要的输导体系类型，根据砂体岩石学、物性和成岩作用及垂向分布等特征，将其划分为石英砂岩砂体、岩屑砂岩与岩屑石英砂岩砂体两种类型。下部石英砂岩砂体：岩性主要为细粒 - 中粗粒石英砂岩，具有较高的成分成熟度，由于石英含量高而相对抗压实，这类砂体物性较好，其主要孔隙类型为剩余粒间孔和溶蚀粒间孔。石英砂岩砂体主要为石炭系本溪组障壁岛砂体和山西组山 2 段三角洲前缘水下分流河道、河口坝砂体等。中上部岩屑砂岩与岩屑石英砂岩砂体：

岩性主要为中粗粒（含砾）岩屑石英砂岩和岩屑砂岩，成分成熟度相对低，由于石英含量低、填隙物与岩屑含量较高而压实作用较为明显，物性相对较差，主要孔隙为剩余粒间孔、溶蚀粒间孔和溶蚀粒内孔。该类型砂体主要为山1段和盒8段三角洲前缘水下分流河道砂体。

2. 砂体-裂缝网络型输导体系

砂体-裂缝网络型指在油气运移过程中，砂体和裂缝共同发挥输导作用的一种输导体系。其输导能力往往比单一的砂体或裂缝要大，油气从源岩到圈闭的过程中，往往先后经过不同类型的输导体系。鄂尔多斯盆地东南部上古生界从本溪组—盒8段发育多套砂体，且砂体之间多发育裂缝。因裂缝网络与砂体在三维空间上相互配套组合形成砂体-裂缝型输导体系，输导能力大大增强，输导距离也相对较长。

（一）微裂缝输导体系

岩心观察表明，鄂尔多斯盆地东南部上古生界裂缝普遍发育，砂岩、泥岩与灰岩中均可观察到裂缝。根据裂缝的产状及其跟岩层层面的关系，把上古生界岩石中的裂缝分为水平裂缝、斜向裂缝和近垂直裂缝（图8-10）。水平裂缝主要发育在层面结构比较发育的岩石中，岩心观察水平裂缝绝大部分被全充填或半充填，少数未充填，充填物主要为泥质，其次为方解石，缝宽0.10～5.00mm，大多数缝宽1.00～3.00mm，缝长0.08～0.36m。斜向裂缝主要在层面结构比较发育的岩石中观察到，一般与水平裂缝相伴而生，绝大部分被全充填或半充填，少量未充填，充填物主要为泥质，其次为方解石、炭质，缝宽0.01～8.00mm，大多数缝宽小于1mm，缝长0.09～1.01m。近垂直缝的裂缝面一般近垂直于岩石层面，裂缝面的角度一般大于70°，岩心观察发现该类裂缝主要发育在比较致密的岩石中，该类岩石一般层面结构不发育，裂缝绝大部分未充填，少数被泥质、方解石充填、半充填，缝宽0.10～5.00mm，缝宽一般大于1.00mm，缝长为0.05～5.18m，一般延伸较长，与底部岩石渐变接触。在这三种类型裂缝中，以高角度的近垂直裂缝发育程度较高，这些高角度裂缝缝面一般比较平直，没有充填物，偶见方解石与泥质充填。而通过对微裂隙中的流体包裹体温度测试可知，随着储层埋深的增加，包裹体温度随之升高，代表了在盆地持续沉降过程中热演化温度随埋深的变化。微裂缝中包裹体温度一般都高于次生加大边中包裹体温度，最高温度达到了150℃（表8-8）。通过储层热演化研究结合微裂缝及石英加大边温度测试分析认为鄂尔多斯盆地东南部上古生界储层裂缝形成于晚侏罗世—早白垩世。由此可见，裂缝形成的时期与上古生界烃源岩大规模生、排烃的时间相匹配，裂缝可作为上古生界中流体运移的通道之一。

从野外露头上观察，下石盒子组底部盒8段"骆驼脖子砂岩"垂向上微裂缝较发育，连通性好，为油气运移提供了良好的通道（图8-11）。

（a）延131井，山西组，
水平裂缝泥质充填-半充填

（b）延273井，本溪组，
水平裂缝泥质半充填

（c）延292井，山西组，
斜向裂缝未充填

（d）延272井，山西组，
斜向裂缝碳质充填

（e）延331井，本溪组，
近垂直裂缝方解石全充填

（f）延313井，山西组，
近垂直裂缝未充填

图8-10　鄂尔多斯盆地东南部上古生界岩心裂缝发育特征

表 8-8 鄂尔多斯盆地东南部储层流体包裹体测温结果

赋存状态	宿主矿物	层位	形态	直径 /μm	气液比 /%	类型	均一相态	成因	均一温度 /℃	冰点温度 /℃
微裂隙	石英	盒 8 段	不规则，近圆形	4～8	3～8	盐水	液相	次生	120～140	-4.2～-3.7
	石英		不规则，近圆形	3～5	3～5	CO_2	液相	次生	32～35	
	石英	山 1 组	不规则，近圆形	3～6	5～7	盐水	液相	次生	140～150	-4.2～-3.7
	石英	山 2 组	不规则，近圆形	3～5	5～7	盐水	液相	次生	140～150	-4.9～-3.7
	石英		不规则，近圆形	2～5	3～5	CO_2	液相	次生	30～34	
石英加大边	石英	山 1 组	不规则，近圆形	3～7	3～8	盐水	液相	次生	110～120	-6.9～-2.5
	石英	山 2 组	不规则，近圆形	3～7	4～8	盐水	液相	次生	120～130	-4.8～-3.7

（二）输导体系与烃源岩配置关系

按照源岩与输导体系的接触关系可以将它们之间的配置组合划分为垂向、侧向和交错接触型 3 种。其中垂向接触型和侧向接触型较为常见，交错接触型通常只在断裂较为发育的区域出现。侧向接触型配置组合主要发育在砂体型输导体，与烃源岩在同一层位并和烃源岩相接触，而垂向接触型配置组合主要发育在连通砂体型输导体与烃源岩，处于上、下相接触的范围（王克等，2006）。

图 8-11 下石盒子盒 8 段砂岩野外露头

研究表明，鄂尔多斯盆地东南部上古生界气源岩属于海陆交互沉积的含煤层系，主要发育在石炭系本溪组、二叠系山西组、太原组，其中山西组和本溪组的煤层和暗色泥岩是主要的烃源岩层位。根据输导体系保存的层位及其与烃源岩之间的距离，将鄂尔多斯盆地东南部输导体系划分为两套运聚体系（图 8-12）。

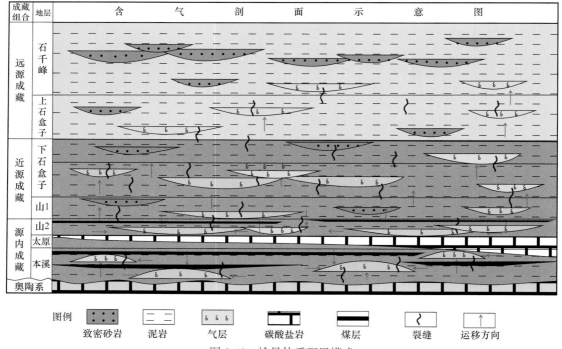

图 8-12 输导体系配置模式

第一套运聚体系：烃源岩＋输导砂体配置组合，主要发育在本溪组和山$^3_2$段内，上覆山$^2_2$—山1段泥岩作为直接盖层垂向封闭。输导砂体和烃源岩呈垂向、侧向接触，烃源岩中的天然气初次运移排出后在邻近的输导砂体内运移，最终在同层的岩性圈闭中富集，其成因主要为沉积作用和成岩作用差异造成。

第二套运聚体系：烃源岩＋输导砂体-裂缝网络配置组合，主要发育在山1段和盒8段内，上覆上石盒子组厚层泥岩作为区域盖层垂向封闭。输导砂体和烃源岩没有直接接触，烃源岩中的天然气初次运移排出后先在邻近的输导砂体内富集，随后通过裂缝网络二次运移，经过相对较短的距离在山1段和盒8段内的岩性圈闭中富集。

二、运聚特征

近年来，越来越多的学者对鄂尔多斯盆地上古生界天然气运聚成藏过程的研究表明，鄂尔多斯盆地上古生界天然气在地史中不具备发生大规模侧向运移的条件，其理由如下：

（1）生气史研究表明，晚侏罗世—早白垩世是上古生界烃源岩大量生气的主要时期，而晚三叠纪末上古生界储层已处于晚成岩作用A期，原生孔隙在三叠纪末已明显减少（表8-9），仅3%～11%，到晚成岩作用B期的早中侏罗世末，砂岩孔隙度降到6%～8.4%，已属致密储层范畴。所以，上古生界砂岩致密化早于大规模油气运移时期（王震亮等，2004），这种输导条件不利于天然气的大规模侧向运移（王震亮等，2004；李忠东等，2008；郝蜀民等，2011）。尤其是东西方向上沉积相变化大、砂层连通性较差，天然气由西向东做大规模侧向运移较为困难。

（2）常规油气二次运移的动力主要为浮力和水动力。由于鄂尔多斯盆地上古生界储层成岩早期压实作用和胶结作用强烈，因而在造成储层致密化的同时，也导致储层中的自由水大为减少，从而难以产生较强的浮力和水动力。因此，浮力和水动力不可能成为天然气在上古生界致密砂岩储层中运移的有效动力。另一方面，由于鄂尔多斯盆地上古生界储层致密时间早，且横向非均质性强，因此即使存在足够强的运移动力，天然气在上古生界致密砂岩中也很难发生长距离侧向运移。可见，鄂尔多斯盆地上古生界既不存在天然气大规模长距离运移的动力条件，也不具备长距离运移的通道条件。

（3）一般来说，大规模、长距离的天然气运移是择优聚集过程，输导体系具有较好的输导能力，形成的气藏具有高的丰度值，产量也较高；而短距离的运移也就是天然气局部就近聚集，天然气富集程度与气藏附近烃源岩生烃强度及储集条件有关，往往表现为低丰度的天然气藏，且丰度值差异较大。鄂尔多斯盆地上古生界气层具有低孔隙度、低渗透率、低丰度和低产特征，符合天然气近距离运移聚集特征。

表 8-9　鄂尔多斯盆地上古生界砂岩孔隙度演化对比表（据李仲东等，2008）

砂岩孔隙度演化	何自新等（2003）	赵林等（2000）	王允诚和卢涛（2002）		李仲东等（2007）	大约发生时期
初始孔隙度/%	40		38	40	38	沉积初期
早成岩作用阶段孔隙度/%	12.6（1900m）	15（1600m）	9.0	12.6	9.0	三叠纪末
晚成岩作用A期孔隙度/%	11.2（3000m）	3.0（3000m）	8.6（2000～3000m）	8.2	10.2（2000～3000m）	三叠纪末
晚成岩作用B期孔隙度/%	7.3	6.0（3500m）	6.8（大于4000m）	7.4	8.4（3000～4000m）	早—中侏罗世末
资料来源	上古生界各气田	中部气田	中部及榆林气田岩屑砂岩	中部及榆林气田石英砂岩	大牛地气田岩屑砂岩	

根据延长探区上古生界成藏组合特征分析认为：由于本溪组为障壁岛海岸沉积，储集体类型主要为障壁砂坝和砂坪，砂体平面连续性较差，单个砂体规模较小，砂体不具备长距离侧向运移的输导能力；山西组—下石盒子组为三角洲前缘沉积，水下分流河道为主要储集体类型，砂体呈南北向展布，东西向呈透镜体分布，而鄂尔多斯盆地上古生界为南低北高的构造格局，在局部范围内发育的具有相对高孔渗储层砂体为盆地深部（南部）天然气向砂体上倾方向（北部）侧向运移提供了有利条件，但是这种侧向运移仅限于相互连通的优质储层内，其天然气运移规模较小且距离较短。因此，处于主力生烃层系内的石炭系本溪组和二叠系山西组山2段，其气藏的形成主要为初次运移直接成藏；在主力生烃层系之上的

山西组山1段和下石盒子组盒8段，其气藏的形成主要为二次运移垂向充注成藏；山西组—下石盒子组在局部范围内可发生小规模的短距离南北向侧向运移。

第四节　成藏期次与成藏模式

油气成藏期次是油气勘探地质评价的主要问题之一，对认识油气藏的形成和分布规律至关重要。油气成藏模式的研究是石油地质研究的一个重要环节，它对于揭示油气成藏机理、过程及分布规律具有重要的意义（曲江秀等，2009）。

一、成藏期次

1. 生排烃史分析

烃源岩的生排烃时间代表了油气藏形成的最早时间，因此，可根据烃源岩热演化史的研究确定油气藏形成的时间下限，此即生排烃史法。此法一般只能给出大致的成藏时间范围或者成藏的最早时间，无法确定具体的成藏年代。其研究对象并不是油气藏本身，而是基于烃源岩热演化史对成藏时间的外推，属油气成藏期的"正演"分析方法。其确定成藏时间的准确性，主要取决于埋藏史和热史的恢复。

鄂尔多斯盆地属于沉积、构造及热演化较为简单的克拉通盆地。其在三叠纪之前，古地温梯度比较低；到了中晚侏罗世—早白垩世，盆地遭受了燕山期岩浆热事件侵入，古地温梯度较高；早白垩世以后，盆地发生抬升降温。盆地现今地温梯度为2.46～2.85℃/100m，大地热流值为68mW/m²；利用镜质体反射率、包裹体和磷灰石裂变径迹分析等方法，确定的盆地古地温梯度为3.1～5.56℃/100m，利用3.3～4.1℃/100m计算的古大地热流值为95～118mW/m²；古地温梯度、古大地热流值明显高于现今，说明盆地曾经历过高热时期（任战利，1995；赵孟为，1996）。

燕山期华北地区广泛经受了构造热事件，北东向的岩浆岩带分布于鄂尔多斯盆地东部及东南部，盆地内西南部的龙1、龙2井钻遇侵入三叠系延长组的闪长玢岩，盆地东部临县紫荆山碱性岩体侵入三叠系，因此，这期构造热事件已经波及盆地本部。盆地内热事件的发生时间，不同学者认识不同，赵孟为（1996）认为在中侏罗世160～170Ma，任战利（1995）认为在晚侏罗世—早白垩世。

通过对中国东部中新生代岩浆活动由西向东变新这一规律的分析，认为鄂尔多斯盆地处于大兴安岭—太行山—武陵山花岗岩（120～230Ma）、火山岩带（中侏罗世）的西侧，其经历的热事件时期与该岩带相近或更老。盆地内岩浆岩侵入层位没有超过三叠系，因此，盆地经历的最早热事件时代确定为中侏罗世，热事件有可能持续到早白垩世，早白垩世以后盆地发生抬升降温。

研究区烃源岩主要为本溪组、太原组和山西组的煤、炭质泥岩和泥灰岩（太原组），煤系地层烃源岩生烃是一个多阶连续生烃过程。热模拟实验证明，产烃率与热演化成度（R_o）呈指数关系。烃源岩最高演化程度时也是天然气累积生烃量最大时期。这时，由于水热增压等作用，烃源岩地层产生高压，当超过了岩石破裂极限时，产生微裂缝发生排烃。因此，烃源岩生排烃量最大时也是天然气的大量运移聚集时期。区内本溪组、太原组和山西组烃源岩的镜质体反射率R_o多大于2.0%，不同时期的生排烃过程，表明烃源岩演化已达高-过成熟阶段。生排烃计算结果显示如下：

晚三叠世（210～200Ma）开始少量生烃，此时镜质体反射率R_o在0.7%～0.72%，烃源岩开始进入生烃门限，由于烃源岩仅达到了低成熟阶段，天然气生成量较低。同时，干酪根中的壳质组可能会生成一些液态烃类。

早侏罗世期间（200～175Ma），镜质体反射率R_o已达1.03%，烃源岩已达成熟阶段，这一时期进入第一个生烃高峰，生、排烃强度逐渐增大，早期生成的液态烃类和天然气开始运移聚集。

中—晚侏罗世期间（175～154Ma），镜质体反射率R_o已达1.34%，烃源岩全部进入成熟阶段，这一时期天然气生成量较大，进入第二个比较明显的生、排气阶段，同时累积生成量明显，早期阶段生成的天然气普遍运移聚集成藏。

晚侏罗世期间（154～140Ma），此时镜质体反射率R_o达1.44%或1.5%以上，烃源岩全部进入成熟阶段，晚侏罗世期间由于燕山运动构造抬升，这一时期天然气累积生气量有所增大，阶段增加量不大。

早白垩世期间（140～97.5Ma），此时镜质体反射率 R_o 已达 1.99%～2.0%，烃源岩进入高 - 过成熟阶段，这一时期天然气阶段生成量最大，累积生成量最大、最明显，同时也是主要的排烃时期，为晚期天然气的大量运移聚集成藏时期。

从晚白垩世（97.5Ma）开始，鄂尔多斯盆地东部开始抬升，尤其是鄂尔多斯盆地东南部 - 东部抬升范围最大，中生界部分层系，包括下白垩统、中上侏罗统遭到大量剥蚀，这一过程一直持续到现今。因此，从 97.5Ma 到现在，古地温降低，上古生界的煤系烃源岩已基本停止生烃。

综上所述，鄂尔多斯盆地上古生界在中侏罗世至早白垩世经历了地质热事件，上古生界烃源岩进入成熟和大量生、排烃时期；早白垩世之后，生烃作用基本停止。因此，早侏罗世至早白垩世晚期是上古生界煤系烃源岩主要的生烃时期。其中，早白垩世时期是主要的生、排烃阶段，也是天然气运移聚集的主要时期，早白垩世时期形成的天然气，对气藏的形成具有决定性作用。

2. 成岩流体包裹体系统分析

流体包裹体主要应用于三方面：一是烃类包裹体形成的时期，代表了油气运移充注的期次；二是烃类流体包裹体的均一温度，记录了油气运移充注时储层的古地温，通过热史和储层埋藏史的恢复即可确定包裹体形成时的埋藏深度，其对应的地层时代即是油气藏的成藏年代；三是烃类包裹体的成分，可以反映油气注入时的地球化学特点和相态特点。

通过山西组 22 个砂岩样品进行流体包裹体分析。对样品中的大量包裹体，按其产状进行了流体均一温度和冰点温度的统计，区分出流体包裹体的期次，并根据对应的埋藏史曲线，划分出油气充注时期。

根据流体成分包裹体可划分为盐水溶液包裹体、含烃盐水溶液包裹体、CO_2 包裹体、含烃 CO_2 包裹体、气态烃包裹体和液态烃包裹体 6 类，其形态有圆状、椭圆状、次棱角状、长条状、半圆状等（图 8-13）。

研究中，共测试了 614 个盐水包裹体，其中石英次生加大边内流体包裹体 61 个，石英微裂隙中流体包裹体 553 个。可见，砂岩样品中的流体包裹体经过加热后，气泡逐渐变小，均一成液相。包裹体的均一温度分布范围较宽，在 82.7～202.4℃。按照流体包裹体分布产状，以 5℃ 为间隔分别作出均一温度分布的频数直方图（图 8-14、图 8-15）。

从砂岩石英次生加大边内流体包裹体均一温度直方图中可以看出（图 8-14）：流体包裹体的均一温度分布在 94.2～159.3℃，主峰温度区间位于 115～135℃。从砂岩石英微裂隙中流体包裹体均一温度直方图（图 8-15）中可以看出：流体包裹体的均一温度分布在 82.7～193.8℃；温度分为 3 个区间，分别是 80～95℃、95～130℃、130～195℃，主峰温度区间位于 85～90℃、110～125℃ 和 135～155℃。石英加

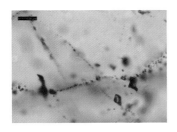

（a）沿石英颗粒裂缝呈带状分布，呈灰色的盐水+烃类包裹体，单偏光，延409井，3770.77m

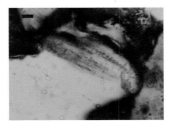

（b）沿石英颗粒加大边呈群分布，呈灰色的盐水包裹体，单偏光，延409井，3826.72m

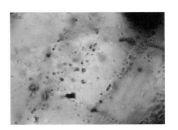

（c）沿溶蚀微裂缝呈线状分布，呈灰色的盐水包裹体，延118井，2592.8m

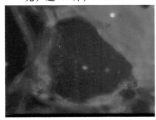

（d）沿溶蚀微裂缝呈环状分布，呈弱蓝白色荧光显示的气态烃包裹体，单偏光，延118井，2633.02m

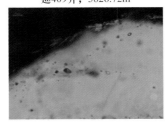

（e）沿石英颗粒次生加大边呈群分布，呈灰色的气态烃包裹体，单偏光，延118井，2593.83m

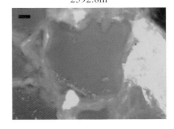

（f）沿石英加大边呈环状分布，呈蓝白色荧光显示的盐水+烃类包裹体单偏光，延409井，3805.25m

图 8-13　盆地东南部上古生界流体包裹体特征

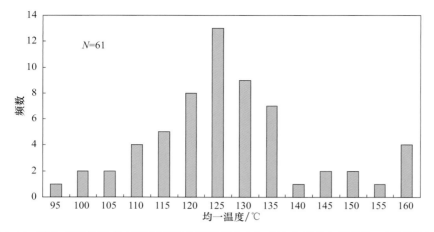

图 8-14　鄂尔多斯盆地东南部山西组砂岩石英次生加大边内流体包裹体均一温度直方图

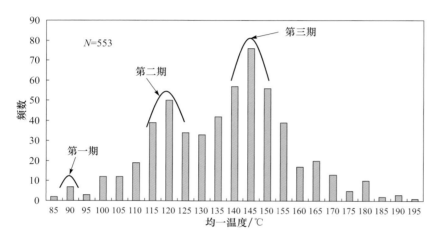

图 8-15　鄂尔多斯盆地东南部山西组砂岩石英微裂隙中流体包裹体均一温度直方图

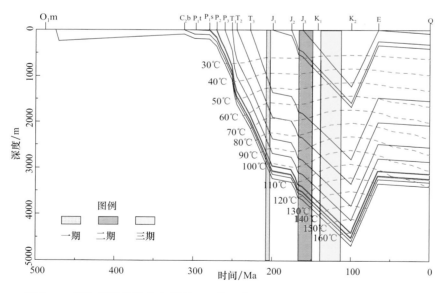

图 8-16　鄂尔多斯盆地东南部延 115 井上古生界山西组油气充注期次及时间

大边内流体包裹体的均一温度主峰区间与石英裂缝中的第二期流体包裹体均一温度的主峰温度区间相近，应该属于同一期酸性流体活动。

山西组砂岩中流体包裹体测温结果表明：①盆地东南部上古生界山西组至少存在三期流体活动，第一期流体活动的主峰温度在 85～90 ℃，规模较小；第二期流体活动的主峰温度在 115～120 ℃，此时流体形成了大量石英加大边；第三期流体活动的主峰温度在 135～155 ℃，流体规模较大；②高于 165 ℃的样品点 34 个，温度范围较分散；③从测点数目来看，110～165 ℃区间内的数据点较多，共计 482 个。从三期流体活动中均检测到含烃包裹体，推测它们与油气充注有关。

鄂尔多斯盆地东南部上古生界山西组砂岩测得的流体包裹体均一温度具有三个峰值，表明山西组经历了三次油气充注。将流体包裹体的均一温度投影在单井埋藏史图上（图 8-16～图 8-18），发现三期油气充注分别发生在晚三叠世、中晚侏罗世和早白垩世。其中，第一期油气充注规模较小，在部分井区，如南部的槐 33 井区没有发生。

3. 储层自生伊利石同位素测年

同位素测年法是确定成藏年代最直接的方法。一定条件下，沉积岩中某些矿物的放射性同位素组成可以代表成岩胶结物的年龄，这一方法与流体包裹体和氧同位素相比具有明显的优势，因为流体包裹体和氧同位素主要提供有关矿物生长的温度，而生长年龄只有间接通过热史的模拟来反映。

通过测定伊利石的 K-Ar 同位素年龄来确定烃类运移时间的方法，已成为近年来常用的油气成藏期次判断依据。成岩过程中，自生伊利石的形成主要有两种形式：高岭石、蒙脱石和伊蒙混层黏土矿物的伊利石化；孔隙水通过化学沉淀形成自生的丝发状伊利石。自生伊利石的形成总是与流动的富 K 孔隙水介质条件有关，油气注入储层抑制自生矿物（次生石英）的生长（自生伊利石的生长、钾长石的钠长石化）。

利用储层自生伊利石的同位素定年来确定油气藏的成藏时间，通常基于这样一个假设：在油气充注过程中孔隙水被驱替，流体-岩石反应会因此减慢并最终停止，伊利石的生长受到抑制最终也停止生长。因此，自生伊利石的年龄代表了油气充注的最早时刻，即油气藏的最早成藏时间。

蒙皂石向伊利石转化是砂岩中最主要的成岩变化之一，具有不同层间比（伊蒙混层矿物的蒙皂石晶层的百分含量）的伊蒙混层是中间的过渡性矿物。由于大多数含油气盆地的砂岩储层中的蒙皂石向伊利石成岩演化均未达到伊利石（间层比小于 10%）阶段。所以，现在的自生伊利石 K-Ar 同位素测年实际上是自生伊/蒙（I/S）间层矿物测年，或更确切地说是伊蒙有序间层矿物（间

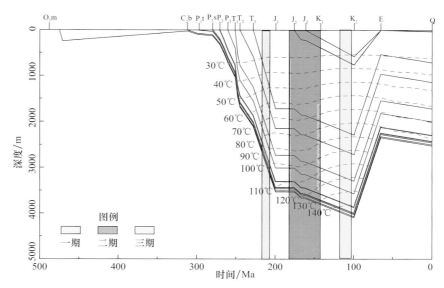

图 8-17 鄂尔多斯盆地东南部延 150 井上古生界山西组油气充注期次及时间

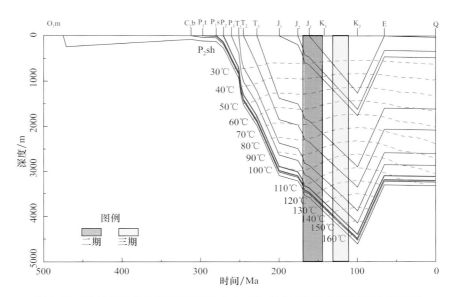

图 8-18 鄂尔多斯盆地东南部槐 33 井上古生界山西组油气充注期次及时间

层比小于 40%）K-Ar 同位素测年。研究结果表明，间层比愈小愈好。间层比小于 25% 伊/蒙有序间层的 K-Ar 同位素测年结果基本合理；间层比大于 40% 伊/蒙无序间层的 K-Ar 同位素测年结果大多等大于其所赋存砂岩储层的地层年龄，不具有油气成藏意义。

刘新社等（2008）、陈刚等（2012）、李艳霞等（2011）等分别对鄂尔多斯盆地东部、东北部上古生界不同的含气组合中多块砂岩样品进行自生伊利石 K-Ar 同位素测年得出：中下二叠统自生伊利石测年数据以较宽范围分布在中晚侏罗世—早白垩世的 178～108Ma，主要集中在 126～108Ma。其中山 2 段伊利石测年数据主要集中在 122～124Ma；山 1 段年龄在 132～160Ma；盒 8 段样品取自干层，成藏年龄为 129Ma，年龄偏新；千 5 段成藏年龄为 152Ma。自南向北自生伊利石年龄逐渐减小。

综合分析认为，上古生界气藏成藏时间多在中侏罗世—早白垩世，自生伊利石样品年龄的空间分布规律总体指示鄂尔多斯盆地东南部二叠系的油气运聚成藏年龄具有自南向北逐渐减小的特点，且主要集中在早中侏罗世—早白垩世盆地多旋回沉降增温及其相应上古生界烃源岩的主要生-排烃阶段，表明二叠系不同层段都曾经历过早中侏罗世—早白垩世的原生油气成藏作用。

陈刚等（2013）亦对盆地东部二叠系不同层段的伊利石测年样品年龄数据进行了分组归类基础上的统计对比分析（图 8-19）。结果表明，二叠系油气成藏期次主要集中在 175～155Ma 和 145～115Ma 的两

个区间年龄组，相应的峰值年龄分别为中侏罗世的 165Ma 和早白垩世的 130Ma，表明盆地东部二叠系不同层段至少经历过两期原生油气成藏事件：早期（Ⅰ）基本对应于早中侏罗世沉降增温晚期下二叠统烃源岩油气生成与二叠系原生油气成藏的时间，且呈现出中下二叠统略早于上二叠统的成藏年龄分布特点；晚期（Ⅱ）则与早白垩世构造热作用阶段二叠系大规模油气生成-运聚成藏时期基本一致，且中下二叠统油气成藏时间较长，但结束时间略晚于上二叠统。

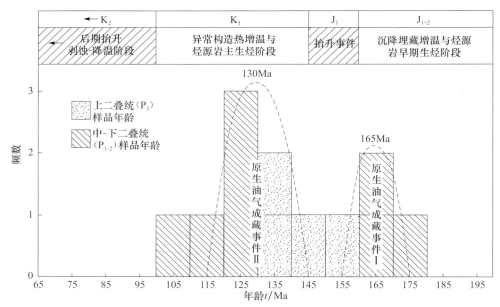

图 8-19   盆地东北部二叠系不同含油气砂岩层段自生伊利石测年数据的统计分布特征（陈刚，2003）

4. 甲烷同位素动力学分馏

自从 Stahl 等（1975）建立了气源岩成熟度与相应气态烃稳定碳同位素组成之间的第一个经验关系式之后，许多类似的经验关系式被建立（Schoell，1980；沈平等，1987），这些成果在油气成藏期次的研究中发挥了重要作用。但是，由于天然气的同位素组成除受母质来源和成熟演化的影响外，还受运移、扩散等分馏过程及聚集和散失史的影响。这种复杂性使人们面对同位素组成时，难以判识其来源、演化、运移、聚集、散失各因素对现今同位素组成有多大的影响。因此，人们借助热模拟实验和在线碳同位素分析技术，建立了碳同位素动力学定量模型，模拟天然气形成过程中组分碳同位素的变化规律。

甲烷碳同位素动力学模拟能够用于天然气成藏模拟。一般而言，天然气生烃是一个连续的过程，而成藏却是阶段性的；它不但依赖于圈闭的形成，还受制于运移通道的存在，二者之间的不同步造成了天然气聚集过程中阶段性捕获现象的普遍性。因此，研究甲烷碳同位素与阶段性捕获之间的关系就显得极为重要；目前还没有方法或手段能够成功应用于这一领域。动力学模拟不仅能够完整模拟整个生烃阶段的发展演化，而且能够模拟某一个阶段同位素演化的具体情况。

20 世纪 90 年代以来，天然气碳同位素动力学模型的研究工作进展较快，国外学者建立并发展了 Berner 模型、Rooney 模型、Cramer 模型和 Tang 模型等几种比较典型的碳同位素动力学模型。

Cramer 模型采用开放体系（200～800℃）下的热解实验，把甲烷生成过程中碳同位素分馏看作 n 个平行一级反应的结果。对于每个反应，含 ^{12}C 和含 ^{13}C 甲烷的生成速率系数是不同的；据此建立了甲烷瞬时和累积生成模型。Tang 模型把重碳甲烷（$^{13}CH_4$）和正常甲烷（$^{12}CH_4$）视为两个不同的产物，分别计算各自的反应速率和产率，从而建立了甲烷动力学模型。

刘新社等（2008）、米敬奎等（2003）等分别按照 Cramer、Tang 等模型，进行了不同含气组合甲烷同位素动力学分馏模拟计算，并结合不同含气组合包裹体碳同位素分析，探讨了天然气的充注及成藏时间。

模拟结果显示，鄂尔多斯盆地东部气藏形成具有累积聚集特征，不具备瞬时聚气成藏特征，估算气藏主要形成于 150～97.5Ma，不同气藏形成时间稍有差异，下部含气组合储层中的天然气开始充注时间最早，其次为中部含气组合，上部含气组合天然气充注的时间最晚，但均在早白垩世末成藏。

下部含气组合的榆林山 2 气藏中，现今甲烷碳同位素值为 –30.01‰～–33.20‰，储层中包裹体的组分碳同位素值一般分布在 –32.42‰～–37.6‰，相当于 157Ma 时期的瞬时同位素数值。说明在中侏罗世晚期天然气逐渐充注成藏；在早白垩世（130～97.5Ma）时期，榆林气藏经历了阶段聚集，捕获的主要是成熟度 R_o 为 1.5%～2.0% 的天然气，属于成熟 - 高成熟阶段的产物。

中部含气组合的米脂盒 8 气藏中，现今甲烷碳同位素值为 –31.89‰～34.24‰，储层中包裹体的组分碳同位素值一般分布在 –32.04‰～–30.27‰。说明在中侏罗世晚期（165Ma）时，天然气开始充注，在早白垩世（120～97.5Ma）时期，米脂气藏经历了阶段聚集，捕获的主要是成熟 - 高成熟阶段（R_o 为 1.5%～2.0%）形成的天然气。

上部含气组合的神木千 5 气藏中，现今甲烷碳同位素值为 –36.69‰，储层中的包裹体组分碳同位素值一般分布在 –30.7‰～–30.14‰，说明在早白垩世晚期（115Ma）时，天然气开始充注；在 110～97.5Ma 时，千 5 气藏经历了阶段聚集，捕获的主要是高 - 过成熟阶段（R_o 为 1.8%～2.0%）形成的天然气。

通过上述半定量 - 定量成藏年代学方法精细分析，认为鄂尔多斯盆地东部上古生界石炭—二叠系煤系烃源岩于早三叠世（210Ma）开始生、排烃；早侏罗世 200～175Ma，烃源岩生排烃达到第一个高峰期，以少量的液态烃和天然气为主，主要聚集在下部含气组合中，中部含气层系逐渐形成，与储层流体包裹体第一期的形成时间相吻合。随着烃源岩进一步热演化，至早白垩世（140～97.5Ma）期间，烃源岩再次进入生排烃高峰期，此次天然气生排烃强度比前者大，且主要为干酪根晚期生气，下部和中部含气组合基本形成；自生伊利石同位素年龄为 155～120Ma，主要集中在早白垩世（135Ma）。由于燕山中期构造运动影响，东部地区断裂发育，沟通中、下部气藏，天然气调整至上部形成上部千 5 含气组合。至早白垩世结束（97.5Ma），鄂尔多斯盆地东部抬升，烃源岩基本停止生烃。因此，天然气聚集是一个运聚动平衡过程，区内石炭—二叠系煤系烃源岩具有"全天候"生气特征，晚期大规模天然气充注，弥补了早期天然气的散失，使得现今的气藏得以保存下来。

二、成藏模式

随着盆地东南部上古生界勘探实践和研究的进展，有必要对其成藏演化与模式进行深入研究，以期对该区及相邻地区今后的油气勘探具有一定的借鉴与指导作用。

1. 侏罗纪以前

侏罗纪以前，上古生界埋深小于 3000m，古地温小于 140℃；虽然烃源岩已经开始排烃，但由于地层埋藏深度与温度没有达到大量生气的临界点，因此烃源岩中只有少量气体被排出。此时，鄂尔多斯盆地构造演化格局以稳定拗陷整体升降运动为主，缺少沟通砂体及烃源岩的大量断裂及裂缝，源岩与储集层的接触关系使烃类只能以扩散流和渗透流方式发生少量运移，从而在烃源岩内部的储集层内局部充注（图 8-20）。仅有本溪组少量障壁砂体和山西组的少量三角洲砂体被充注（图 8-20、图 8-21）。

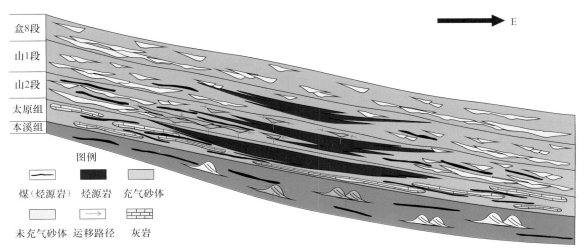

图 8-20 侏罗纪前鄂尔多斯盆地上古生界成藏模式横向剖面

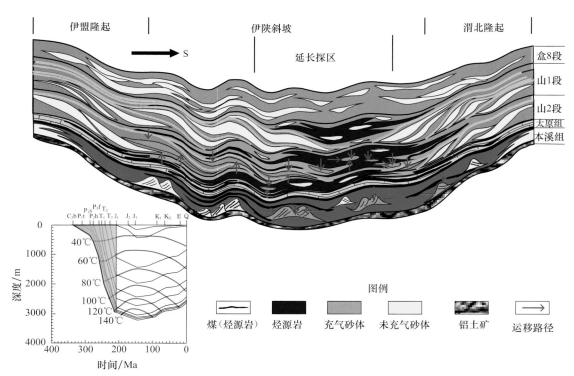

图 8-21 侏罗纪前鄂尔多斯盆地上古生界成藏模式纵向剖面

2. 侏罗纪—早白垩世

进入侏罗纪后,上古生界的埋藏深度大于3000m,古地温大于140℃;此时,烃源岩内有机质成熟度进一步升高,烃源岩范围不断扩大,生烃量逐渐增加,大量的天然气生成并通过微裂缝运移到本溪组、山西组、下石盒子组储集砂体中(图8-22、图8-23)。

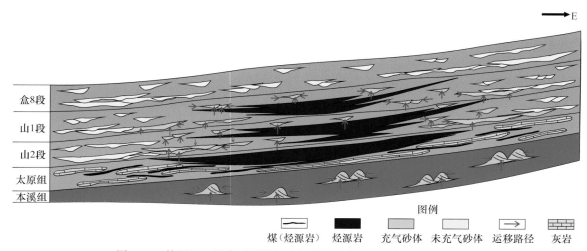

图 8-22 侏罗纪—早白垩世鄂尔多斯盆地上古生界成藏模式横向剖面

通过气源岩成烃史、古构造演化特征、天然气成藏组合、成藏期次及气藏类型的分析研究,认为鄂尔多斯盆地在白垩纪时期受多期构造抬升影响明显,且在白垩纪晚期发生了构造反转;此次反转不仅改变了盆地的主体构造格局,同时控制流体动力场的演化,对油气运聚成藏具有重要的控制作用。至早白垩世末期,鄂尔多斯盆地处在应力松弛状态下的构造伸展格局下,盆地整体抬升剥蚀,上覆静压骤减,易脆泥岩伴随压力释放产生大量的高角度裂缝。同时盆地发生了明显的构造热事件,主要表现为地热梯度及大地热流值增高,烃源岩层内有机质成熟度达到最大值,供烃量急剧增加,源岩内流体压力再次升高,发生再次大量排烃,并向烃源岩内储集层中充注。因此,侏罗纪—白垩纪是鄂尔多斯盆地东南部天然气生成、运移、聚集成藏的重要时期。

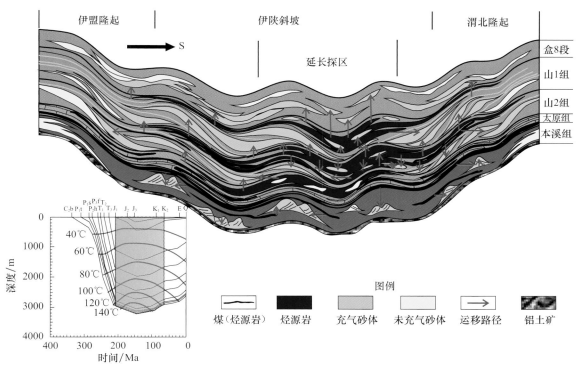

图 8-23　侏罗纪—早白垩世鄂尔多斯盆地上古生界成藏模式纵向剖面

3. 现今气藏情况

早白垩世末期至今，鄂尔多斯盆地处于构造相对稳定阶段，上古生界整套地层逐渐抬升并逐渐脱离生烃窗，烃源岩层内生烃量大量减少，烃类以微弱的浮力及扩散流在已充注的岩性圈闭中局部调整，在封闭能力差的地方有少量散失（图 8-24、图 8-25）。

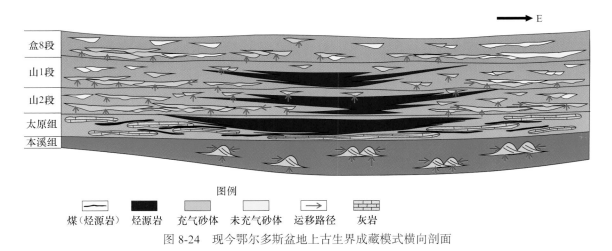

图 8-24　现今鄂尔多斯盆地上古生界成藏模式横向剖面

第五节　天然气富集规律

关于天然气富集成藏的研究，主要围绕成藏及成藏要素展开，且多认为储层性质、构造运动及圈闭、保存等条件是主要影响因素。在此主要从烃源岩、储层物性及储、盖组合等条件出发研究鄂尔多斯盆地东南部天然气富气规律。

一、气藏剖面特征

气藏剖面可反映出气藏的展布及叠置形式，而气藏的展布与砂体发育及其分布息息相关。从沉积角

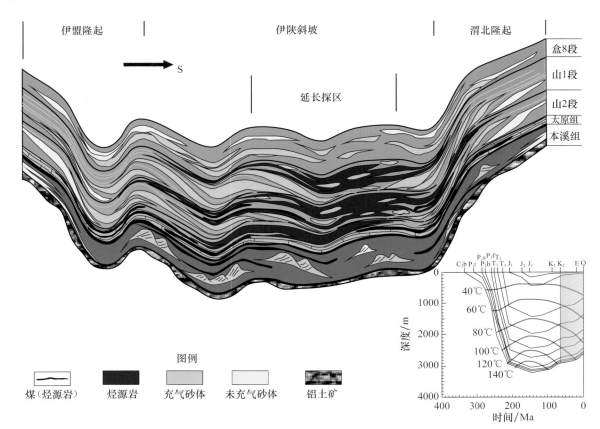

图 8-25　现今鄂尔多斯盆地东南部成藏模式纵向剖面

度来说，鄂尔多斯盆地东南部本溪组主要以障壁砂坝发育为特征，是气藏的主要储层，砂体彼此孤立，横向连续性差；山西组及下石盒子组三角洲分流河道砂体、河口坝等砂体发育，是良好的储层，且砂体之间连通性较好。横向上（图 8-26），从连通性上来说，由于受沉积相及砂体展布的影响，本溪组主要为透镜型气藏，气藏彼此之间相互孤立且较少；山西组及下石盒子组则主要为上倾尖灭型气藏，受砂体展布影响，气藏彼此间连通性较好且分布较为稳定；从富集程度来看，研究区山西组、下石盒子组砂体广泛发育，气藏丰富，自西向东，以研究区中部甘泉、志丹、延安等地气藏发育最多。纵向上（图 8-27），砂体展布受地层起伏及砂体连通性影响。本溪组以透镜型气藏为主，山西组、下石盒子组则上倾尖灭型气藏最为发育。从富集程度可见，研究区北部、南部干层发育较多，中部延长、延川一带气藏分布广泛，连续性较好。

二、平面分布规律

（一）煤系地层"广覆式"生烃是"大面积"成藏的物质基础

鄂尔多斯盆地东南部上古生界有效烃源岩厚度大，分布面积广，资源规模大，生气潜力大。其中暗色泥岩厚度在 50～120m；研究区东部绥德地区最厚，多大于 100m；中部安塞地区次之，为 90m；南部黄陵、黄龙地区厚度薄而稳定，最薄 10m。煤层以北部靖边、东北部子州绥德地区较厚，最厚可达 20m以上；中部志丹局部及南部黄陵、黄龙等地厚度较薄，最薄小于 2m。整体上煤层呈从南向北厚度逐渐增加的趋势。可见，总体上暗色泥岩的分布特征与煤层富煤中心的展布规律类似。充足的气源、"广覆式"生烃与大面积岩性圈闭的有效配置，为上古生界普遍含气、"大面积"成藏奠定了充足的物质基础（图 8-6～图 8-9）。

（二）垂向叠置、横向连片的储集砂体提供了良好储集空间

盆地上古生界从石炭系本溪组—二叠系石盒子组沉积发育经历了海相、海陆过渡相、陆相沉积体系演化，沉积体系类型多样化决定了砂体成因类型的多样性。

鄂尔多斯盆地东南部上古生界整体为海-陆交互沉积环境。其中山西组以曲流河三角洲前缘沉积为主，物源主要来自盆地北部，南部物源影响范围较小，在山 2 段三角洲前缘水下分流河道前端形成低位

前积砂体，砂体呈近南北展布；山1期，北部物源继续往南部延伸，同时南部物源向北扩张，砂体分布范围扩大；该时期砂体类型主要为三角洲前缘水下分流河道，河口坝不发育，水下分流河道以侧向迁移为主，水下分流河道宽度小且变化大，整体横向连片性较差。至石盒子组时期，盆地南部物源影响范围逐渐扩大，盒8段时期，南北两大物源体系在鄂尔多斯盆地东南部汇聚，储集体类型以三角洲前缘水下分流河道砂体为主，由于沉积期地形平坦，水浅流急，加之水平面频繁升降，导致水道迁移摆动频繁，整体表现为横向连片、垂向叠置空间展布特征（图8-28）。

综上，研究区上古生界主要储集体类型有障壁岛砂坝、砂坪、三角洲前缘水下分流河道、河口坝等。这些砂体在空间上垂向叠置，横向连片，累积厚度大，分布面积广，形成巨大的储集空间（图8-29）。

（三）近距离运移、多层段聚集是上古生界天然气主要运聚方式

一般来说，天然气活动性大，易于远距离运移。但鄂尔多斯盆地上古生界的烃类流体，既缺乏大规模长距离运移的动力，也缺乏大规模长距离运移的通道，天然气以就近择优聚集为主要运聚方式。

盆地上古生界储层经历了复杂的成岩作用改造，整体表现出低渗透致密特征；但在该背景下，仍然存在高产、储量丰度较大与气层分布稳定的富集区。薄片鉴定表明，天然气富集区主要为受溶蚀作用与裂缝控制形成的优质储层。中成岩早期，烃源岩成熟，溶解有有机酸的酸性流体进入储层，对储层中的长石、岩屑、碳酸盐胶结物等不稳定组分进行溶蚀，形成大量次生孔隙，为天然气储集提供了有利场所。同时受后期构造作用影响，上古生界砂岩裂缝较为发育，有效提高了致密储层的渗流能力（图8-30）。

鄂尔多斯盆地共经历了4个发育演化阶段。上古生界沉积时期，构造相对稳定，断层不发育，裂缝相对发育。裂缝的存在对储层内流体的流动及油气的运移具有重要影响。一方面，以裂缝为主的致密砂岩储集层往往形成裂缝型储集层，裂缝本身虽然不一定含大量气，但岩石中，特别是致密岩石中自然裂缝的存在可以提高基质渗透率，有利于提高天然气的产量；另一方面，致密岩层中由大量裂缝与砂体构成的疏导体系为天然气运移提供了有效通道。

多年勘探实践证实，盆地上古生界所有层位中，均有不同程度的气显示，已获工业气流的层位有本溪组、太原组、山2段、山1段、盒8段，充分证实上古生界气藏在垂向上具有多层段聚集的特征。

（四）区域性盖层、稳定升降运动为气藏提供了良好保存机制

1. 区域性盖层具有物性、压力双重封盖作用

盖层在油气聚集保存中所产生的封闭作用，微观上表现在通过毛细管阻力产生的物性封闭、"欠压实"形成的异常压力封闭、烃浓度封闭及其综合作用，宏观上表现在产状、连续性、稳定性等。盆地东南部上古生界稳定分布的上石盒子组—石千峰组泥岩、致密砂岩具有良好的区域性封盖作用。

就盆地东南部而言，上古生界发育了两套区域性盖层：一套为下二叠统太原组海相灰岩，分布稳定，是本溪组的直接盖层；另一套为上石盒子组与石千峰组发育的泥质岩系，分布稳定，横向连续，是山西组—下石盒子组气藏的重要盖层。

对研究区上古生界泥岩压实研究表明，声波时差明显高于正常压实趋势（图8-31），上古生界普遍存在古超压现象，过剩压力一般为5～20MPa，最大过剩压力出现在上石盒子组—石千峰组，组成上古生界压力封存箱的箱顶，天然气很难突破箱顶超压体而在箱内成藏（李仲东等，2007）。

2. 稳定的升降运动

鄂尔多斯盆地是一个持续沉降、整体上升、构造简单的大型多旋回克拉通盆地。除盆地周缘地区地史上构造活动较活跃外，盆地内部构造持续稳定；构造的稳定性是天然气大规模保存的基础（图8-32）。

早古生代陆表海沉积后，鄂尔多斯盆地东南部受加里东运动影响而抬升，遭受了约140MPa的风化剥蚀。晚石炭世进入海陆交互阶段，形成了含煤碎屑岩及灰岩、泥灰岩建造，形成本溪组、山西组烃源岩与本溪组障壁砂岩、山西组—盒8段三角洲砂体，顶部覆盖以上石盒子组与石千峰泥岩，泥岩厚度达153～340m，平均厚度约289m，超压发育，为区域性良好盖层，为气藏形成提供了良好的保存条件。

研究认为，生烃条件较好的暗色泥岩还具有烃浓度封堵条件。盆地东南部的地化研究表明，本溪组和山西组煤系泥岩为良好生烃层；其中本溪组煤系泥岩有机碳在0.20%～6.32%，平均值为3.45%；山2段煤系泥岩有机碳在0～5.11%，平均值为1.93%；山1段泥岩有机碳在0～4.02%，平均值为0.63%；石盒子组和石千峰组泥岩为差-非生烃层。因此，本溪组、山西组泥岩的封盖性能好于石盒子组和石千峰组泥岩。

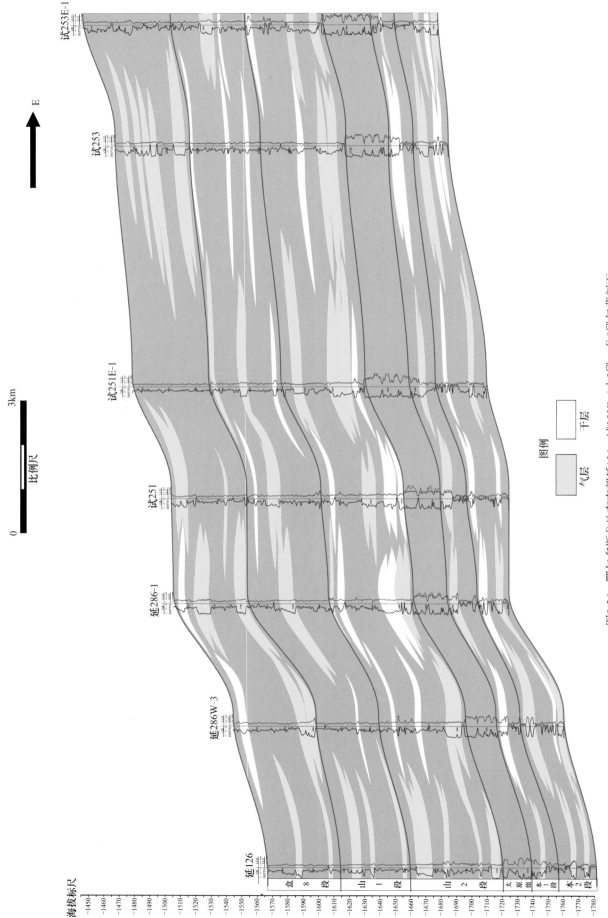

图8-26 鄂尔多斯盆地东南部延126—试253E-1本2段—盆8段气藏剖面

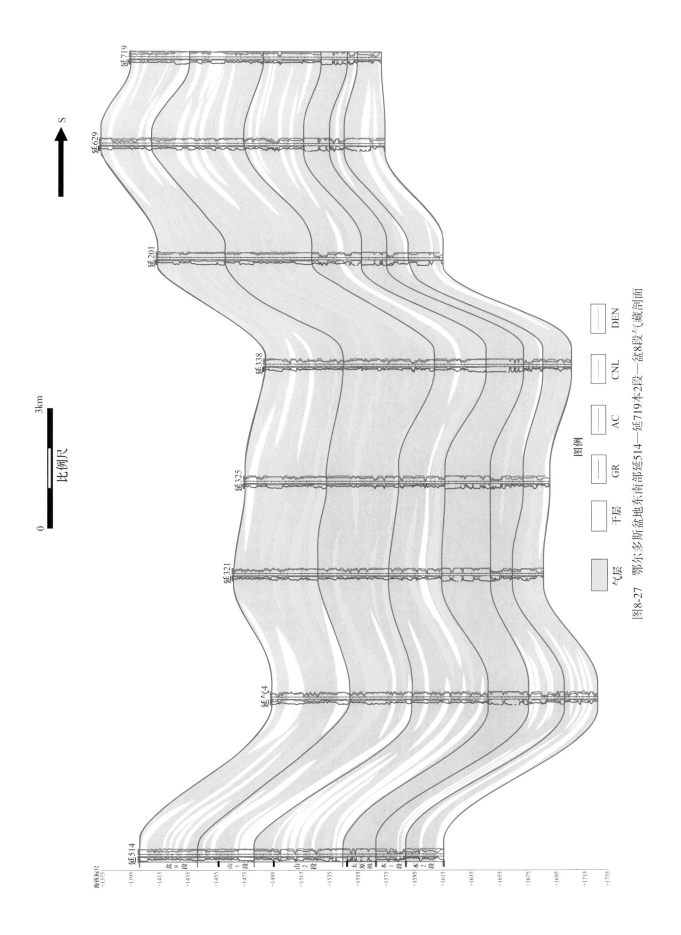

图8-27　鄂尔多斯盆地东南部延514—延719本2段—盆8段气藏剖面

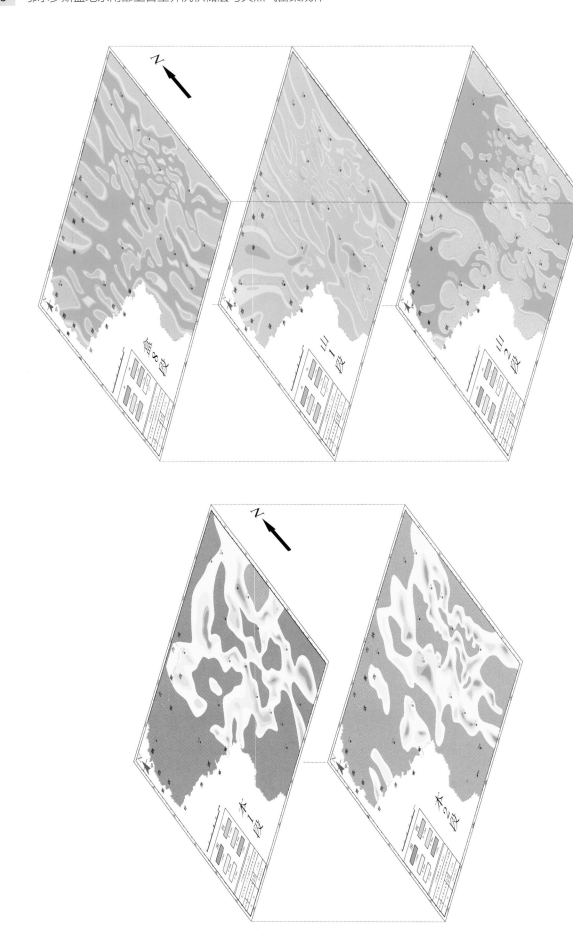

图 8-28　鄂尔多斯盆地东南部上古生界不同时期砂岩厚度叠合分布图

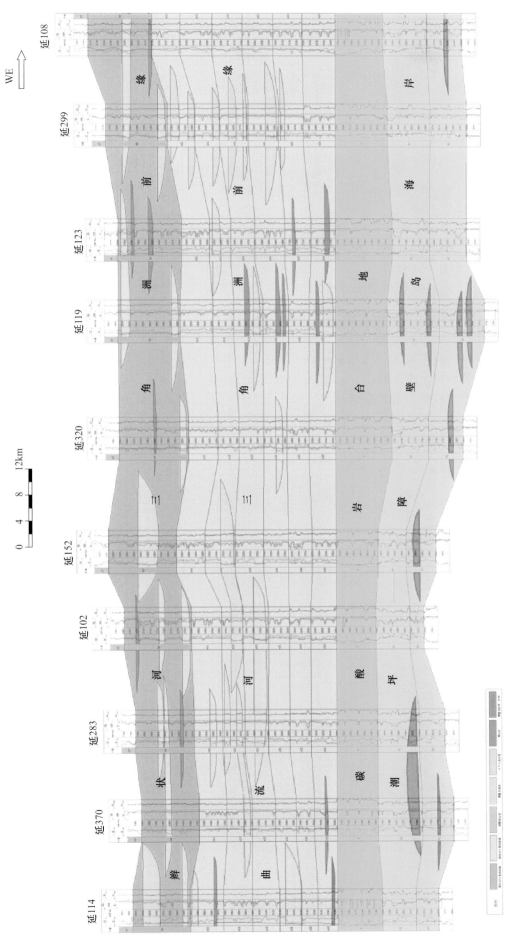

图8-29　延114井—延320井—延108井盒8—本溪沉积相剖面对比图

（a）长石粒内溶孔及粒间溶孔_延　　（b）粒间胶结物溶孔、铸模孔_延　　（c）长石、岩屑溶孔
　　290_盒5段3749.14m　　　　　　492_盒8段_3920.7m　　　　　　延365-山2段_2974.43m

（d）裂缝延356_盒8段2915.44m　　（e）裂缝延708_山1段_2590m　　（f）微裂延498-盒8段_3045.34m

图 8-30　鄂尔多斯盆地东南部上古生界孔隙与裂缝发育特征

（五）压力封存箱的稳定性影响天然气富集程度

异常高压所形成的压力封存箱是促使天然气运移，并形成具有工业价值的致密砂岩气藏的动力，是直接影响区域范围内天然气富集程度的关键因素。通过对研究区西部和南部泥岩过剩压力与天然气分布关系的研究表明（图 8-33、图 8-34），压力封存箱顶部超压体在区域上分布稳定性与连续性好坏与天然气富集程度高低相一致。也就是说，在区域上，如果压力封存箱顶部超压体具有高异常压力，且横向分布稳定，连续性较好，那么在该区域内，压力封存箱内部天然气向上部逸散的程度较低，从而天然气的富集程度相对要高，表现为相对高丰度和高产量。

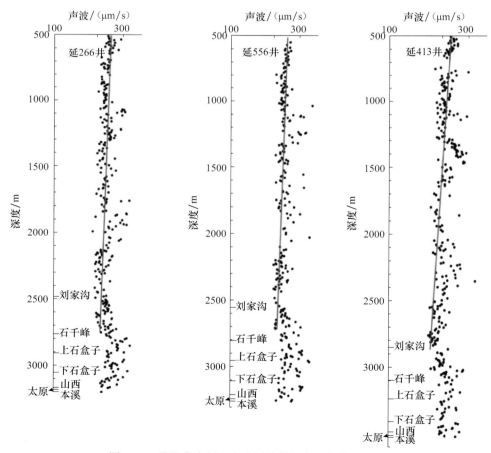

图 8-31　盆地东南部上古生界单井泥岩压实曲线特征

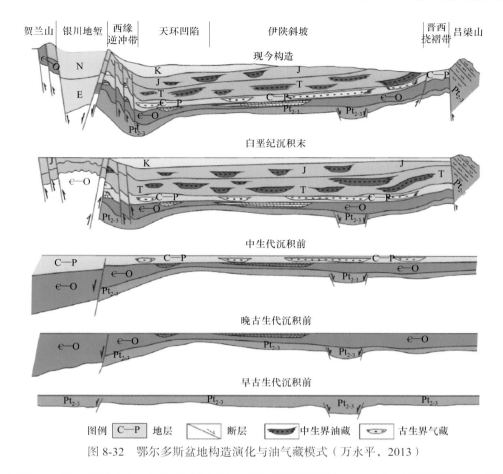

图例 C—P 地层　　／断层　　中生界油藏　　古生界气藏

图 8-32　鄂尔多斯盆地构造演化与油气藏模式（万永平，2013）

　　泥岩压实研究表明，研究区上古生界压力封存箱的箱顶超压体为上石盒子组泥岩。西部地区上石盒子组泥岩最大埋深时期过剩压力一般为 1.4～4.8MPa，平均为 6.5MPa，大部分泥岩过剩压力超过 5MPa，小于 5MPa 的井点分布零散，仅在定边北部延 586—延 657 井区相对集中（图 8-33）。该井区及井区附近

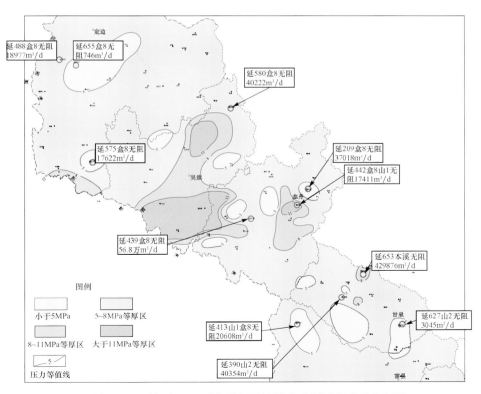

图 8-33　西部地区上石盒子组平均泥岩过剩压力平面分布图

仅延 488 井试气达工业气流，在吴起—志丹—甘泉北部大于 5MPa 过剩压力分布较为稳定，连续性较好，这一区域有多口井达到工业气流，最高无阻流量达 $56.8 \times 10^4 \mathrm{m}^3/\mathrm{d}$。

南部地区上石盒子组泥岩最大埋深时期过剩压力一般为 $0.1 \sim 21.5 \mathrm{MPa}$，平均为 5.8MPa。与西部相比，小于 5MPa 的井点较多且分布较为集中（图 8-34），如延 432—延 702 井区、延 571—延 730 井区、延 257—延 633 井区，南部地区整体大于 5MPa 过剩压力稳定性和连续性都比西部差，低过剩压力导致压力封存箱封闭性能降低，大量天然气向上逸散，以至这一区域天然气整体富集程度比西部差。试气效果也证明了这一点，南部地区试气最高无阻流量为 $3.86 \times 10^4 \mathrm{m}^3/\mathrm{d}$，大部分井日产量只有几百方至几千方，有些甚至无气，整体试气效果较差。

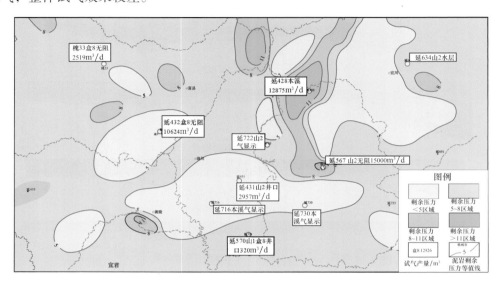

图 8-34　南部地区上石盒子组平均泥岩过剩压力平面分布图

参 考 文 献

陈刚，李书恒，章辉若，等．2013．鄂尔多斯盆地东北部二叠系油气成藏的时间和期次．中国地质，（05）：1453-1465.

陈刚，秦勇，李五忠，等．2012．鄂尔多斯盆地东部深层煤层气成藏地质条件分析．高校地质学报，（03）：465-473.

陈荷立，罗晓容．1988．砂泥岩中异常高流体压力的定量计算及其地质应用．地质论评，（01）：54-63.

陈洪德，侯中健，田景春，等．2001．鄂尔多斯地区晚古生代沉积层序地层学与盆地构造演化研究．矿物岩石，（03）：16-22.

陈洪德，李洁，张成弓，等．2011．鄂尔多斯盆地山西组沉积环境讨论及其地质启示．岩石学报，（08）：2213-2229.

陈孟晋，汪泽成，郭彦如，等．2006．鄂尔多斯盆地南部晚古生代沉积特征与天然气勘探潜力．石油勘探与开发，（01）：1-5.

陈全红，李文厚，胡孝林，等．2012．鄂尔多斯盆地晚古生代沉积岩源区构造背景及物源分析．地质学报，（07）：1150-1162.

陈全红，李文厚，刘昊伟，等．2009．鄂尔多斯盆地上石炭统—中二叠统砂岩物源分析．古地理学报，（06）：629-640.

陈全红，李文厚，胡孝林，等．2012．鄂尔多斯盆地晚古生代沉积岩源区构造背景及物源分析．地质学报，86（7）：1150-1162.

陈全红．2007．鄂尔多斯盆地上古生界沉积体系及油气富集规律研究．西安：西北大学博士学位论文，2007.

陈瑞银，罗晓容，陈占坤，等．2006．鄂尔多斯盆地中生代地层剥蚀量估算及其地质意义．地质学报，（05）：685-693.

陈钟惠，张年茂，张守良，等．1989．鄂尔多斯盆地东缘晚古生代含煤岩系沉积体系和聚煤作用的时空演化．地球科学，（04）：357-366.

崔璀，郑荣才，张建武，等．2013．鄂尔多斯盆地榆林气田山二段沉积微相及砂体展布规律．成都理工大学学报（自然科学版），40（01）：25-33.

党犇．2003．鄂尔多斯盆地构造沉积演化与下古生界天然气聚集关系研究．西安：西北大学博士学位论文.

邓宏文．1995．美国层序地层研究中的新学派：高分辨率层序地层学．石油与天然气地质，16（2）：89-97.

邓宏文．2002．高分辨率层序地层学：原理及应用．北京：地质出版社.

杜宽平．1958．对太原西山月门沟煤系的新见．地质论评，（02）：119-128.

范俊佳，周海民，柳少波．2014．塔里木盆地库车坳陷致密砂岩储层孔隙结构与天然气运移特征．中国科学院大学学报，（01）：108-116.

冯增昭，王英华，流焕杰，等．1994．中国沉积学．北京：石油工业出版社.

付广，陈章明，姜振学．1995．盖层物性封闭能力的研究方法．中国海上油气（地质），（02）：7-12.

付广，苏玉平．2005．声波时差在研究非均质盖层综合封闭能力中的应用．石油物探，（03）：296-299.

付金华，郭正权，邓秀芹．2005．鄂尔多斯盆地西南地区上三叠统延长组沉积相及石油地质意义．古地理学报，（01）：34-44.

付明义，宋元威，于珺，等．2014．英旺油田长8砂岩储层物性特征研究．断块油气田，（02）：161-164.

高春文，罗群．2002．生储盖组合划分新方案．石油勘探与开发，29（6）：29-31.

高春文，罗群．2002．生储盖组合划分新方案．石油勘探与开发，（06）：29-31.

郭英海，李壮福，张德高，等．1999．海南岛万宁小海的障壁海岸沉积．中国矿业大学学报，28（5）：50-53.

郭英海，刘焕杰．2000．陕甘宁地区晚古生代沉积体系．古地理学报，（01）：19-30.

国土资源部油气资源战略研究中心．2010．全国石油天然气资源评价：北京：地质出版社.

过敏．2010．鄂尔多斯盆地北部上古生界天然气成藏特征研究．成都：成都理工大学博士学位论文.

郝蜀民，陈召佑，李良．2011．鄂尔多斯大牛地气田致密砂岩气成藏理论与勘探实践．北京：石油工业出版社.

郝蜀民，李良，尤欢增．2007．大牛地气田石炭—二叠系海陆过渡沉积体系与近源成藏模式．中国地质，（04）：606-611.

何涛，王芳，宋汉华．2013．苏里格气田南部盒8段储层成岩作用及孔隙演化．石油天然气学报，（02）：31-35.

何琰. 2011. 基于模糊综合评判与层次分析的储层定量评价——以包界地区须家河组为例. 油气地质与采收率,（01）：23-25.

何自新, 付金华, 席胜利, 等. 2003. 苏里格大气田成藏地质特征. 石油学报,（02）：6-12.

贺晓. 2009. 鄂尔多斯盆地姬塬—元城地区上三叠统裂缝发育特征及形成机理研究. 西安: 西北大学硕士学位论文: 78.

洪峰, 余辉龙, 宋岩, 等. 2001. 柴达木盆地北缘盖层地质特点及封盖性评价. 石油勘探与开发,（05）：8-11.

胡震中. 1987. 鄂尔多斯盆地地震层序划分及有关问题探讨. 石油物探,（04）：37-47.

黄方, 何丽娟, 吴庆举. 2015. 鄂尔多斯盆地深部热结构特征及其对华北克拉通破坏的启示. 地球物理学报,（10）：3671-3686.

匡建超, 徐国盛, 王玉兰. 2000. 灰色关联度分析在油藏动态描述中的应用. 矿物岩石,（02）：69-73.

赖锦, 王贵文, 王书南, 等. 2013. 川中蓬莱地区须二段和须四段储层孔隙结构特征及影响因素. 中国地质,（03）：927-938.

冷济高, 庞雄奇, 李晓光, 等. 2008. 辽河断陷西部凹陷油气成藏主控因素. 古地理学报,（05）：473-480.

李大鹏, 陈岳龙, 王忠, 等. 2010. 内蒙古不同时代花岗岩类 Nd、Pb 同位素特征及其地质意义. 现代地质,（05）：821-831.

李海珍, 侯莉. 1999. 安泽—冀氏区上古生界煤成气生—储—盖层特征浅析. 煤,（03）：59-60.

李继宏, 惠潇, 程党性, 等. 2014. 鄂尔多斯盆地姬塬地区长 8 油层组地层水特征研究. 石油天然气学报,（02）：45-49.

李江海, 李维波, 王洪浩, 等. 2014. 晚古生代泛大陆聚合的全球构造背景: 板块漩涡运动轨迹含义的探讨. 地质学报,（06）：980-991.

李明诚, 李剑, 万玉金. 1999. 盆地封隔体及其地质内涵. 中国海上油气（地质）,（06）：8-12.

李明瑞, 窦伟坦, 蔺宏斌, 等. 2006. 鄂尔多斯盆地神木地区上古生界盖层物性封闭能力与石千峰组有利区域预测. 中国石油勘探,（05）：21-25.

李明瑞. 2011. 鄂尔多斯盆地北部上古生界主要含气砂体沉积特征及储层控制因素研究. 成都: 成都理工大学博士学位论文.

李文厚, 屈红军, 魏红红, 等. 2003. 内蒙古苏里格庙地区晚古生代层序地层学研究. 地层学杂志,（01）：41-44.

李贤庆, 侯读杰, 唐友军, 等. 2002. 地层流体化学成分与天然气藏的关系初探——以鄂尔多斯盆地中部大气田为例. 断块油气田,（05）：1-4.

李星学, 盛金章. 1956. 太原西山的月门沟系并论太原统与山西统的上下界线问题. 地质学报, 36（2）：87-112.

李艳霞, 赵靖舟, 李净红. 2011. 鄂尔多斯盆地东部上古生界气藏成藏史. 兰州大学学报（自然科学版）,（03）：29-34.

李仲东, 郝蜀民, 李良, 等. 2007. 鄂尔多斯盆地上古生界压力封存箱与天然气的富集规律. 石油与天然气地质,（04）：466-472.

李仲东, 惠宽洋, 李良, 等. 2008. 鄂尔多斯盆地上古生界天然气运移特征及成藏过程分析. 矿物岩石,（03）：77-83.

李仲东, 张哨楠, 周文, 等. 2007. 大牛地气田上古生界压力封存箱与储层孔隙演化. 矿物岩石,（03）：73-80.

梁积伟, 李荣西, 陈玉良. 2013. 鄂尔多斯盆地苏里格气田西部盒 8 段地层水地球化学特征及成因. 石油与天然气地质,（05）：625-630.

廖卓庭. 1999. 中国与西欧石炭系的对比. 地层学杂志,（01）：3-11.

刘宝平. 2015. 鄂尔多斯盆地延长气田储层压力特征与含气性关系. 延安大学学报（自然科学版）,（01）：74-77.

刘昊伟. 2007. 鄂尔多斯盆地白豹地区延长组长 8 沉积相研究. 西安: 西北大学硕士学位论文: 108.

刘和甫, 汪泽成, 熊保贤, 等. 2000. 中国中西部中、新生代前陆盆地与挤压造山带耦合分析. 地学前缘,（03）：55-72.

刘鸿允, 董育垲, 应思淮. 1957. 太原西山上古生代含煤地层研究. 科学通报,（11）：339-340.

刘吉余, 李艳杰, 于润涛. 2004. 储层综合定量评价系统开发与应用. 物探化探计算技术,（01）：33-36.

刘家铎, 田景春, 张翔, 等. 2006. 鄂尔多斯盆地北部塔巴庙地区山西组一段海相、过渡相沉积标志研究及环境演化分析. 沉积学报,（01）：36-42.

刘金华, 周修高. 1990. 山西太原西山晚石炭世太原组介形类研究. 地球科学,（03）：307-314.

刘锐娥, 黄月明, 卫孝锋, 等. 2003. 鄂尔多斯盆地北部晚古生代物源区分析及其地质意义. 矿物岩石,（03）：82-86.

刘新社, 席胜利, 黄道军, 等. 2008. 鄂尔多斯盆地中生界石油二次运移动力条件. 石油勘探与开发,（02）：143-147.

楼章华, 金爱民, 朱蓉, 等. 2006. 松辽盆地油田地下水化学场的垂直分带性与平面分区性. 地质科学,（03）：392-403.

路萍，王苏里．2013．南祁连盆地木里坳陷上三叠统尕勒德寺组泥质岩类烃源岩评价．地下水，（01）：122-123．

吕炳全，孙志国．1997．海洋环境与地质．上海：同济大学出版社．

吕红华，任明达，柳金诚，等．2006．Q 型主因子分析与聚类分析在柴达木盆地花土沟油田新近系砂岩储层评价中的应用．北京大学学报（自然科学版），（06）：740-745．

罗静兰，魏新善，姚泾利，等．2010．物源与沉积相对鄂尔多斯盆地北部上古生界天然气优质储层的控制．地质通报，（06）：811-820．

罗蛰潭，王允诚．1986．油气储集层的孔隙结构．北京：科学出版社．

毛光周，刘池阳．2011．地球化学在物源及沉积背景分析中的应用．地球科学与环境学报，（04）：337-348．

米敬奎，肖贤明，刘德汉，等．2003．利用储层流体包裹体的 PVT 特征模拟计算天然气藏形成古压力——以鄂尔多斯盆地上古生界深盆气藏为例．中国科学（D 辑：地球科学），（07）：679-685．

聂武军，刘棣民，袁芳政，等．2001．鄂北下二叠统含气层段沉积相划分及古地理演化．天然气工业，（S1）：45-48．

欧莉华，伊海生，张超，等．2013．内蒙古锡林浩特—阿鲁科尔沁地区上二叠统林西组烃源岩有机地球化学特征．地质通报，（08）：1329-1335．

潘随贤，程像洲．1987．太原西山含煤地层沉积环境．北京：煤炭工业出版社．

彭传圣，林会喜，林红梅，等．2008．基准面变化幅度半定量分析技术及其应用．沉积学报，（06）：1021-1026．

戚学祥，张建新，李海兵，等．2004．北祁连南缘右行韧性走滑剪切带的同位素年代学及其地质意义．地学前缘，（04）：469-479．

乔建新，邓辉，刘池洋，等．2013．鄂尔多斯盆地北部晚古生代沉积 - 构造格局及物源分析．西安石油大学学报（自然科学版），（01）：12-17．

邱中建，赵文智，邓松涛．2012．我国致密砂岩气和页岩气的发展前景和战略意义．中国工程科学，（06）：4-8．

屈红军，马强，高胜利，等．2011．鄂尔多斯盆地东南部二叠系物源分析．地质学报，（06）：979-986．

任来义，杨超，刘宝平，等．2011．鄂尔多斯东部上古生界物源及山西组构造背景．西南石油大学学报（自然科学版），（05）：49-53．

任战利，崔军平，李进步，等．2014．鄂尔多斯盆地渭北隆起奥陶系构造 - 热演化史恢复．地质学报，（11）：2044-2056．

任战利．1995．利用磷灰石裂变径迹法研究鄂尔多斯盆地地热史．地球物理学报，（03）：339-349．

陕西地质矿产局．1989．陕西省区域地质志．北京：地质出版社．

尚冠雄．1995．华北晚古生代聚煤盆地造盆构造述略．中国煤田地质，（02）：1-6．

沈平，申歧祥，王先彬，等．1987．气态烃同位素组成特征及煤型气判识．中国科学（B 辑化学生物学农学医学地学），（06）：647-656．

宋子齐，谭成仟，曹嘉猷．1994．灰色系统理论处理方法在储层物性、含油性评价中的应用．石油勘探与开发，（02）：87-94．

孙海涛，钟大康，张湘宁，等．2011．鄂尔多斯盆地长北气田山西组二段低孔低渗储层特征及形成机理．沉积学报，（04）：724-733．

孙向阳，刘方槐．2001．沉积盆地中地层水化学特征及其地质意义．天然气勘探与开发，（04）：47-53．

孙肇才，谢秋元．1980．叠合盆地的发展特征及其含油气性——以鄂尔多斯盆地为例．石油实验地质，（01）：13-21．

谭成仟，宋子齐，李喜安．2001．灰色系统理论在油气储层精细评价解释中的应用——以福山凹陷下第三系储层为例．海相油气地质，（01）：42-46．

谭秀成，丁熊，陈景山，等．2008．层次分析法在碳酸盐岩储层定量评价中的应用．西南石油大学学报（自然科学版），（02）：38-40．

谭增驹，刘洪亮，黄晓冬，等．2004．应用测井资料评价吐哈盆地盖层物性封闭．测井技术，（01）：41-44．

唐海发，彭仕宓，赵彦超．2006．大牛地气田盒 2+3 段致密砂岩储层微观孔隙结构特征及其分类评价．矿物岩石，（03）：107-113．

腾格尔，刘文汇，徐永昌，等．2004．缺氧环境及地球化学判识标志的探讨——以鄂尔多斯盆地为例．沉积学报，（02）：365-372．

田景春，陈高武，窦伟坦，等．2004．湖泊三角洲前缘砂体成因组合形式和分布规律——以鄂尔多斯盆地姬塬白豹地区三叠系延长组为例．成都理工大学学报（自然科学版），（06）：636-640．

万世禄，丁惠．1984．太原西山石炭纪牙形刺初步研究．地质论评，（05）：409-415．

汪林汪，蕴璞林，锦璇．1995．论含油气盆地含水系统和水文地质期的划分——以东海西湖凹陷为例．地球科学，（04）：393-398．

王柏林，肖素珍，张志存，等．1984．山西山西组的对比、划分、化石群和地质时代．科学通报，（03）：193．

王宝清，王凤琴，魏新善，等．2006．鄂尔多斯盆地东部太原组古岩溶特征．地质学报，（05）：700-704．

王成善，李祥辉，胡修棉．2003．再论印度—亚洲大陆碰撞的启动时间．地质学报，（01）：16-24．

王国茹．2011．鄂尔多斯盆地北部上古生界物源及层序岩相古地理研究．成都：成都理工大学博士学位论文：144．

王建东，刘吉余，于润涛，等．2003．层次分析法在储层评价中的应用．大庆石油学院学报，（03）：12-14．

王建新，邢博．2010．浅谈杭锦旗地区上古生界输导体系．中国西部科技，（33）：14-32．

王克，查明，吴孔友，等．2006．烃源岩与输导体系配置规律研究——以济阳坳陷临南洼陷为例．石油实验地质，（02）：129-133．

王明健，何登发，包洪平，等．2011．鄂尔多斯盆地伊盟隆起上古生界天然气成藏条件．石油勘探与开发，（01）：30-39．

王润好，刘宇，王红涛，等．2006．储层四性关系研究在新庄油田的应用．天然气勘探与开发，（03）：37-39．

王香增．2014．延长探区天然气勘探重大突破及启示．石油与天然气地质，（01）：1-9．

王晓波，李剑，王东良，等．2010．天然气藏盖层研究进展及发展趋势．新疆石油地质，（06）：664-668．

王晓梅，王震亮，管红，等．2006．鄂尔多斯盆地延长矿区油气运移成藏研究．天然气地球科学，（04）：485-489．

王允诚，卢涛，等．2002．鄂尔多斯盆地苏里格气田上古气藏砂体展布规律研究．中石油长庆油田公司勘探开发研究院报告．

王震亮，刘林玉，于轶星，等．2007．松辽盆地南部腰英台地区青山口组油气运移、成藏机理．地质学报，（03）：419-427．

王震亮，张立宽，孙明亮，等．2004．鄂尔多斯盆地神木—榆林地区上石盒子组石千峰组天然气成藏机理．石油学报，（03）：37-43．

王志浩，李润兰．1984．山西太原组牙形刺的发现．古生物学报，（02）：196-203．

王竹泉．1925．On the stratigraphy of north shensi．中国地质学会志，（01）：57-67．

汶锋刚，刘潇，朱冠芳，等．2013．鄂尔多斯盆地延长气田上古生界气藏成藏特征研究．科技创业家，（14）：137．

吴国平，徐忠祥，徐红燕．2000．用灰色关联法计算储层孔隙度．石油大学学报（自然科学版），（01）：107-108．

吴雪超，汤军，任来义，等．2012．鄂尔多斯盆地延长天然气探区山西组山2段成岩相及优质储层研究．天然气地球科学，（06）：1004-1010．

肖林萍，黄思静，杨俊杰，等．1996．石膏对白云岩溶解影响的实验模拟研究．沉积学报，（01）：103-109．

徐辉．1987．华北地区石炭二叠系陆源物质及来源分析．石油实验地质，9：57-63．

许璟，庞军刚，梁积伟，等．2006．子洲-清涧地区上古生界层序地层及沉积体相特征研究．第九届全国古地理学及沉积学学术会议，西安．

严钦尚，张国栋，项立嵩，等．1979．苏北金湖凹陷阜宁群的海侵和沉积环境．地质学报，（01）：74-85．

杨帆，孙玉善，谭秀成，等．2005．迪那2气田古近系低渗透储集层形成机制分析．石油勘探与开发，（02）：39-42．

杨华，付金华，刘新社，等．2012．鄂尔多斯盆地上古生界致密气成藏条件与勘探开发．石油勘探与开发，（03）：295-303．

杨华，傅锁堂，魏新善，等．2006．鄂尔多斯盆地上古生界层序地层学研究进展．低渗透油气田，11（1）：5-12．

杨华，刘新社，杨勇．2012．鄂尔多斯盆地致密气勘探开发形势与未来发展展望．中国工程科学，（06）：40-48．

杨俊杰．2001．鄂尔多斯盆地构造演化与油气分布规律．北京：石油工业出版社．

杨庆元，周书欣，郭世源．1989．松辽盆地西部超覆带砂岩上倾尖灭油气藏的分布规律．石油勘探与开发，（04）：9-13．

杨仁超，李进步，樊爱萍，等．2013．陆源沉积岩物源分析研究进展与发展趋势．沉积学报，（01）：99-107．

杨仁超，王秀平，樊爱萍，等，王言龙．2012．苏里格气田东二区砂岩成岩作用与致密储层成因．沉积学报，（01）：111-119．

杨锐，彭德堂，潘仁芳，等．2012．鄂尔多斯盆地西南部上古生界盒8段物源分析．石油地质与工程，（03）：1-5．

杨伟利，王毅，孙宜朴，等．2009．鄂尔多斯盆地南部上古生界天然气勘探潜力．天然气工业，（12）：13-16．

叶黎明，齐天俊，彭海燕．2008．鄂尔多斯盆地东部山西组海相沉积环境分析．沉积学报，（02）：202-210．

叶黎明．2006．鄂尔多斯盆地东部山西组高分辨率层序地层学研究．成都：成都理工大学本应硕士学位论文．

于香妮. 2004. 基于'3S'技术的沙漠及沙质荒漠化土地和新构造运动关系研究——以鄂尔多斯盆地北部为例. 西安：西北大学硕士学位论文.

于兴河，陈永峤. 2004. 碎屑岩系的八大沉积作用与其油气储层表征. 石油实验地质，（06）：517-524.

于兴河，李顺利，杨志浩. 2015. 致密砂岩气储层的沉积 - 成岩成因机理探讨与热点问题. 岩性油气藏，（01）：1-13.

于兴河. 2008. 碎屑岩系油气储层沉积学. 北京：石油工业出版社.

岳艳. 2010. 浅谈重矿物物源分析方法. 科技情报开发与经济，（12）：138-139.

曾大乾，张世民，卢立泽. 2003. 低渗透致密砂岩气藏裂缝类型及特征. 石油学报，24（4）：36-39.

曾溅辉，吴琼，钱诗友，等. 2008a. 塔里木盆地塔中低凸起地层水化学特征对不整合的响应. 古地理学报，10（5）：537-543.

曾溅辉，吴琼，杨海军，等. 2008b. 塔里木盆地塔中地区地层水化学特征及其石油地质意义. 石油与天然气地质，（02）：223-229.

曾联波. 2004. 低渗透砂岩油气储层裂缝及其渗流特征. 地质科学，39（1）：11-17.

翟爱军，邓宏文，邓祖佑. 1999. 鄂尔多斯盆地上古生界层序地层与储层预测. 石油与天然气地质，（04）：336-340.

张超谟，胡克珍，吴菊仙. 1995. 灰色关联度在小层对比中的应用. 江汉石油学院学报，（03）：35-39.

张泓. 1997. 华北地台北缘拴马桩煤系. 地层学杂志，（01）：22-33.

张嘉琦. 1959. 山西省霍山砂岩的对比及其时代. 地质论评，（11）：488-491.

张鹏飞，邵龙义，代世峰. 2001. 华北地台晚古生代海侵模式雏议. 古地理学报，2001（01）：15-24.

张琴，朱筱敏，钟大康，等. 2006. 储层"主因素定量"评价方法的应用——以东营凹陷下第三系碎屑岩为例. 天然气工业，（10）：21-23

张志存. 1983. 太原西山上石炭统太原组的（竹蜓）类分带. 地层学杂志，（04）：272-279.

张志存. 1984. 山西上石炭统太原组、山西组的对比与划分. 中国区域地质，（02）：93-95.

张仲宏，杨正明，刘先贵，等. 2012. 低渗透油藏储层分级评价方法及应用. 石油学报，（03）：437-441.

赵澄林. 2001. 中国储层沉积学的进展和展望：2001 年全国沉积学大会，武汉.

赵红格，刘池阳. 2003. 物源分析方法及研究进展. 沉积学报，（3）：409-415.

赵林，夏新宇，戴金星，等. 2000. 鄂尔多斯盆地上古生界天然气富集的主要控制因素. 石油实验地质，（02）：136-139.

赵孟军，宋岩，潘文庆，等. 2004. 沉积盆地油气成藏期研究及成藏过程综合分析方法. 地球科学进展，（06）：939-946.

赵孟为. 1996. 鄂尔多斯盆地三叠系镜质体反射率与地热史. 石油学报，（02）：15-23.

赵文智，何登发，宋岩，等. 1999. 中国陆上主要含油气盆地石油地质基本特征. 地质论评，（03）：232-240.

赵文智，汪泽成，陈孟晋，等. 2005. 鄂尔多斯盆地上古生界天然气优质储层形成机理探讨. 地质学报，（06）：833.

赵彦德，刘显阳，张雪峰，等. 2011. 鄂尔多斯盆地天环坳陷南段侏罗系原油油源分析. 现代地质，（01）：85-93.

赵一阳. 1958. 太原西山石炭纪及二叠纪地质的初步商榷. 地质学报，（03）：369-386.

郑荣才，彭军，吴朝容. 2001. 陆相盆地基准面旋回的级次划分和研究意义. 沉积学报，19（02）：249-252.

周洪瑞，王自强. 1999. 华北大陆南缘中、新元古代大陆边缘性质及构造古地理演化. 现代地质，（03）：261-267.

周进松，王念喜，赵谦平，等. 2014. 鄂尔多斯盆地东南部延长探区上古生界天然气成藏特征. 天然气工业，（02）：34-41.

周祺，郑荣才，赵正文，等. 2008. 高分辨率层序地层学的应用——以鄂尔多斯盆地榆林长北气田山西组 2 段为例. 石油物探，（01）：77-82.

朱国华. 1985. 陕北浊沸石次生孔隙砂体的形成与油气关系. 石油学报，（01）：1-8.

朱筱敏，康安，王贵文，等. 2002. 鄂尔多斯盆地西南部上古生界层序地层和沉积体系特征. 石油实验地质，（04）：327-333.

朱筱敏，刘成林，曾庆猛，等. 2005. 我国典型天然气藏输导体系研究——以鄂尔多斯盆地苏里格气田为例. 石油与天然气地质，（06）：724-729.

朱永贤，孙卫，于锋. 2008. 应用常规压汞和恒速压汞实验方法研究储层微观孔隙结构——以三塘湖油田牛圈湖区头屯河组为例. 天然气地球科学，（04）：553-556.

Beard D C, Weyl P K. 1973. Influence of texture on porosity and permeability of unconsolidated sand. AAPG Bulletin, 57 (2): 349-369.

Bhatia M R. 1985. Rare earth element geochemistry of Australian Paleozoic graywackes and mudrocks: Provenance and tectonic control. Sedimentary Geology, 45(1): 97-113.

Blum M D, Torbjörn E T. 2000. Fluvial responses to climate and sea-level change: A review and look forward. Sedimentology, 47 (s1): 2-48.

Crook K A W. 1974. Lithogenesis and geotectonics: The significance of compositional variation in flysch arenites (greywackes). Special Publications: 304-310.

Cross T A. 1994. High-resolution stratigraphic correlation from the perspective of base-level cycles and sediment accommodation. Proceedings of Northwestern European Sequence Stratigraphy Congress.

Davis R A.1983. Depositional systems: A genetic approach to sedimentary geology. New Jersey: Prentice-Hall .

Dickinson W R, Beard L S, Brakenridge G R, et al. 1983. Provenance of north American phanerozoic sandstones in relation to tectonic setting. Geological Society of America Bulletin, 94(94): 222.

Dickinson W R, Ingersoll R V, Cowan D S, et al. 1982. Provenance of Franciscan graywackes in coastal California. Geological Society of America Bulletin, 93 (2): 95-107.

Dickinson W R, Snyder W S. 1979. Geometry of subducted slabs related to san andreas transform. Journal of Geology, 87 (6): 609-627.

Dickinson W R. 1985. Interpreting Provenance Relations from Detrital Modes of Sandstones. Netherlands: Reidel Publishing Company.

Embry A F, Johannessen E P. 1993. T–R sequence stratigraphy, facies analysis and reservoir distribution in the uppermost Triassic–Lower Jurassic succession, Western Sverdrup Basin, Arctic Canada. Arctic Geology and Petroleum Potential, 2: 121-146.

Embry A F, Osadetz K G. 1988. Stratigraphy and tectonic significance of Cretaceous volcanism in the Queen Elizabeth Islands, Canadian Arctic Archipelago. Canadian Journal of Earth Sciences, 25(8): 1209-1219.

Embry A, Johannessen E. 1993. T–R sequence stratigraphy, facies analysis and reservoir distribution in the uppermost Triassic–Lower Jurassic succession, Western Sverdrup Basin, Arctic Canada. Arctic geology and petroleum potential, 2: 121-146.

Fisher W L, Brown L F, Scott A J, et al. 1969. Delta systems in the exploration for oil and gas. University of Texas at Austin Bureau of Economic Geology.

Fisher W L, McGowen J H. 1967. Depositional systems in the Wilcox Group (Eocene) of Texas and their relationship to occurrence of oil and gas. Febs Letters, 375(1-2): 125-128.

Galloway W E. 1989. Genetic stratigraphic sequences in basin analysis I: architecture and genesis of flooding-surface bounded depositional units. AAPG Bulletin, 73 (2): 125-142.

Haughton P, Todd S P, Morton A C. 1991. Sedimentary provenance studies. Geological Society, London, Special Publications, 57 (1): 1-11.

Jervey M T. 1988.Quantitative geological modelling of siliciclastic rock sequences and their seismic. Special Publications, 42: 47-69.

Lundegard P D. 1992. Sandstone porosity loss; a "big picture" view of the importance of compaction. Journal of Sedimentary Research, 62(2): 250-260.

Miall A D. 1977. Lithofacies types and vertical profile models in braided river deposits: A summary. Dallas Geological Society.

Norin E. 1924. The Litological Character of the Permian Sediments of the Angara Series in Central Shansi, N. China. Reprinted from Geologiska Foreningensi Stockholm ForhandlingerJan.Febr.

Passega R. 1957. Texture as characteristic of clastic deposition. AAPG Bulletin, 44: 1952-1954.

Passega R. 1964. Grain size representation by CM patterns as a geologic tool. Journal of Sedimentary Research, 34(4): 830-847.

Posamentier H W. 2003. A linked shelf-edge delta and slope-channel turbidite system: 3D seismic case study from the eastern Gulf of Mexico: Shelf-margin Deltas and Linked Downslope Petroleum Systems: Global Significance and Future Exploration Strategy. Proceedings, 23rd GCSSEPM Foundation Bob. F. Perkins Research Conference, SEPM.

Reineck H E, Singh I B. 1980. Depositional Sedimentary Environment with Reference to Terrigeneous Clastics. Berlin: Springer-Verlag.

Schmidt V, Mcdonald D A. 1979.The Role of Secondary Porosity in the course of sandstone diagenesis. Special Publications, 26: 175-207.

Schoell M. 1980. The hydrogen and carbon isotopic composition of methane from natural gases of various origins. Geochimica Et

Cosmochimica Acta, 44(5): 649-661.

Spencer C W. 1989. Review of characteristics of low-permeability gas reservoirs in Western United States. Aapg Bulletin, 73(5): 613-629.

Stahl W J, Jr B D C. 1975. Source-rock identification by isotope analyses of natural gases from fields in the Val Verde and Delaware Basins, West Texas. Chemical Geology, 16(4): 257-267.

Steno N. 1669. De solide intra solidum naturaliter contento dissertations prodromus, florence, trans. //Oldenburg H. The Prodromus to a dissertation concerning solids naturally containedwithinsolids(London, 1671), andWinter, G., ed., ProdromusofNicolas Steno'sdissertation concerning solids body enclosed by process of nature within asolid(NewYork, 1916).

Vail P R, Mitchum Jr R M, Thompson III S. 1977. Seismic stratigraphy and global changes of sea level: Part 4. global cycles of relative changes of sea level. Section 2. Application of Seismic Reflection Configuration to Stratigraphic Interpretation.

Valloni R, Maynard J B. 1981. Detrital modes of recent deep-sea sands and their relation to tectonic setting: A first approximation. Sedimentology, 28(1): 75-83.

Walther R. 1984. Uber synthetische Versuche mittelst Natrium und Nitrilen[J]. Journal Für Praktische Chemie, 50(1): 91-92.

Willis B. 1907. Research in China. Washington: Carnegie institution of Washington.